Gentechnik bei Pflanzen

Frank Kempken

Gentechnik bei Pflanzen

Chancen und Risiken

5. Auflage

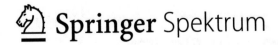 **Springer** Spektrum

Frank Kempken
Botanisches Institut, Universität Kiel
Kiel, Deutschland

ISBN 978-3-662-60743-5   ISBN 978-3-662-60744-2   (eBook)
https://doi.org/10.1007/978-3-662-60744-2

Die Deutsche Nationalbibliothek verzeichnet diese Publikation in der Deutschen Nationalbibliografie; detaillierte bibliografische Daten sind im Internet über http://dnb.d-nb.de abrufbar.

Planung/Lektorat: Stefanie Wolf
Springer Spektrum ist ein Imprint der eingetragenen Gesellschaft Springer-Verlag GmbH, DE und ist ein Teil von Springer Nature.
Die Anschrift der Gesellschaft ist: Heidelberger Platz 3, 14197 Berlin, Germany

Vorwort zur fünften Auflage

Für die fünfte Neuauflage wurden alle Kapitel überarbeitet und viele neue oder verbesserte Abbildungen hinzugefügt. Ganz neu ist das Kapitel über die Genom-Editierung. In diesem Bereich steckt ein ganz erhebliches Potential, auch wenn durch die Entscheidung des EuGH, Genom-editierte Pflanzen als GVOs einzustufen, eine schwierige Situation eingetreten ist, da in den USA Genom-editierte Pflanzen unter Umständen als *non-GMO* (also nicht transgen) gekennzeichnet werden dürfen. Hier ist eine rechtliche Neubewertung in der EU dringend erforderlich, ansonsten wird die Genom-Editierung bei Pflanzen das gleiche Schicksal erleiden wie schon transgene Pflanzen.

Nachdem meine Frau als Koautorin bereits bei der dritten und vierten Auflage nur eine Nebenrolle hatte, ist sie nun ganz ausgeschieden. Dies hat nicht zuletzt dienstliche Gründe, denn sie ist seit Langem in der pharmazeutischen Industrie tätig und hat nur noch geringe Berührungspunkte zu dem Thema des Buches.

Frau Tjorven Krause danke ich für die Hilfe bei der neuen Nummerierung der Kapitel und Abbildungen. Ich danke ferner all denen, die durch Hinweise und Anmerkungen auf Fehler oder unklare Begriffe aufmerksam gemacht haben. Außerdem möchte ich den Kolleginnen und Kollegen danken, die vorherige Auflagen freundlich empfohlen oder in ihren Werken zitiert haben. Schließlich gilt unser Dank dem Verlag – insbesondere Frau Stefanie Wolf – für das fortwährende Interesse und die sehr freundliche Betreuung.

Kiel
im September 2019

Frank Kempken

Vorwort zur ersten Auflage

Interessanterweise ist die Akzeptanz gentechnischer Methoden in der deutschen Bevölkerung recht unterschiedlich ausgeprägt. Mittlerweile werden Medikamente aus gentechnisch veränderten Organismen akzeptiert. Dies gilt auch für Bereiche wie zum Beispiel die Anwendung der Gentechnik in der Therapie maligner Tumoren. Der offensichtliche oder zumindest vermutete Nutzen für den Einzelnen hat hier trotz objektiv bestehender Risiken anscheinend einen Meinungsumschwung bewirkt. Ganz anders sieht es dagegen im Bereich der pflanzlichen Gentechnik aus. Hier überwiegt weiterhin die Ablehnung. Die Gründe dafür sind vielfältig: So wird der Nutzen häufig nicht gesehen, und vielen gilt die Methode einfach als unnatürlich, auch wenn diese Auffassung im Widerspruch zur Akzeptanz im Humanbereich steht. Vielfach fehlt es wohl auch an Informationen, und wenn Konsumenten den Eindruck gewinnen, gentechnisch veränderte Nahrungsmittel seien vielleicht unsicher, kann man ihnen nicht verübeln, dass sie diese meiden. In Zeitungen und Nachrichtensendungen werden Informationen über die Gentechnik oft drastisch verkürzt oder schlichtweg falsch oder irreführend präsentiert. Wenn zum Beispiel eine große überregionale Tageszeitung schreibt „wir sagen Ihnen, in welchen Nahrungsmitteln Gene sind" und damit dem Leser suggeriert, dass „genfreie" Pflanzen, die es gar nicht geben kann, die besseren sind, so hat dies schon den Charakter der Volksverdummung. Auch Begriffe wie „Gen-Tomate" oder „Gen-Wein", die beispielsweise im öffentlich-rechtlichen Rundfunk verwendet werden, sind sehr unglücklich gewählt. Einigen Meinungsumfragen zufolge glauben viele Deutsche, dass Nahrungsmittel normalerweise keine Gene enthalten! Die Vermutung, dass Ablehnung und Furcht vor bestimmten Technologien aus Mangel an Information entstehen, liegt nahe. Dafür tragen auch Wissenschaftler eine Verantwortung, wenn sie es versäumen, ihre Forschungsarbeiten und Erkenntnisse der Öffentlichkeit in verständlicher Form zu präsentieren.

Um diesem Mangel abzuhelfen, haben wir dieses Buch geschrieben. Es richtet sich bewusst nicht an den Spezialisten, sondern die Zielgruppen sind besonders Lehrer, Schüler der gymnasialen Oberstufe, Studenten der Naturwissenschaften oder Medizin sowie interessierte Laien. Um diesen unterschiedlichen Gruppen gerecht zu werden, haben wir uns für eine Gliederung entschieden, die im ersten Kapitel mit einer Einführung beginnt, die unter anderem verdeutlichen soll, dass fast alle unserer Nahrungspflanzen das Ergebnis menschlicher Zuchtwahl sind.

Das zweite Kapitel richtet sich insbesondere an die Mehrheit der molekularbiologisch nicht Vorgebildeten und stellt allgemeine Konzepte und Methoden der Gentechnik dar. Daran schließt sich im dritten Kapitel eine umfangreiche Darstellung der Herstellung und des Nachweises von transgenen Pflanzen an. Wir sind der Meinung, dass das Wissen um die Methodik der pflanzlichen Gentechnik dazu beitragen kann, vorhandene Ängste abzubauen. Im vierten Kapitel werden konkrete Anwendungen gentechnischer Methoden bei Pflanzen beschrieben, damit der Leser eine Vorstellung über den Stand der Technik und die zukünftigen Möglichkeiten erhält. Das fünfte Kapitel beleuchtet die Freisetzung transgener Pflanzen, zeigt auf, welche transgenen Pflanzen oder Pflanzenprodukte kommerziell erhältlich sind und beleuchtet gesetzliche Bestimmungen. Besonderer Wert wurde schließlich auf eine umfassende Besprechung der Risikopotenziale im sechsten Kapitel gelegt. Gerade hier sind nämlich in der öffentlichen Diskussion die größten Defizite zu verzeichnen. Den Abschluss bildet Kapitel sieben mit einem persönlichen Ausblick auf die Zukunft der pflanzlichen Gentechnik. Außerdem haben wir hier eigene Vorstellungen für eine größere Transparenz und bessere Öffentlichkeitsarbeit einfließen lassen.

Um den unterschiedlichen Ansprüchen der Zielgruppen gerecht zu werden, haben wir zahlreiche ergänzende Abbildungen und verschiedene didaktische Hilfsmittel verwendet. Hierzu zählen die „Boxen", die, entsprechend gekennzeichnet, entweder Basisinformationen oder spezielle Ausführungen zu einem Thema enthalten. Die in kleinerer Schrift abgesetzten Exkurse im Text ergänzen den Haupttext mit interessanten Details. Die Kernaussagen am Kapitelende und nicht zuletzt ein ausführliches Glossar tragen ebenfalls zum besseren Verständnis dieses Buches bei.

Die Autoren wünschen sich, dass dieses Buch dazu beitragen kann, dass die Diskussion über transgene Pflanzen in Zukunft sachlicher geführt wird und auf mehr Kenntnissen in der interessierten Öffentlichkeit fußt. Wir glauben, dass eine besser informierte Öffentlichkeit nicht nur auf die eventuellen Risiken der pflanzlichen Gentechnik abhebt, sondern auch die tatsächlich vorhandenen Chancen einer wirklichen Zukunftstechnologie zu nutzen bereit ist.

Entstanden ist die Idee zu diesem Buch spontan während einer Diskussion über die Probleme im Verständnis von Öffentlichkeit und Wissenschaftlern. Sie wurde in Form einer E-Mail an den Springer-Verlag herangetragen. Die zuständige Lektorin, Frau Dr. Christine Schreiber, war interessiert und so ist aus der Idee tatsächlich recht schnell ein Buch geworden. Hierfür gilt unser besonderer Dank dem Springer Verlag und seinen Mitarbeitern, besonders Frau Dr. Christine Schreiber und Frau Stefanie Wolf.

Unser Dank gilt darüber hinaus allen, die durch Anregungen und Vorschläge zum Gelingen dieses Buches beigetragen haben. Ganz besonders danken wir Frau Dr. Heike Holländer-Czytko, Herrn Dipl.-Ing. Karl-Heinz Kempken, Herrn Prof. Dr. Ulrich Kück und Frau Dr. Stefanie Pöggeler für die kritische Durchsicht des Manuskriptes. Herrn Hans-Jürgen Rathke gilt unser Dank für die Anfertigung von einigen Abbildungen und Frau Dipl.-Biol. Kerstin Stockmeyer für die Überlassung einiger Fotografien. Herrn PD Dr. Detlef Bartsch danken wir für Informationen zur ökologischen Auswirkung von transgenen Pflanzen. Dem Max-Planck-Institut für Züchtungsforschung in Köln, dem Robert-Koch-Institut in Berlin, Herrn Prof. Weiler (Bochum) sowie den Firmen BIORAD und Monsanto danken wir für die freundliche Bereitstellung von Bildmaterial.

Bochum und Marburg
im Februar 2000

Frank Kempken
Renate Kempken

Inhaltsverzeichnis

Verzeichnis der Boxen

Einleitung

1

Inhaltsverzeichnis

1.1   Traditionelle Pflanzenzüchtung

Dieser Abschnitt über die **traditionelle Pflanzenzüchtung** wurde aufgenommen, um die Entstehung unserer heutigen Kulturpflanzen, insbesondere der Frucht-, Gemüse- und Getreidearten und -sorten, durch Zuchtwahl zu verdeutlichen. Im öffentlichen Sprachgebrauch ist häufig von natürlichen oder konventionellen Nahrungsmitteln die Rede, die zum Beispiel den gentechnisch veränderten gegenübergestellt werden. Eine derartig strikte Trennung ist jedoch nicht korrekt, wenn man die Entwicklung unserer Kulturpflanzen betrachtet, die die heutigen Nahrungsgrundlagen bilden.

Sehr viele unserer Nutzpflanzen sind erst durch **Zuchtwahl** durch den Menschen in ihrer heutigen Form entstanden und verglichen mit ihren Stammformen oft stark abgewandelt. Dies ist leicht festzustellen, wenn man zum Beispiel die holzige und relativ kleine Frucht des Wildapfels *(Malus sylvestris)* mit den hochwertigen Früchten der heutigen Zuchtformen vergleicht.

Im Rahmen dieses Buches können nur wenige Beispiele angesprochen werden. Genauere Informationen sind z. B. Becker (2019) zu entnehmen. Basisinformationen zu einigen der wichtigsten Nutzpflanzen sind in Box 1.1 aufgeführt. Eine sehr schöne Zusammenstellung zur Geschichte der Pflanzenzüchtung findet sich bei Kingsbury (2009).

© Springer-Verlag GmbH Deutschland, ein Teil von Springer Nature 2020
F. Kempken, *Gentechnik bei Pflanzen*, https://doi.org/10.1007/978-3-662-60744-2_1

Box 1.1

Informationen zu einigen wichtigen Kulturpflanzen (B)

Die Wildformen der **Baumwolle** stammen aus den Tropen und Subtropen aller Kontinente (außer Europa) und gehören zu den Malvengewächsen. Es wird angenommen, dass die Art *Gossypium hirsutum* aus einer Kreuzung nordamerikanischer und afrikanischer Arten entstand. Baumwolle bzw. deren Fasern, die in Kapselfrüchten entstehen, werden schon seit Jahrtausenden verwendet. Seit dem 14. Jahrhundert wurden auch in Europa größere Mengen für die Herstellung von Kleidung eingesetzt. Die Gesamtanbaufläche für Baumwolle betrug 2017 ca. 30 Mio. ha. 80 % davon wurden mit gentechnisch veränderter (transgener) Baumwolle bestellt, die in 14 Ländern angebaut wurde.

Mais ist eine recht alte Kulturpflanze, deren **Domestikation** vor 7000 Jahren begann. Ursprünglich stammt der Mais aus Mittelamerika. In Europa werden seit dem 19. Jahrhundert winterfeste Sorten gezüchtet. Es werden fast ausschließlich sogenannte Hybridsorten verwendet, die in ihrer direkten Nachkommenschaft besonders hohe Erträge liefern. Das Saatgut hierfür kaufen die Landwirte jedes Jahr neu, weil der auf Kreuzung der Hybridsorten beruhende höhere Ertrag in der direkten Nachkommenschaft in den Folgegenerationen wieder verloren geht und so eine Aussaat zurückbehaltenen Erntegutes unwirtschaftlich wäre. Ein Problem ist die Anfälligkeit des Mais für die Raupen des Maiszünslers, wodurch regional bis zu 20 % der Ernte in Deutschland vernichtet werden. Deshalb ist der Einsatz von Pestiziden oder transgenen, insektenresistenten Sorten notwendig. Nach den USA und China ist die EU der drittgrößte Maisproduzent. Mais wird als Tierfutter, Gemüse, zur Ölgewinnung und als Mehl in der Nahrungsmittelindustrie verwendet. Außerdem findet Mais als Rohstoff, z. B. für die Herstellung von Papier, Pappe, Kunststoffen oder Medikamenten, Verwendung. Die Weltproduktion lag 2017 bei ca. 1,13 Mrd. Tonnen Körnermais, von denen ca. 370 Mio. Tonnen in den USA angebaut wurden. Die Anbaufläche für transgenen Mais betrug 2017 weltweit 60 Mio. ha. Dies entspricht 32 % der weltweiten Anbauflächen.

Raps ist eine Kreuzung aus Rübsen und Wildkohl und stellt somit eine der wenigen erfolgreichen Kreuzungen der klassischen Pflanzenzüchtung zwischen zwei Arten dar. In Europa ist der Anbau von Raps erstmals für das 14. Jahrhundert belegt. In Indien gibt es sogar Hinweise auf die Verwendung von Raps für die Zeit um 2000 v. Chr. Die EU ist heute der weltweit wichtigste Rapsproduzent (vor China und Kanada). Verwendung finden Rapsöl und Rapsschrot. In der Lebensmittelherstellung wird Rapsöl z. B. für Speiseöle, Dressings, Margarine, Backwaren, Fischstäbchen und Suppen genutzt. In der chemischen und pharmazeutischen Industrie werden Rapsöl und Rapsschrot beispielsweise für die Herstellung von Lotionen, Lippenstiften, Seifen, Waschmittel, Biodiesel, Lacken und Druckfarben eingesetzt. Rapsschrot findet auch als Tierfutter Verwendung. Gentechnisch veränderte Sorten werden seit 1995 angebaut. 2017 wurde auf 10,2 Mio. ha gentechnisch veränderter Raps in Kanada, den USA, Australien und Chile angebaut. Dies entspricht 30 % der Gesamtanbaufläche von Raps.

Die **Sojabohne** (oft kurz „Soja" genannt) ist eine Zuchtform, die aus dem asiatischen Raum stammt. Erst seit den Zwanziger-Jahren hat man Sojabohnen in den USA angebaut. Heute werden sie in Nord- und Südamerika sowie Asien angepflanzt. 2017 wurden weltweit 135 Mio. Tonnen Sojabohnen geerntet. Sojabohnen und das daraus gewonnene Sojaöl werden in mehr als 20 000 verschiedenen Nahrungsmitteln eingesetzt. Hinzu kommen noch Anwendungen bei der Herstellung von Pestiziden, Kosmetika, Kunststoffen usw. Die EU trägt lediglich etwa 3 % zur Weltproduktion bei (im Jahr 2016 waren dies 10,7 Mio. Tonnen). Dementsprechend gab es in der EU bislang nur wenig mehr als 20 Freisetzungsversuche mit gentechnisch veränderten Sojabohnen. Gentechnisch veränderte Sojabohnen wurden 2017 auf einer Fläche von ca. 94 Mio. ha angebaut. Dies entspricht einem Anteil an der Weltproduktion von 77 %. In den USA werden etwa 94 % der Anbaufläche für Sojabohnen mit transgenen Pflanzen bestellt.

Zuckerrüben werden erst seit dem späten 18. Jahrhundert für die Zuckerherstellung genutzt, nachdem man entdeckte, dass sie den gleichen Zucker enthalten wie das bis dahin ausschließlich verwendete Zuckerrohr. Der ursprünglich niedrige Anteil von 7 % Zucker wurde auf etwa 18 % gesteigert. Heute tragen Zuckerrüben zu ca. 25 % der Weltzuckerproduktion bei. Problematisch ist die Anfälligkeit für eine Viruserkrankung, die sogenannte Wurzelbärtigkeit (Rhizomania), die regional bis zu 75 % der Zuckerrüben befallen kann. Dementsprechend wurden transgene Sorten entwickelt.

Weltweit wurden 2017 etwa 301 Mio. Tonnen Zuckerrüben angebaut, davon ca. 34 Mio. Tonnen in Deutschland. In der EU werden bislang keine gentechnisch veränderten Zuckerrüben angebaut. In den USA besteht ein kommerzieller Anbau seit 2007 und in Kanada seit 2008. In 2017 wurden 480 000 Tonnen transgener Zuckerrüben geerntet.

Gelegentlich ist auch ohne gentechnische Methoden die Überwindung von Art- und Gattungsgrenzen gelungen. Ein bekanntes Beispiel ist die **Gattungshybride** Triticale. Bereits 1875 wurde über eine Kreuzung von Weizen und Roggen berichtet, die zwar noch steril war, jedoch ließen sich schon 1888 fertile Hybride erzielen. Diese Arbeiten wurden nach 1918 fortgesetzt, wobei u. a. auch Embryokulturtechniken Verwendung fanden.

Bei der Embryokulturtechnik werden junge pflanzliche Embryonen aus dem Samen herauspräpariert und auf geeigneten Nährmedien kultiviert. Durch Zugabe von Phytohormonen ist es somit möglich, intakte Pflanzen zu erhalten. Die Methode wird angewendet, wenn sich Embryonen unter natürlichen Bedingungen nicht zu intakten Keimlingen entwickeln.

1982 wurde die heute meist verwendete *Triticale-Sorte* „Lasko" freigegeben. Gegenüber dem Weizen ist eine Reihe von verbesserten Merkmalen vorhanden wie z. B. höhere Frostresistenz, höhere Resistenz gegen bestimmte Krankheitserreger und ein höherer Eiweißgehalt.

Bei der Erzeugung von *Triticale* kam es zu einer Neukombination des Erbgutes von Roggen und Weizen. Obwohl die Rekombination von Zehntausenden von Erbanlagen ein höheres Risiko darstellt als das Hinzufügen einzelner Transgene, führte dies nicht zu Protesten in der Öffentlichkeit. *Triticale* wird auch im ökologischen Anbau angepflanzt.

Die Kultivierung und Zuchtwahl wichtiger Kulturpflanzen begann bereits vor etwa 9000 bis 10 000 Jahren (Abb. 1.1). Archäologische Untersuchungen haben die Domestizierung des Weizens im Nahen Osten bereits für die Zeit um 7000 v. Chr. nachgewiesen. Aus Wildformen mit brüchiger Ährenspindel wurden festspindelige Kulturformen ausgelesen (Einkorn und Emmer).

In Höhlen Südmexikos wurden ursprüngliche Maissorten gefunden und auf eine Zeit von 5000 bis 3400 v. Chr. datiert. Man geht heute davon aus, dass der kolbentragende Mais *(Zea mays)* durch Auftreten von Mutationen aus der rispigen Teosinte *(Euchlaena mexicana)* entstand (Abb. 1.2) und vom Menschen weiter kultiviert und domestiziert wurde.

Durch Kreuzungen von Mais und Teosinte zeigte sich übrigens, dass die hauptsächlichen morphologischen Unterschiede der beiden Spezies auf nur fünf Genabschnitte im Genom dieser Pflanzen zurückgehen.

Im Gegensatz zu diesen sehr alten Kulturpflanzen sind z. B. die meisten Kohlsorten sehr viel jüngeren Datums. Zwar wurde der Wildkohl *Brassica oleracea*

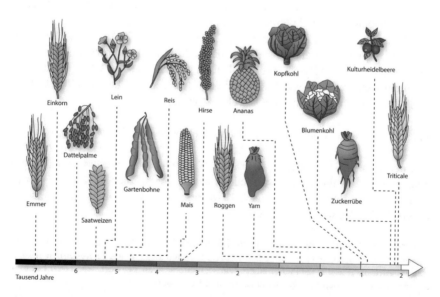

Abb. 1.1 Zeitskala der Entstehung einiger Kulturpflanzen von 7000 vor Christus bis 2000 nach Christus. (Verändert nach: Programm Biotechnologie 2000, BEO, 1994)

Abb. 1.2 Vergleich der Stammform Teosinte (rechts) mit dem Kulturmais (links). (Die Abbildung wurde freundlicherweise vom Max-Planck-Institut für Züchtungsforschung zur Verfügung gestellt)

var. *oleracea* bereits im alten Rom verzehrt, doch treten die Kopfkohlsorten erst im 12. Jahrhundert und der Wirsing sogar erst im 16. Jahrhundert auf. Wie Abb. 1.3 zeigt, unterscheiden sich diese und andere Zuchtformen wie Blumenkohl, Rosenkohl oder Brokkoli in erheblichem Maße von ihrem Vorläufer. Durch Zuchtwahl wurden hier Metamorphosen essbarer Spross-, Blatt- oder Blütenstandsgewebe gefördert.

Genetisch gesehen handelt es sich um Mutationen in Genen, die normalerweise die korrekte Ausbildung der Blütenstände und Blüten, also die Organogenese, regulieren. Derartige Gene nennt man homöotische Gene. Im Vergleich mit tierischen Organismen sind die Metamorphosen beim Kohl genetisch mit Mutanten der Fruchtfliege vergleichbar, denen Beine statt Fühler wachsen!

Die angeführten Beispiele belegen, dass der Mensch seit Jahrtausenden Zuchtwahl betrieben hat, indem er aus natürlich vorkommenden Pflanzen für ihn geeignetere Formen ausgelesen hat. Für das Endergebnis ist dabei unerheblich, dass die ersten Domestikationen wahrscheinlich eher zufällig erfolgt sind. Unsere Hauptkulturpflanzen können somit kaum als natürlich im engeren Wortsinn bezeichnet werden, da sie in der Natur in ihrer gegenwärtigen Form nicht vorkommen.

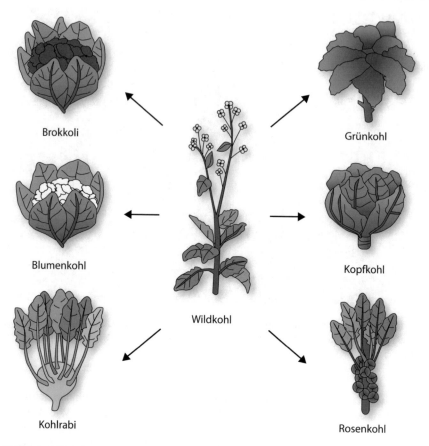

Abb. 1.3 Wildkohl und abgeleitete Zuchtformen

Box 1.2

Mendel'sche Vererbungsgesetze

Die Züchtung neuer Sorten beruht auf den Gesetzmäßigkeiten der Vererbung der einzelnen Gene und deren Kombination. Entdeckt wurden die Vererbungsgesetze von dem Augustinermönch Gregor Johann Mendel im 19. Jahrhundert durch Arbeiten an Erbsen. Seine Beobachtungen führten 1865 zur Formulierung der sogenannten Mendel'schen Vererbungsgesetze, die die Grundlage der klassischen Pflanzenzüchtung bilden.

Die genetische Analyse beruht auf der Kreuzung von Eltern mit alternativen Merkmalen, z. B. weißen oder roten Blüten. Diese Unterschiede beruhen auf dem Besitz unterschiedlicher Ausfertigungen eines Gens an einem Genort, die man Allele nennt. Da Höhere Pflanzen, sieht man von Pollen und Eizelle ab, doppelte (diploide) oder mehrfache (polyploide) Chromosomensätze tragen, ist jedes Gen in einer Pflanzenzelle mindestens zweifach vorhanden. Sind die

Gene bzw. Allele in allen Chromosomensätzen identisch, so bezeichnet man die Pflanze in Bezug auf dieses Merkmal als **homozygot**. Unterscheiden sich die Allele, so nennt man sie **heterozygot**.

Mendels Uniformitätsgesetz besagt, dass die Nachkommen (die sogenannte F1-Generation) einer Kreuzung zweier Eltern, die in Bezug auf das untersuchte Merkmal jeweils homozygot waren, homogen sein müssen. Hierbei ist es gleichgültig, welcher Elter Vater und welcher Mutter war. Dieses Gesetz gilt immer und ist sogar umkehrbar: Ist eine F_1 nicht homogen, so können die Eltern nicht homozygot gewesen sein.

Die F_1-Generation ist also homogen, d. h. weist gleiche äußere Merkmale **(Phänotyp)** und gleiche genetische Konstitution **(Genotyp)** auf. Gleichzeitig ist sie in Bezug auf das untersuchte Merkmal heterozygot, da sie je ein Allel vom Vater und eins von der Mutter erhalten hat. Zwischen diesen Allelen kommt es zu unterschiedlichen Wechselwirkungen. Überdeckt die Ausprägung eines Allels das Merkmal des anderen vollständig, so nennt man Ersteres **dominant,** das überdeckte Allel **rezessiv**:

$$\text{Elter 1 AA} \times \text{Elter 2 aa} \rightarrow F_1 \text{ Aa}$$

(A = dominantes Allel, a = rezessives Allel).

Es gibt allerdings auch verschiedene Formen der intermediären Merkmalsausprägung, bei denen beide Allele beteiligt sind.

Das **Spaltungsgesetz** basiert auf den Gesetzmäßigkeiten der Bildung der haploiden Keimzellen während der Meiose. Es besagt, dass nach Selbstbefruchtung der heterozygoten F_1-Generation in der F_2-Generation eine Aufspaltung der Merkmale zu beobachten ist. Dabei entstehen die folgenden Möglichkeiten:

$$F_1 \text{ Aa} \times F_1 \text{ Aa} \rightarrow F_2 \text{ AA} + \text{Aa} + \text{Aa} + \text{aa}$$

Diese Aufspaltung lässt sich so erklären, dass beide Eltern haploide Gameten bilden können, die entweder das Merkmal „A" oder „a" tragen. Die freie Kombination von „A"- und „a"-Gameten ergibt dann entsprechende Auftrennung in der F_2-Generation. Ein rezessives Merkmal, das in der F_1-Generation nicht sichtbar ist, wird also nach Selbstung in der F_2-Generation bei einem Viertel der Nachkommenschaft auftreten. Das heißt, die Erbanlagen werden von einer Generation zur anderen – von seltenen zufälligen **Mutationen** einmal abgesehen – nicht verändert und behalten ihre Individualität.

Das dritte Gesetz beschreibt die Neukombination der Gene bei Kreuzungen von Eltern, die sich in zwei oder mehr Merkmalen unterscheiden. Hiernach werden die Allele unabhängig voneinander entsprechend den ersten beiden Gesetzen vererbt **(Prinzip der unabhängigen Segregation)**. Als Besonderheit treten in der F_2-Generation neue Kombinationen im Vergleich zu den Eltern auf. Dies gilt aber nur dann, wenn die Gene der untersuchten Merkmale ungekoppelt sind, das heißt auf verschiedenen Chromosomen lokalisiert sind. Liegen sie dagegen alle auf einem Chromosom, so werden die Merkmale gemeinsam, also gekoppelt vererbt. Hierbei sind jedoch Ausnahmen möglich (siehe Abschn. 2.3.1).

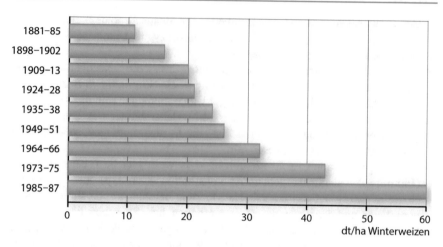

Abb. 1.4 Erfolge der Weizenzüchtung durch Kreuzungen und bessere pflanzenbauliche Maßnahmen. Angaben in Dezitonnen pro Hektar. (Aus: Programm Biotechnologie 2000, BEO, 1994)

Obwohl Pflanzenzüchtungen schon vor der Entdeckung der Erbregeln zu beacht-
lichen Erfolgen geführt haben, hat erst die Wiederentdeckung der **Mendel'schen
Vererbungsregeln** (Box 1.2) am Anfang des 20. Jahrhunderts eine gezielte Züchtung möglich gemacht. Die Pflanzenzüchter versuchen dabei, durch Kreuzung
verschiedener Linien von Nutzpflanzen, möglichst viele positive Eigenschaften
in einer Linie zu vereinigen. Auf diese Weise konnte, insbesondere in Verbindung
mit verbesserten Agrarmethoden, eine erhebliche Steigerung des Ertrages erzielt
werden. Dies wird durch Abb. 1.4 verdeutlicht, die zeigt, dass im Zeitraum von
1881 bis 1987 der Ertrag an Winterweizen um etwa das Vierfache gesteigert werden konnte.

Zahlreiche weitere Beispiele dieser Art ließen sich hier anführen. Die heute in
den Industrieländern anzutreffende Überproduktion von Nahrungsmitteln hat dazu
geführt, dass die großen Erfolge der Pflanzenzüchtung in Vergessenheit geraten
sind. Große Teile der Weltbevölkerung leiden aber nach wie vor unter dramatischer Nahrungsmittelknappheit.

Bei klassischen Kreuzungen werden immer alle **Erbanlagen** (Gene) der Eltern
vermischt und neu kombiniert. Dabei muss man bedenken, dass Pflanzen je nach
Art 25 000 bis 60 000 verschiedene Gene besitzen, die alle bei derartigen Kreuzungen vermischt und neu kombiniert werden. Aus der Nachkommenschaft solcher Kreuzungen sind Pflanzen mit den erwünschten Eigenschaften zu **selektieren**
und für weitere Kreuzungen zu verwenden. Diese Arbeiten sind sehr arbeitsintensiv (Abb. 1.5), und die Etablierung einer neuen Zuchtlinie nimmt dabei oft
15 bis 20 Jahre in Anspruch. Ob es tatsächlich gelingt, bestimmte Merkmale aus
den Ausgangslinien in einer neuen Linie zu vereinigen, hängt von sehr vielen Faktoren, wie z. B. der Anordnung der entsprechenden Gene auf den **Chromosomen,**
ab. Liegen z. B. zwei Merkmale sehr eng nebeneinander auf demselben Chromosom, sind **Rekombinationen** zwischen den Merkmalen sehr selten oder treten gar

Abb. 1.5 Pflanzenzüchter bei der Arbeit. Gezielt bestäubte Blüten werden mit Tüten vor ungewollter Fremdbestäubung geschützt. (Aufnahme: F. Kempken)

nicht auf. Es wäre dann nicht möglich, sie zu trennen. Ein weiteres Problem ist, dass man die meisten der eingekreuzten Gene gar nicht kennt. Daher können auch unerwünschte Merkmale in eine Zuchtlinie gelangen.

1.2   Gen- und Biotechnik in der Pflanzenzüchtung

In der modernen Pflanzenzüchtung werden neben den klassischen Methoden im vermehrten Maße auch verschiedene biotechnologische Verfahren eingesetzt, die in Abb. 1.6 vorgestellt werden. Eine wichtige Methode ist beispielsweise die **Protoplastenfusion**. Dieses, schon 1910 vorgeschlagene Verfahren beruht auf der Verwendung von Pflanzenzellen, deren Zellwände enzymatisch abgebaut wurden und die daher nur noch von ihrer Zellmembran umgeben sind. Derartige zellwandlose Zellen nennt man **Protoplasten** (vergl. Abschn. 3.1.3 und Abb. 3.12).

Die Protoplastenfusion beruht auf der Fusion von Protoplasten verschiedener Arten oder Rassen, wobei es auch zur Verschmelzung der **Genome** kommt (Abb. 1.7). Hierbei ist zu betonen, dass es sich bei derartigen Verfahren um eine Methode der Pflanzenzüchtung handelt, die nicht mit gentechnischen Methoden zu verwechseln ist. Der grundsätzliche Unterschied zur klassischen Pflanzenzüchtung liegt darin, dass zunächst nicht die ganze Pflanze im Vordergrund steht, sondern einzelne Zellen oder Gewebe, aus denen später intakte Pflanzen regeneriert werden.

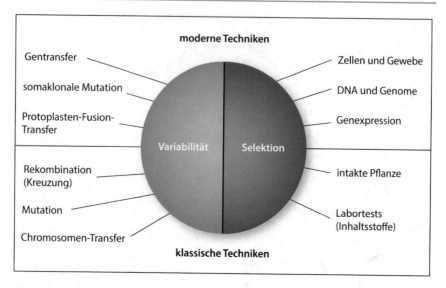

Abb. 1.6 Klassische und moderne Methoden der Pflanzenzüchtung. (Verändert nach: Programm Biotechnologie 2000, BEO, 1994)

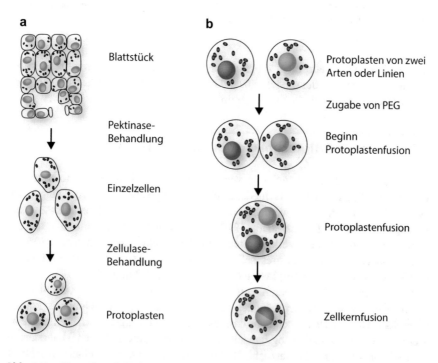

Abb. 1.7   **a** Herstellung **b** Fusion von Protoplasten

Dies ist möglich, weil die meisten Pflanzenzellen **totipotent** sind. Sie haben nämlich die Fähigkeit, alle Teile und Gewebe des Pflanzenkörpers wieder aufzubauen, und man kann daher aus einzelnen Pflanzenzellen vollständige Pflanzen regenerieren (vergl. Abschn. 3.3). Wenn diese später blühen und Samen bilden, werden deren gewünschte Merkmale an die nächste Generation weitergegeben.

Die Protoplastenfusion funktioniert allerdings nicht bei allen Pflanzen gleich gut. Zurzeit ist diese Methode nur bei einigen Kulturpflanzen wie z. B. der Kartoffel oder den Brassicaceae sinnvoll anzuwenden. Große Probleme stellen vor allem die hohe genetische Variabilität der erzeugten **somatischen Bastarde** (somaklonale Varianz) und die häufig auftretende Infertilität der regenerierten Pflanzen dar. Ein bekanntes und häufig zitiertes Beispiel für eine Protoplastenfusion ist die sogenannte „Tomoffel", eine Chimäre aus Tomate und Kartoffel. Das Beispiel der „Tomoffel" dokumentiert zwar, wozu die moderne Pflanzenzüchtung in der Lage ist, zeigt aber auch deren Grenzen auf, denn die „Tomoffel" eignet sich nicht für kommerzielle Anwendungen, weil nicht genügend Stoffwechselprodukte für die Bildung von Kartoffelknollen und Tomaten zur Verfügung stehen.

Von sehr großer Bedeutung als Hilfsmittel der modernen Pflanzenzüchtung sind mittlerweile **molekulargenetische Methoden,** bei denen die in der DNA gespeicherte Erbinformation der Pflanzen direkt analysiert werden kann. Dadurch kann man auch solche DNA-Abschnitte untersuchen, die keine Gene enthalten. Näheres dazu ist Abschn. 2.3.1 zu entnehmen.

Die Bedeutung der **Gentechnologie** liegt darin, dass sich damit einige ungelöste Probleme der Pflanzenzüchtung methodisch angehen lassen. Hierzu zählt zum Beispiel das Problem der Artbarriere, das auch durch die Protoplastenfusion oder die Kombination von klassischer Züchtung und Gewebekultur zwischen systematisch weit entfernten Gruppen bestehen bleibt. Selbst wenn es gelingt, Chimären aus verschiedenen Arten zu erzeugen, bleiben nicht alle Gene dieser Chimären stabil erhalten. Außerdem ist dieser Vorgang in Bezug auf die Eigenschaften der resultierenden chimären Pflanze kaum voraussehbar. Schließlich können nicht einzelne Gene, sondern nur vollständige Genome oder allenfalls Chromosomen kombiniert werden. Das heißt, es werden stets viele zehntausend Gene neu kombiniert.

Diese Nachteile bestehen beim Einsatz gentechnischer Methoden in aller Regel nicht, denn es werden nur einzelne oder wenige Gene übertragen. Den Vorgang des Einbringens fremder DNA in das Erbgut eines Organismus nennt man **Transformation**. Transformierte Pflanzen werden als **transgene** Pflanzen bezeichnet, die transformierte DNA oft **Transgen** genannt. Stammt die DNA aus sehr nahe verwandten Arten der gleichen Gattung spricht man auch von **cisgenen** Pflanzen. Hintergrund ist nicht zuletzt eine unterschiedliche (geringere) Risikobewertung bei cisgenen Pflanzen und eine so erhoffte höhere Akzeptanz beim Verbraucher.

Die Anwendung der Gentechnik weist zahlreiche Vorteile für die Etablierung von Pflanzensorten auf, was zu der relativschnellen Einführung dieser Methodik in die moderne Pflanzenzüchtung geführt hat:

- Durch Einbringen eines oder weniger Gene in eine Pflanze lassen sich neue und definierte Eigenschaften erzielen.
- Die Artgrenze spielt keine Rolle mehr, denn es ist nicht nur möglich, Gene aus anderen Pflanzen, sondern auch aus Bakterien, Pilzen, Tieren oder dem Menschen funktionsfähig in Pflanzen zu übertragen. Hierzu sind prinzipiell lediglich Änderungen an den Kontrollbereichen der Gene, den Promotoren und Terminatoren vorzunehmen. In manchen Fällen sind aber auch weitergehende Änderungen erforderlich, wie beispielsweise die Anpassung des Kodon-Gebrauchs.
- Dabei können unerwünschte Eigenschaften einer Pflanze, wie z. B. die Bildung toxischer oder allergener Substanzen, mit gentechnischen Methoden unterbunden werden.
- Transgene Pflanzen können als lebende Bioreaktoren wirtschaftlich interessante Proteine und Metabolite herstellen.
- Es ist möglich geworden, die Wirkweise von Genen bei der pflanzlichen Entwicklung und anderen biologischen Vorgängen zu studieren. Transgene Pflanzen lassen sich daher aus der modernen Grundlagenforschung nicht mehr wegdenken. In der modernen Pflanzenzüchtung wird die Minderung des Konfliktes zwischen Ökonomie und Ökologie angestrebt. Die Gentechnik kann hier einen wichtigen Beitrag leisten. Durch die Verwendung von herbizid- oder insektenresistenten Pflanzen kann z. B. eine Mengenreduzierung an Pflanzenschutzmitteln erreicht werden.

Diese Aspekte fügen sich gut in die Zielsetzungen der modernen Pflanzenzüchtung ein, denn es steht nicht mehr ausschließlich die Ertragssteigerung im Vordergrund. Einige wichtige Zielfelder sind nachfolgend aufgeführt:

- die Erhaltung und Erweiterung der genetischen Diversität,
- die Steigerung der Widerstandsfähigkeit (Pflanzengesundheit und Stresstoleranz),
- die Verbesserung des Nährstoffaneignungsvermögens (Effizienz),
- die Erhöhung der biologischen Stoffbildung (Photosynthese und Atmung),
- die Verbesserung der Produktqualität,
- die Realisierung von umweltverträglicheren Produkten.

Wichtig erscheint es anzumerken, dass die Gentechnik die klassische Züchtung keineswegs ersetzt, sondern lediglich ein, allerdings bedeutsames, zusätzliches Werkzeug für Pflanzenzüchtung darstellt. Auch in der Zukunft werden traditionelle Methoden eine wichtige Rolle spielen. So lassen sich beispielsweise viele Hochleistungssorten entweder nicht stabil transformieren, oder die Regeneration von intakten Pflanzen gelingt nicht. Daher wird man in solchen Fällen nahe verwandte Arten oder andere Rassen transformieren und die Fremd-DNA dann mittels klassischer Kreuzung in die Hochleistungssorte einbringen. Auf gleiche Weise werden die Eigenschaften transgener Pflanzen auch in verschiedene Sorten und Landrassen eingekreuzt. Dadurch entstehen immer neue transgene Sorten. So ist

z. B. die Zahl transgener Maissorten in der EU, die auf dem Bt-Mais Mon810 beruhen, bis zum Jahre 2009 auf 99 gestiegen. Es lassen sich so transgene Eigenschaften in beliebige Sorten einkreuzen, die an bestimmte lokale Bedingungen angepasst sind. Ein anderes Beispiel stellen Bt-Baumwollsorten aus Indien dar, von denen es im ersten Anbaujahr 2002/2003 nur drei gab. 2006 waren es bereits 50 Sorten und viele weitere befanden sich in der Entwicklung.

Der Bt-Mais Mon810 und die Bt-Baumwolle bilden bakterielle Toxine, die nur für bestimmte Insekten giftig sind. Die Bezeichnung Mon810 weist dabei auf eine definierte Linie (ein sogenanntes **Event**) der Firma Monsanto hin. Maispflanzen mit diesem Event wurden zeitweilig auch in Deutschland angebaut. Näheres ist in den Kap. 5 und 6 zu finden.

Ein wichtiger Aspekt ist, dass beim Einsatz gentechnischer Methoden außer strengen gesetzlichen Bestimmungen auch zahlreiche Sicherheitsaspekte (siehe Kap. 7) zu bedenken sind, die von Fall zu Fall – also keinesfalls pauschal – zu beurteilen sind. Die Gentechnologie kann dabei auf einen exzellenten Sicherheitsstandard verweisen: Seit den Siebziger-Jahren des 20. Jahrhunderts, also solange diese Technologie existiert, sind bei gentechnischen Arbeiten mit Pflanzen und Mikroorganismen noch nie Unfälle bekannt geworden oder Menschen zu Schaden gekommen. Diese Einschätzung wird durch umfassende Sicherheitsbewertungen gestützt.

Seit den 2000er-Jahren ist als neue Methode die Genom-Edierung (engl.: *genome editing*) hinzugekommen. Dadurch wurde, mit bislang ungeahnter Präzision, die gezielte Veränderung einzelner Gene in einem Genom möglich. Fremde DNA-Sequenzen werden bei der Genom-Edierung nicht notwendigerweise verwendet. Oft werden nur einzelne Nukleotide verändert, was sich im Nachhinein nicht nachweisen lässt. Die verschiedenen methodischen Ansätze der Genom-Edierung werden in Kap. 4 vorgestellt. Einen Vergleich der Vor- und Nachteile der unterschiedlichen Züchtungsmethoden zeigt Abb. 1.8.

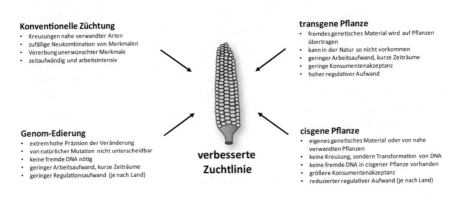

Konventionelle Züchtung
- Kreuzungen nahe verwandter Arten
- zufällige Neukombination von Merkmalen
- Vererbung unerwünschter Merkmale
- zeitaufwändig und arbeitsintensiv

transgene Pflanze
- fremdes genetisches Material wird auf Pflanzen übertragen
- kann in der Natur so nicht vorkommen
- geringer Arbeitsaufwand, kurze Zeiträume
- geringe Konsumentenakzeptanz
- hoher regulativer Aufwand

Genom-Edierung
- extrem hohe Präzision der Veränderung
- von natürlicher Mutation nicht unterscheidbar
- keine fremde DNA nötig
- geringer Arbeitsaufwand, kurze Zeiträume
- geringer Regulationsaufwand (je nach Land)

verbesserte Zuchtlinie

cisgene Pflanze
- eigenes genetisches Material oder von nahe verwandten Pflanzen
- keine Kreuzung, sondern Transformation von DNA
- keine fremde DNA in cisgener Pflanze vorhanden
- größere Konsumentenakzeptanz
- reduzierter regulativer Aufwand (je nach Land)

Abb. 1.8 Vor- und Nachteile verschiedener Züchtungsmethoden

1.3   Meilensteine der Entwicklung der pflanzlichen Gentechnik

Eine umfassende historische Betrachtung der pflanzlichen Gentechnik würde fast schon ein eigenständiges Buchprojekt darstellen. Daher sollen in diesem Abschnitt lediglich bedeutende Meilensteine (Tab. 1.1) in dieser noch längst nicht abgeschlossenen Entwicklung vorgestellt werden, um die Dynamik dieses rasch expandierenden Arbeitsgebietes zu verdeutlichen.

Die pflanzliche Gentechnik beruht auf der Möglichkeit, fremde DNA in das Genom von Pflanzenzellen einzubringen. Derartig veränderte Pflanzen bezeichnet man als **transgen**. Für solche **transgenen Organismen** hat sich mittlerweile eine Reihe von Begriffen eingebürgert. Hierzu zählen zum Beispiel „GM" für **genetisch modifiziert** oder „GMO" **für genetisch modifizierter Organismus**. Während diese beiden Abkürzungen im englischen Sprachraum gebräuchlich sind, ist die Abkürzung „GVO" für **genetisch veränderter Organismus** nur im deutschen Sprachgebrauch üblich.

Im deutschen Sprachgebrauch wird auch der Begriff „gentechnisch manipuliert" verwendet. Da das Wort „manipuliert" aber negativ konnotiert ist, wird es hier nicht verwendet. Begriffe wie „verändert" oder „modifiziert" sind dagegen wertneutral. Leider haben sich in der Presse Bezeichnungen wie „Gen"-Tomate oder „Gen"-Wein eingebürgert, die offensichtlich unsinnig sind, da bekannterweise alle Lebewesen Gene besitzen.

Zunächst wurde als Überträger der DNA das Bodenbakterium *Agrobacterium tumefaciens* verwendet, das Tumoren bei Pflanzen verursacht. Wie in Kap. 3 beschrieben, besitzt dieses Bakterium ein sogenanntes Ti-Plasmid, auf dem die Tumor erzeugenden Eigenschaften kodiert vorliegen. Ein kleiner Teil des Ti-Plasmids, die sogenannte T-DNA, kann von *Agrobacterium* in zweikeimblättrige Pflanzen übertragen werden. 1980 wurde erstmals mittels *A. tumefaciens* fremde DNA (das bakterielle **Transposon** *Tn7*) in Pflanzen übertragen, jedoch noch mit ansonsten unveränderter T-DNA. 1983 haben mehrere Forschergruppen in grundlegenden Arbeiten die T-DNA modifiziert und fremde Gene eingefügt, die Resistenz gegen bestimmte Antibiotika verliehen. Außerdem waren die Tumor induzierenden Gene entfernt worden. Die Fremd-DNA wurde dann zusammen mit dem Rest der T-DNA in die Pflanze übertragen, die dadurch **transformiert** wurde. Dieser Erfolg wurde durch die vorhergegangene genaue Untersuchung des Infektionsweges von *A. tumefaciens* und durch die Verfügbarkeit von Selektionssystemen für Pflanzen ermöglicht.

Die Verwendung von *A. tumefaciens* war ursprünglich weitgehend auf zweikeimblättrige Pflanzen beschränkt. Mittlerweile können aber auch einkeimblättrige Pflanzen wie Mais und sogar tierische Zellen und Pilze mit *A. tumefaciens* transformiert werden.

Seit diesem ersten Erfolg wurde eine stetig wachsende Anzahl von Pflanzen nahezu aller systematischen Gruppen erfolgreich transformiert. Hierbei stehen auch weitere Methoden zur genetischen Veränderung zur Verfügung: 1984 wurde die Transformation von Maisprotoplasten beschrieben.

Tab. 1.1 Meilensteine der pflanzlichen Gentechnik. (Quellen für Zahlenmaterial bezüglich Freisetzungen und Kommerzialisierung von transgenen Pflanzen siehe Kap. 6)

Jahr	Wichtige Entwicklung
1980	Erstmals Übertragung von bakterieller DNA mittels *Agrobacterium tumefaciens* auf Pflanzen
1983	Selektive Marker, „entschärftes" Ti-Plasmid
1985	Herbizidresistenz
1986	Virusresistenz erste Freisetzungsexperimente
1987	Insektenresistenz biolistische Transformation
1988	Kontrolle der Fruchtreife bei Tomaten
1989	Antikörper in Höheren Pflanzen
1990	Biolistische Mais-Transformation männliche Sterilität künstlich erzeugt
1991	Modifizierte Kohlenhydratzusammensetzung Erste Freisetzung transgener Pflanzen (Petunien) in Deutschland Verbesserte Alkaloidproduktion
1992	Veränderte Fettsäuren Biolistische Weizentransformation Erstmals bioabbaubares Plastik durch transgene Pflanzen
1994	Flavr Savr-Tomate erhältlich (erstes gentechnisch verändertes, marktreifes pflanzliches Produkt)
1998	Erstmals mehr als zehn Transgene gleichzeitig in eine Pflanze übertragen weltweit 48, in den USA 35 transgene Pflanzen kommerziell zugelassen
1999	Transgener Reis mit Provitamin A
2002	TILLING-Methode zur gezielten Identifizierung von Punktmutationen in Genen
2004	Genom-Sequenz von Reis verfügbar
2005	Anbaufläche transgener Nutzpflanzen ca. 90 Mio. ha weltweit
2006	Erprobungsanbau in Deutschland: 345 ha Bt-Mais
2008	Neue Methode für die gezielte Veränderung eines Genoms mithilfe einer Zink-Finger-Nuklease (Genom-Edierung)
2009	Weltweite Anbaufläche transgener Nutzpflanzen bei ca. 134 Mio. ha Komplette Sequenzen der Maislinie B73 und von Sorghum bicolor veröffentlicht Bundesregierung setzt EU-Zulassung für MON810-Mais aus und verbietet den Anbau
2010	Weltweite Anbaufläche für transgene Pflanzen ca. 148 Mio. ha Amflora-Kartoffel erstmals in Deutschland angebaut SmartStax™-Zulassung für die USA: Maissorte mit acht Transgenen
2012	CRISPR-Cas-Methode veröffentlicht (Genom-Edierung)
2015	Resistenz-Gen aus einer Wildbanane im Freilandversuch in Kulturbanane Cavendish erfolgreich gegen Panama Disease Tropical Race 4 getestet
2016	Weltweite Anbaufläche transgener Nutzpflanzen ca. 165 Mio. ha
2018	Der EuGH stuft die Genom-Edierung als gentechnisches Verfahren ein (Gegensatz zur USA) Anbau der ersten durch Genom-Edierung entstandenen Sorte (Calyxt™ High Oleic Soybean) in den USA, die weniger gesättigte Fettsäuren, dafür deutlich mehr der gesundheitlich wertvolleren Ölsäure enthält
2019	Kompletter Stoffwechselweg für Teile der Photorespiration verändert

Bei diesem Verfahren wird die Zellwand enzymatisch abgebaut, wodurch die zellwandlosen Protoplasten entstehen, in die man mittels Polyethylenglykol oder elektrischer Depolarisierung DNA einbringen kann. Seit 1987 wird außerdem die sogenannte biolistische Transformation verwendet. Bei diesem Verfahren werden pflanzliche Zellen mit DNA-beschichteten Gold- oder Wolframpartikeln regelrecht beschossen. Mit dieser Methode gelang die Transformation wichtiger einkeimblättriger Pflanzen: 1988 die von Reis, 1990 die von Mais und 1992 die von Weizen.

1985 wurden erstmals transgene Pflanzen beschrieben, denen Resistenzen gegen ein Herbizid verliehen worden waren. Ein Jahr später gelang es, virusresistente Pflanzen zu erzeugen. 1986 wurden auch die ersten Freisetzungsexperimente mit transgenen Pflanzen zugelassen.

Mit der Generierung insektenresistenter Tabak- und Tomatenpflanzen wurde 1987 ein weiterer wichtiger Schritt in der pflanzlichen Gentechnik gemacht. Ein anderes wichtiges Ereignis war 1988 die erfolgreiche Kontrolle der Fruchtreife bei Tomaten, die später zu der bekannten Flavr Savr-Tomate führte, dem ersten kommerziell erhältlichen gentechnisch veränderten Nahrungsmittel weltweit, das ab 1994 auf den Markt gelangte. Die Flavr Savr-Tomate ist allerdings schon lange wieder vom Markt verschwunden.

1989 wurde die Fachwelt durch die Nachricht überrascht, dass es nicht nur gelungen war, Gene, die für die Bildung von Antikörpern verantwortlich sind, in Pflanzen einzubringen, sondern dass es auch tatsächlich zur Bildung der gewünschten Genprodukte in Pflanzen kam. Dieser Erfolg eröffnete ganz neue Möglichkeiten für die Herstellung von Impfstoffen, aber auch für die Bekämpfung von Pflanzenkrankheiten.

1990 gelang es, transgene Pflanzen zu erzeugen, die männlich steril waren, also keinen Pollen bilden können. Derartige Pflanzen sind für die Saatgutherstellung von großer Bedeutung.

Seit 1991 ist es möglich, die Kohlenhydratzusammensetzung einer Pflanze zu modifizieren, und 1992 gelang dies auch für Fettsäuren. Im gleichen Jahr wurde erstmals in Tollkirschen eine verbesserte Alkaloidzusammensetzung erzielt. Damit war ein wichtiger Schritt hin zu Pflanzen mit maßgeschneiderter Alkaloidsynthese getan. Solche Pflanzen könnten für die Gewinnung von Arzneimitteln große Bedeutung erlangen.

Nachdem 1992 erstmals transgene Pflanzen vorgestellt wurden, die bioabbaubaren Kunststoff synthetisieren, besteht nun auch die Hoffnung, in Zukunft über Pflanzen mit ganz neuen Eigenschaften zu verfügen, die als pflanzliche Bioreaktoren zur Herstellung „nachwachsender Rohstoffe" Verwendung finden werden. Allerdings konkurrieren solche Pflanzen mit Nahrungspflanzen um die Anbauflächen.

Wesentliche Meilensteine sind auch die Veröffentlichungen der Sequenzen der ersten beiden pflanzlichen Genome (*Arabidopsis* und Reis) in den Jahren 2000 und 2002. Mittlerweile liegen Genomsequenzen für eine Vielzahl von Pflanzen vor oder befinden sich in verschiedenen Stadien der Bearbeitung (siehe http://www. ncbi.nlm.nih.gov/genomes/leuks.cgi).

1998 waren weltweit bereits 48 transgene Pflanzen bzw. deren Produkte zugelassen. Mittlerweile sind es mehr als 200 transgene Pflanzensorten. 1999 stellte man erstmals eine Pflanze (Reis) vor, die sieben Transgene trug.

Zahlreiche weitere Beispiele sind Tab. 1.1 zu entnehmen. In den letzten zwei Dekaden sind viele neue methodische Entdeckungen und Fortschritte erzielt worden, von denen zwei hervorzuheben sind. Zum einen wurde es mit dem „Next Generation Sequencing" (siehe Kap. 2) möglich, ganze pflanzliche Genome in immer kürzerer Zeit und zu immer niedrigeren Kosten zu sequenzieren. Durch die Analyse der kodierten Gene wird auch die molekulargenetische Bearbeitung von Kulturpflanzen deutlich erleichtert. Zum anderen wurden neue Genom-Edierungsmethoden (siehe Kap. 4) ersonnen und zur Anwendungsreife gebracht, mit deren Hilfe ein einzelnes Gen in einem Genom mit hoher Präzision verändert werden kann. Hierbei ist es zwar möglich, aber nicht zwingend nötig, fremde Erbinformation (Transgene) zu verwenden. Genom-edierte Pflanzen, in die keine Transgene übertragen wurden, lassen sich nicht von natürlich entstandenen Pflanzen unterscheiden, da es sich lediglich um Mutationen handelt, wie sie auch in der Natur jederzeit entstehen können. Die Genom-Edierung stellt einen neuen Meilenstein in der Pflanzenzüchtung dar, wird aber in verschiedenen Ländern rechtlich unterschiedlich betrachtet.

Zwischen 1992 und Mai 2009 wurden in der EU nach Angaben des Joint Research Centers (JRC) der Europäischen Kommission 845 Anträge für Freisetzungsversuche eingereicht. Die tatsächliche Zahl der Freisetzungen ist aber viel höher, da ein Antrag mehrere Standorte und Freisetzungsjahre enthalten kann. Bei diesen Anträgen ging es am häufigsten um transgene Kartoffeln, Mais, Raps und Zuckerrüben. In Deutschland fanden zwischen 2005 und 2010 Freisetzungen mit 12 Pflanzenarten auf unterschiedlich großen Flächen von 88 000 bis zu 340 000 ha statt (Näheres siehe www.transgen.de). Seit 2013 hat es aufgrund der politisch/rechtlichen Situation in Deutschland keine Freisetzungsexperimente mehr gegeben. Der Anbau gentechnisch veränderter Bt-Maispflanzen (Mon810) ist seit 2009 untersagt. 2011 kam das Aus für den Anbau der gentechnisch veränderten Amflora® Kartoffel. Seitdem findet kein Anbau gentechnischer Pflanzen in Deutschland mehr statt.

Während der Anbau transgener Pflanzen in Deutschland und vielen anderen europäischen Ländern untersagt ist, stellt sich die Situation weltweit völlig anders dar. Daten zum **kommerziellen Anbau** von transgenen Nutzpflanzen in der Landwirtschaft werden regelmäßig publiziert (Agro-Biotech-Agentur ISAAA-Reports). Die weltweite Anbaufläche für transgene Pflanzen betrug 2010 ca. 148 Mio. ha. Im Jahr 2017 waren es 189,8 Mio. ha, die in 24 Ländern für transgene Pflanzen genutzt wurden. 43 Länder haben in 2017 Erträge von transgenen Pflanzen als Lebens- und/oder Futtermittel importiert. In der EU haben 2017 nur Spanien und Portugal auf 124 227 bzw. 7308 ha gentechnisch veränderten Mais angebaut (MON810 mit einer Insektenresistenz). Entwicklungs- und Schwellenländer sind in erheblichem Umfang am Anbau transgener Pflanzen beteiligt. Schätzungen zufolge sind 90 % der ca. 18 Mio. Landwirte, die zwischen 1996 und 2015 weltweit transgene Pflanzen anbauten, Kleinbauern aus Entwicklungs- und Schwellenländern. Die Anbauflächen in diesen Ländern übersteigen mittlerweile die der

Industrieländer. Bei den angebauten Pflanzen handelt es sich immer noch überwiegend um Sojabohnen, Mais, Raps und Baumwolle. Andere gentechnisch veränderte Kulturpflanzen werden nur auf begrenzten Flächen angebaut und spielen eine untergeordnete Rolle. Die meisten der verwendeten transgenen Pflanzen tragen eine Herbizid- oder Insektenresistenz. Berücksichtigt man den Umstand, dass z. B. Sojaprodukte aus den USA in mehr als 20 000 verschiedenen Nahrungsmitteln enthalten sind, zeigt dies den großen Einfluss, den die Gentechnik bereits jetzt auf unsere Nahrungsmittelherstellung haben kann.

Seit der Einführung von Genom-Edierungsmethoden werden diese zunehmend für die Pflanzenzucht eingesetzt. Für die ersten Sorten findet ab 2019 ein großflächiger Anbau in den USA statt. Wie sich die unterschiedliche rechtliche Bewertung in den USA und in Europa auswirken wird, ist zurzeit nicht abzusehen.

Kernaussage

Die zunächst unbewusste und später gezielt durchgeführte Zuchtwahl war und ist für die Entstehung und Weiterentwicklung unserer Nutz- und Nahrungspflanzen von entscheidender Bedeutung.

Die Pflanzenzüchtung beruht in ihrer klassischen Form auf der Vermischung vollständiger Genome und der zufälligen Rekombination des Erbmaterials entsprechend den Gesetzmäßigkeiten der Mendel'schen Vererbungsregeln. Das Auftreten von unerwünschten Merkmalen kann dabei nicht gezielt ausgeschlossen werden. Die Züchtung einer neuen Linie nimmt einen sehr großen Zeitraum in Anspruch.

Moderne Verfahren haben in der Pflanzenzüchtung einen breiten Raum eingenommen. Hier steht nicht mehr die ganze Pflanze im Mittelpunkt. Stattdessen werden Zellen und Gewebe verwendet, aus denen später intakte Pflanzen regeneriert werden. In einigen Fällen gelang es auch ohne gentechnische Methoden, Art- und Gattungsgrenzen zu überwinden.

Zahlreiche molekulargenetische Methoden ermöglichen es, interessante Gene zu isolieren und für gentechnische Anwendungen zu nutzen. In einem vergleichsweise sehr kurzen Zeitraum wurde mit der Etablierung von gentechnischen Methoden eine neue und revolutionäre Entwicklung eingeleitet. Im Jahre 2016 betrug die gesamte Anbaufläche für transgene Pflanzen weltweit etwa 165 Mio. ha.

Die Gentechnik erlaubt die gezielte Veränderung einzelner oder weniger Merkmale. Art- und Gattungsgrenzen spielen dabei keine Rolle mehr, da es möglich ist, nicht nur Gene aus beliebigen Pflanzen, sondern auch Gene aus Bakterien, Pilzen und Tieren funktionsfähig in Pflanzen zu übertragen.

Es können nicht nur Pflanzen mit modifizierten Eigenschaften erzeugt werden, sondern auch solche mit ganz neuen Merkmalen. Für die Zukunft zeichnet sich der Einsatz von Pflanzen als lebende Bioreaktoren ab.

Die Gentechnik wird jedoch klassische Methoden nicht verdrängen, sondern stellt vielmehr ein neues Methodenrepertoire der Pflanzenzüchtung dar.

Mit den Methoden der Genom-Edierung können einzelne Gene zielgerichtet verändert werden, ohne dass Transgene eingebracht werden müssen.

Weiterführende Literatur

Arabidopsis Genome Initiative (2000) Analysis of the genome sequence of the flowering plant *Arabidopsis thaliana*. Nature 408:796–815

Becker H (2019) Pflanzenzüchtung. utb

Brookes G, Barfoot P (2004) GM crops: the global economic and environmental impact – the first nine years 1996–2004. J AgroBiotechnol Manag Econ 8:18

Chrispeels MJ, Sadava DE (1994) Plants, genes and agriculture. Jones & Bartlett, London

Clark DP, Pazdernik NJ (2009) Molekulare Biotechnologie: Grundlagen und Anwendungen. Spektrum, Heidelberg

Franke W (1997) Nutzpflanzenkunde, 6. Aufl. Thieme, Stuttgart

Fried W, Lühs W (1999) Perspektiven molekularer Pflanzenzüchtung. Biol Unserer Zeit 29:142–150

Hagemann R (1999) Allgemeine Genetik, 4. Aufl. Spektrum, Heidelberg

Heldt HW (1996) Pflanzenbiochemie. Spektrum, Heidelberg

International Rice Genome Sequencing Project (2005) The map-based sequence of the rice genome. Nature 436:793–800

ISAAA (2018) Global status of commercialized biotech/GM crops in 2018: biotech crops continue to help meet the challenges of increased population and climate change. ISAAA Brief No. 54. ISAAA, Ithaca

Jinek M, Chylinski K, Fonfara I, Hauer M, Doudna JA, Charpentier E (2012) A programmable dual-RNA-guided DNA endonuclease in adaptive bacterial immunity. Science 337:816–821

Kempken F (1997) Biotechnology with plants – an overview. Prog Bot 58:428–440

Kempken F, Jung C (Hrsg) (2010) Genetic modification of plants – agriculture, horticulture and forestry. Springer, Berlin

Kingsbury N (2009) Hybrid: the history and science of plant breeding. University of Chicago Press, London

Metje-Sprink J, Menz J, Modrzejewski D, Sprink T (2019) DNA-free genome editing: past, present and future. Front Plant Sci 9:1–9

Odenbach W (1997) Biologische Grundlagen der Pflanzenzüchtung. Parey, Berlin

Pabo CO, Peisach E, Grant RA (2001) Design and selection of novel Cys2His2 zinc finger proteins. Annu Rev Biochem 70:313–340

Paterson AH, Bowers JE, Bruggmann R et al (2009) *The Sorghum bicolor* genome and the diversification of grasses. Nature 457:551–556

Renneberg R (2009) Biotechnologie für Einsteiger, 3. Aufl. Spektrum, Heidelberg

Sanvido O, Romeis J, Bigler F (2007) Ecological impacts of genetically modified crops: ten years of field research and commercial cultivation. Adv Biochem Eng/Biotechnol 107:235–278

Sauer NJ, Mozoruk J, Miller RB, Warburg ZJ, Walker KA, Beetham PR, Schöpke CR, Gocal GFW (2015) Oligonucleotide-directed mutagenesis for precision gene editing. Plant Biotech J 14:496–502

Schindele P, Wolter F, Puchta H (2018) Das CRISPR/Cas-Sstem. BiuZ 48:100–105

Schnable PS, Ware D, Fulton RS et al (2009) The B73 maize genome: complexity, diversity, and dynamics. Science 326:1112–1115

South PF, Cavanagh AP, Liu HW, Ort DR (2019) Synthetic glycolate metabolism pathways stimulate crop growth and productivity in the field. Science 363:eaat9077

Stewart CN Jr (2008) Plant biotechnology and genetics: principles, techniques, and applications. Wiley, New Jersey

Thieman WJ, Palladino MA (2007) Biotechnologie. Pearson Studium, München

Grundlagen und Methoden der Gentechnik

2

Inhaltsverzeichnis

Aus einer Reihe von grundlegenden Erkenntnissen der **molekularen Genetik,** die seit den Vierzigerjahren des 20. Jahrhunderts entwickelt wurden, ist vor etwa 50 Jahren die Gentechnik als Methode entstanden und wurde seitdem konsequent weiterentwickelt. Diese Erkenntnisse und Methoden sowie grundlegende Aspekte zum Aufbau und zur Funktion von DNA und RNA sind zum Verständnis der nachfolgenden Kapitel von großer Bedeutung und werden daher hier vorgestellt.

© Springer-Verlag GmbH Deutschland, ein Teil von Springer Nature 2020
F. Kempken, *Gentechnik bei Pflanzen,* https://doi.org/10.1007/978-3-662-60744-2_2

Die hier gemachten Ausführungen sind im Wesentlichen als Hilfestellung zum Verständnis des nachfolgenden speziellen Teils für Leser gedacht, die mit dieser Materie nicht vertraut sind, und ersetzen natürlich nicht die Lektüre entsprechender Fachbücher. Gute und verständliche Übersichten über die molekulare Genetik findet man beispielsweise bei Hennig und Graw (2015) oder Klug et al. (2007). Eine Beschreibung von gentechnischen Methoden findet man bei Jansohn und Rothhämel (2012).

2.1 Grundlagen der molekularen Genetik

2.1.1 Aufbau von DNA und RNA

Bereits 1927 erkannte Frederick Griffith, dass Erbinformationen zwischen Bakterien übertragbar sind. Allerdings gelang es erst Oswald Avery 1944 nachzuweisen, dass die Erbinformation in Form der Desoxyribonukleinsäure (DNA; „A" für engl, *acid*) in den Zellen von Bakterien, Pflanzen und Tieren gespeichert ist.

Ausnahmen stellen nur einige Viren dar, die einzel- oder doppelsträngige Ribonukleinsäure (RNA) als Erbinformation tragen. Hierzu gehören beispielsweise das pflanzliche Tabak-Mosaik-Virus oder die Influenzaviren.

Die Struktur der DNA wurde 1953 von James Watson und Francis Crick ermittelt, wofür diese zusammen mit Maurice Wilkins 1962 den Nobelpreis erhielten. Wesentliche Daten, die für dieses Modell notwendig waren, stammten jedoch von Rosalind Franklin, die bereits 1958 verstorben war. Die DNA ist eine Helix aus zwei im Gegensinn angeordneten (antiparallelen) und über Wasserstoffbrücken verbundenen Strängen. Man kann die Stränge z. B. durch Erhitzen voneinander trennen und erhält so die einzelsträngige DNA. Unter geeigneten Bedingungen kann daraus wieder der Doppelstrang renaturiert werden. Das „Rückgrat" der DNA wird aus über Phosphatbrücken verbundenen Desoxyribosemolekülen (Zuckern) gebildet (Abb. 2.1). Die Information der DNA ist in vier Basen gespeichert (Adenin, Cytosin, Guanin, Thymin), die an jeweils ein Desoxyribose-molekül gebunden sind. Im DNA-Doppelstrang paaren stets die Basen Adenin und Thymin mittels zweier Wasserstoffbrücken und die Basen Guanin und Cytidin (drei Wasserstoffbrücken).

Die Verbindung aus einer Desoxyribose (Ribose bei RNA, siehe unten), einem Phosphatrest und einer Base bezeichnet man als Nukleotid. Die Base bindet dabei am ersten Kohlenstoffatom (C_1 vom Sauerstoffatom aus im Uhrzeigersinn gezählt). Am dritten Kohlenstoffatom befindet sich eine OH-Gruppe und am fünften Kohlenstoffatom die Phosphatgruppe. Über diese beiden Gruppen findet die Verknüpfung der einzelnen Nukleotide zum DNA-Strang statt. Jeder DNA-Strang hat so auch eine eindeutige Orientierung: Der eine von 5' nach 3' und der zweite von 3' nach 5'. Dabei bilden Phosphatgruppe und Desoxyribose das Rückgrat des jeweiligen Stranges. Die beiden Stränge weisen gegensätzliche Orientierung auf (3' → 5' und 5' → 3') und werden über Wasserstoffbrücken zwischen den komplementären Basen Adenin und Thymin bzw. Guanin und Cytosin

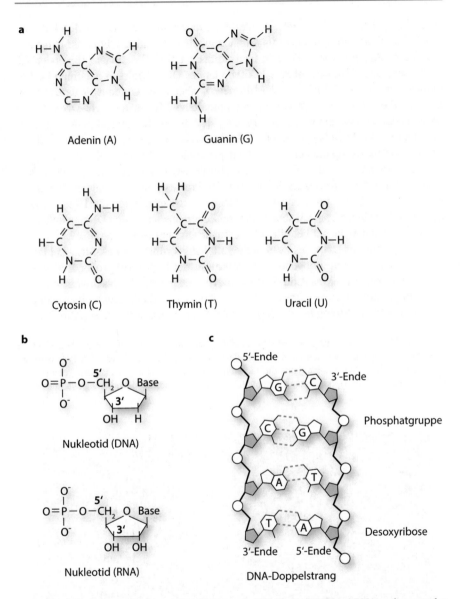

Abb. 2.1 Chemischer Aufbau von Nukleinsäuren. **a** Die fünf in DNA und RNA vorkommenden Basen, **b** DNA- und RNA-Nukleotid, **c** Ausschnitt aus einem doppelsträngigen DNA-Molekül; Abkürzungen: C -Kohlenstoff, H – Wasserstoff, N – Stickstoff, O – Sauerstoff, P – Phosphor

zusammengehalten. Die Anzahl solcher Basenpaare in einem DNA-Molekül wird in der Molekularbiologie auch als Größeneinheit verwendet. Üblich ist beispielsweise eine Angabe wie z. B.: Ein Gen umfasst 1 000 Basenpaare (bp) oder 1,0 Kilobasenpaare (kb). Ein solches 1 000 bp langes DNA-Molekül hat einen Durchmesser von 2 nm (2 Millionstel Millimeter), aber eine Länge von ca. 320 nm. Die in einem halben Liter Weizenbier enthaltene Menge an Hefe-DNA würde an einander gereiht einen Faden ergeben, der die Entfernung Erde-Mond achtmal überbrückt. Mittels spezieller Methoden lassen sich DNA-Moleküle auch im Elektronenmikroskop darstellen. Eine entsprechende Aufnahme zeigt Abb. 2.2.

Die DNA ist bei den prokaryotischen (kernlosen) Bakterien frei im Zytoplasma lokalisiert. Bei den Eukaryoten, die sich von den Prokaryoten unter anderem durch den Besitz eines Zellkerns unterscheiden, befindet sich der größte Teil der DNA im Zellkern. Darüber hinaus besitzen aber auch zwei Zellorganellen eigene DNA, nämlich die Mitochondrien und die nur bei Pflanzen vorhandenen Plastiden (siehe Box 2.1).

Die Struktur der DNA aus zwei antiparallel angeordneten DNA-Strängen ist für die bei der Zellteilung notwendige **Replikation** der DNA von großer Bedeutung. Durch das berühmte **Meselson-Stahl-Experiment** gelang der Nachweis, dass die DNA-Replikation semikonservativ ist, d. h. jede Tochterzelle erhält einen Doppelstrang, wovon ein Strang bei der Replikation neu synthetisiert wurde (Abb. 2.3).

An der DNA-Replikation ist eine Vielzahl verschiedener Enzyme beteiligt, auf die hier nicht im Einzelnen eingegangen werden kann. Von großer Bedeutung sind dabei die DNA-Polymerasen. Hierbei handelt es sich um Enzyme, die die DNA-Moleküle aus ihren Bausteinen, den dNTPs (Desoxyribonukleotidtriphosphaten), komplementär zu einem bestehenden Strang synthetisieren.

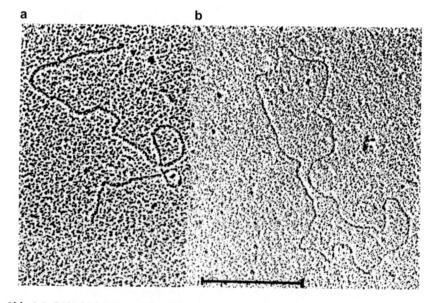

Abb. 2.2 DNA-Moleküle im Elektronenmikroskop nach Spreitung und Schrägbedampfung mit Platin-Paladiumdampf. **a** Lineares DNA-Molekül, **b** zirkuläres DNA-Molekül, der Balken entspricht einer Länge von 0,5 µm (Aufnahme: F. Kempken)

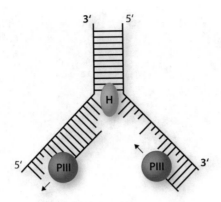

Abb. 2.3 Schematische und sehr stark vereinfachte Darstellung der semikonservativen DNA-Replikation beim Darmbakterium *E. coli*. Eine Helikase (H) entwindet die DNA-Stränge. Die Replikation wird von der DNA-Polymerase III (PIll) durchgeführt. Die Replikationsrichtung verläuft dabei immer von der 5'- in die 3'-Richtung. Die neu synthetisierten Doppelstränge bestehen stets aus einem der Elternstränge und einem neu synthetisierten DNA-Strang. Außer den DNA-Polymerasen sind noch zahlreiche weitere Enzyme beteiligt, die hier nicht dargestellt wurden

Einige der an der Replikation beteiligten Enzyme (DNA-Polymerasen, DNA-Ligasen) werden auch für gentechnische Arbeiten verwendet (siehe Abschn. 2.2).

Box 2.1
Mitochondrien und Plastiden (B)
Mitochondrien dienen als zelluläre „Kraftwerke", insbesondere für die Energiebereitstellung in Form von ATP (Adenosintriphosphat). Man findet sie mit Ausnahme einiger parasitischer Einzeller in allen eukaryotischen Zellen. Plastiden kommen dagegen nur bei Pflanzen vor. Man unterscheidet verschiedene funktionelle Formen der Plastiden wie z. B. Chromoplasten, Leukoplasten oder Chloroplasten. Die grünen Chloroplasten enthalten Chlorophyll und sind der Ort der Photosynthese. Dabei werden Kohlendioxid und Wasser unter Lichteinwirkung in Zucker umgewandelt (Abb. 2.4).

Die DNA kodiert die Information oder Syntheseanleitung für alle Proteine (Translation) und für einige RNA-Moleküle, die nicht translatiert werden. Hierzu gehören u. a. die rRNAs und tRNAs. Die Erbinformation ist verschlüsselt in der DNA gespeichert. Jeweils drei Nukleotide der mRNA (ein **Triplett**) kodieren für eine bestimmte Aminosäure. Insgesamt sind bei vier Nukleotiden und einem Dreierkode 64 Kombinationen möglich, die für insgesamt 20 Aminosäuren kodieren (Tab. 2.1), aus denen alle Proteine aufgebaut sind. Daher sind für viele der Aminosäuren mehrere Tripletts vorhanden; man spricht auch vom degenerierten genetischen Kode. Fast alle Gene beginnen mit dem Triplett „ATG", während das Ende eines Gens durch eines der drei Stopp-Kodone (TAA, TGA, TAG) gekennzeichnet wird. Diese Kodierung gilt mit wenigen Abweichungen für die Genome aller Lebewesen.

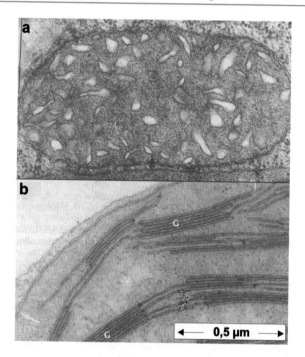

Abb. 2.4 Elektronenmikroskopische Aufnahmen eines a Mitochondrions und b eines Chloroplasten. G-(= Grana-)Stapel von sogenannten Thylakoidmembranen, an denen die Photosynthese stattfindet. (Aus: Sitte et al. 1998)

Die zweite wichtige Nukleinsäure ist die **RNA** (**Ribonukleinsäure;** Abb. 2.1), die einzelsträngig vorliegt. Nur einige Viren besitzen doppelsträngige RNA als Erbmaterial. Allerdings können viele RNA-Moleküle komplizierte **Sekundär-** und zum Teil auch **Tertiärstrukturen** ausbilden, die dadurch zustande kommen, dass einzelne Abschnitte innerhalb der Basenabfolge (Sequenz oder **Primärstruktur**) eines Moleküls komplementäre Basenpaarungen eingehen. In Abb. 2.5 ist dies am Beispiel einer tRNA gezeigt.

RNA enthält als Zucker Ribose (statt Desoxyribose in der DNA) und anstelle der Base Thymin die Base Uracil (vergl. Abb. 2.1). Während die DNA die Erbinformation speichert, kommen der RNA wesentliche Aufgaben bei der Realisierung der Erbinformation zu. Man unterscheidet dabei verschiedene RNA-Arten, die alle unterschiedliche Funktionen haben:

- Die Boten- oder „Messenger"-RNA (üblicherweise als **mRNA** abgekürzt) spielt eine wichtige Rolle bei der Transkription (siehe Abschn. 2.1.2) und stellt eine Abschrift einzelner Gene der DNA dar.
- Die ribosomale oder **rRNA** ist eine integrale und funktionell essenzielle Komponente der Ribosomen, an denen die Translation stattfindet (siehe Abschn. 2.1.4).

Tab. 2.1 Der genetische Kode. Die Aminosäuren (grau unterlegt) sind im sogenannten „Ein-Buchstaben-Kode" angegeben. Es bedeuten: A – Alanin, C – Cystein, D – Asparaginsäure, E – Glutaminsäure, F – Phenylalanin, G – Glycin, H – Histidin, I – Isoleucin, K – Lysin, L – Leucin, M – Methionin, N – Asparagin, P – Prolin, Q – Glutamin, R – Arginin, S – Serin, T – Threonin, V – Valin, W – Tryptophan, Y – Tyrosin. Eine Gegenüberstellung von Ein- und Drei-Buchstaben-Kode finden Sie in Tab. 3.4. Der universelle Kodon-Gebrauch gilt für einige Organismen oder Organellen nicht vollständig. So kodiert zum Beispiel das Kodon UGA in Mitochondrien der Pilze für die Aminosäure Tryptophan

1. Position (5'-Ende)	2. Position				3. Position (3'-Ende)
–	U(T)	C	A	G	–
U(T)	F	S	Y		U(T)
	F	S	Y	C	C
	L	S	Stopp	Stopp	A
	L	S	Stopp	W	G
C	L	P	H	R	U(T)
	L	P	H	R	A
	L	P	Q	R	G
A	L	P	Q	R	G
	I	T	N	S	U(T)
	I	T	N	S	C
	I	T	K	R	A
	M	T	K	R	G
G	V	A	D	G	U(T)
	V	A	D	G	C
	V	A	E	G	A
	V	A	E	G	G

- Die Transfer- oder **tRNA** wird ebenfalls für die Translation benötigt.
- Daneben gibt es noch die sogenannten **„kleinen RNA-Moleküle"**, eine heterogene Gruppe von RNA-Molekülen, die wenige bis einige hundert Nukleotide lang sind. Diese RNAs sind an verschiedenen zellulären Prozessen beteiligt.
- Mittlerweile kennt man auch **lange, nichtkodierende RNAs.**

2.1.2 Die Transkription

Das Ablesen der Gene und das damit verbundene Umschreiben in die mRNA bezeichnet man als **Transkription.** Dieser Vorgang findet bei **Pro-** und **Eukaryoten** nach dem gleichen Prinzip statt. Dazu wird der DNA-Doppelstrang in dem zu transkribierenden Bereich in seine Einzelstränge getrennt, und ein spezielles Enzym, die RNA-Polymerase, synthetisiert eine komplementäre mRNA (Abb. 2.6).

a   5′– GCGGAUUUAGCUCAGNNGGGAGAGCGCCAGACUGAANA
        NCUGGAGGGUCCUGUGNNCGAUCCACAGAAUUCGCACCA–3′

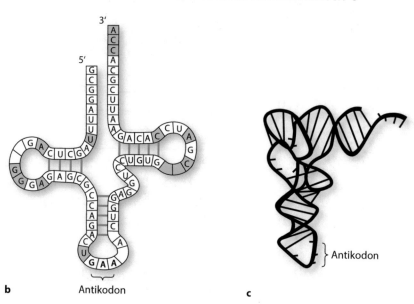

b   Antikodon   **c**

Abb. 2.5 Primärsequenz (Nukleotidabfolge) einer Transfer-RNA (tRNA); N bezeichnet eine modifizierte Base, die in tRNAs vorkommen kann; **b** Sekundärstruktur, die durch Basenpaarungen entstehen kann, **c** Tertiärstruktur bzw. dreidimensionale Struktur der tRNA, die durch Röntgen-struktur-Untersuchungen ermittelt wurde (nach Rieh 1978). (Weitere Angaben im Haupttext)

Im Detail unterscheiden sich die Vorgänge bei Pro- und Eukaryoten jedoch beträchtlich. So verwendet z. B. das Darmbakterium *Escherichia coli* nur eine RNA-Polymerase, die alle RNA-Arten transkribiert. Dagegen besitzen Eukaryoten drei (in Pflanzen fünf) verschiedene kernkodierte RNA-Polymerasen, die jeweils nur bestimmte RNA-Arten transkribieren. Außerdem sind für die Transkription der mitochondrialen und plastidären Gene weitere RNA-Polymerasen notwendig.

Die eukaryotische RNA-Polymerase I transkribiert nur Gene für ribosomale RNAs (mit Aus-nahme der 5S-rRNA), die RNA-Polymerase II überwiegend Gene, die für Proteine kodieren, und die RNA- Polymerase III die Gene für die 5S-rRNA, die tRNAs und die vielen „kleinen RNAs" mit unterschiedlicher Funktion. Alle drei Enzyme sind aus zahlreichen Proteinunter-einheiten zusammengesetzt und weisen unterschiedliche biochemische Eigenschaften auf. Die RNA-Polymerase II wird beispielsweise bereits durch sehr geringe Mengen an α-Amanitin, dem Gift des Knollenblätterpilzes, gehemmt, während die RNA- Polymerase III nur durch hohe α-Amanitin-Konzentrationen und die RNA-Polymerase I gar nicht durch α-Amanitin gehemmt wird.

Die Transkription der mitochondrialen Gene erfolgt durch RNA-Polymerasen, die aus nur einer Proteinuntereinheit bestehen und Ähnlichkeiten zu RNA-Polymerasen bestimmter Bakterio-phagen (T3/T7) aufweisen. Bei zweikeimblättrigen Pflanzen sind zwei solcher mitochondrialer RNA-Polymerasen bekannt, deren Gene im Zellkern lokalisiert sind. Die entsprechenden Proteine

Abb. 2.6 Schematische
Darstellung der Transkription
eines DNA-Abschnitts.
Zur Transkription müssen
die beiden Stränge der
DNA getrennt (entwunden)
werden. Die RNA-
Polymerase synthetisiert
ein mRNA-Molekül in
5' → 3'-Richtung, dessen
Sequenz komplementär zum
codogenen DNA-Strang ist

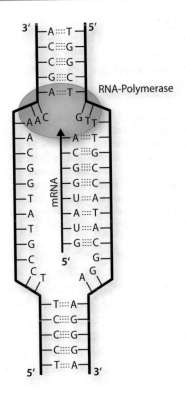

werden nach der Translation in die Mitochondrien transportiert. Eine der beiden RNA-Polymerasen wird auch in die Plastiden transportiert. Dort sind noch zwei weitere RNA-Polymerasen
aktiv, von denen eine ähnlich aufgebaut ist wie die von *E. coli* und aus mehreren Untereinheiten
besteht, die von plastidären Genen kodiert werden. Die andere RNA-Polymerase wird im Zellkern kodiert und ist vom T3/T7-Typ. Damit sind in Plastiden zweikeimblättriger Pflanzen drei
RNA-Polymerasen aktiv. Bei einkeimblättrigen Pflanzen gibt es aber nur eine mitochondriale und
zwei plastidäre RNA-Polymerasen.

Für ein bestimmtes Gen wird von den beiden DNA-Strängen jeweils einer abgelesen.
Diesen DNA-Strang bezeichnet man als den codogenen Strang. Er wird von der
RNA-Polymerase als Matrize genutzt. Der andere DNA-Strang (auch als codierender
Strang bezeichnet) entspricht der Sequenz der gebildeten mRNA (Abb. 2.6).

Hierbei ist zu berücksichtigen, dass nicht alle Gene auf dem gleichen DNA-Strang liegen. Tatsächlich liegen in den bekannten Genomen die Gene auf beiden DNA-Strängen verteilt vor. Die
Verteilung kann dabei durchaus unregelmäßig sein.

Das bedeutet, dass die RNA-Polymerase nicht nur das Gen, sondern auch den
korrekten DNA-Strang erkennen muss. Dies wird im Wesentlichen durch zwei
Faktoren gewährleistet: Zum einen sind auf dem korrekten DNA-Strang bestimmte
Sequenzabschnitte vorhanden, die einen Transkriptionsstartpunkt definieren

(sogenannte Promotorsequenz) und zum anderen interagieren die RNA-Polymerasen mit DNA-bindenden Proteinen, die man **Transkriptionsfaktoren** nennt. Vereinfacht ausgedrückt erkennen die Transkriptionsfaktoren Bereiche vor den Promotorsequenzen und vermitteln dann die Bindung der RNA-Polymerase an den Promotor.

Für die basale Transkription in eukaryotischen Zellen werden eine Reihe sogenannter **allgemeiner Transkriptionsfaktoren** benötigt. „Allgemein" bedeutet dabei, dass diese Transkriptionsfaktoren vereinfacht ausgedrückt für alle Promotoren benötigt werden. Wichtige allgemeine Transkriptionsfaktoren der RNA-Polymerase II sind TFIIA, B, D, E, F und H, denen unterschiedliche Aufgaben zukommen (Promotorerkennung, Bindung der RNA-Polymerase, Heranführen der RNA-Polymerase usw.).

Wie in Abschn. 2.1.5 näher beschrieben, gibt es darüber hinaus die **speziellen Transkriptionsfaktoren,** die nur für die Aktivierung oder Deaktivierung bestimmter Gene benötigt werden und somit eine regulative Funktion haben.

Als **Promotor** bezeichnet man Sequenzen die sich in unmittelbarer Nähe des Transkriptionsstartpunktes befinden und diesen definieren. Reihenfolge und Abstände dieser Sequenzen sind meist fixiert. Hierzu gehören bei Eukaryoten die CCAAT- und TATA-Box. Da sie vor dem Transkriptionsstart liegen, wird ihre Position mit negativen Zahlen bezeichnet. So bedeutet -30, dass die entsprechende Sequenz 30 Nukleotide vor dem Transkriptionsstart liegt (Abb. 2.7).

Bei eukaryotischen Genen gibt es außer dem Promotor noch zusätzliche Steuerungssignale, die man je nach Funktion als **Enhancer** oder **Silencer** bezeichnet. Diese Sequenzen liegen oft in beträchtlicher Entfernung vor oder hinter dem Promotor. Promotor und Enhancer können sich gelegentlich aber auch überlappen. Ein Enhancer kann die Aktivität eines Genes, also die Häufigkeit, mit der ein Gen transkribiert wird, beträchtlich steigern. Umgekehrt kann ein Silencer die Aktivität eines Genes senken. Enhancer und Silencer interagieren ebenfalls mit Transkriptionsfaktoren, die mit der RNA-Polymerase einen Komplex bilden.

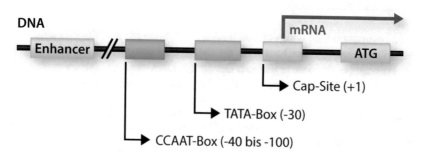

Abb. 2.7 Steuersequenzen für die Transkription bei Höheren Pflanzen. Es werden nur Bereiche vor dem offenen Leserahmen gezeigt. Das Start-Kodon ATG kennzeichnet den Beginn der für ein Protein kodierenden Sequenz. Diesen Abschnitt nennt man offenen Leserahmen. Die mit *Cap-Site* bezeichnete Position ist ein Signal für die Anheftung methylierter Basen an die RNA (siehe Abschn. 2.1.3)

Zusammen definieren sie den Startpunkt für die Transkription eines Genes. Manche Promotoren sind in nahezu allen Geweben aktiv, andere nur in bestimmten Geweben oder einzelnen Zellen. Diese besondere Spezifität wird durch spezielle Transkriptionsfaktoren gesteuert.

Nicht alle Promotoren sind gleich effizient. Manche Promotoren bewirken in Kombination mit Enhancern eine hohe Transkriptionsrate, andere nur eine minimale. Dies ist einer der Gründe, warum nicht alle Gene gleich stark exprimiert werden.

Nachdem die Bindung des Komplexes aus RNA-Polymerase und Transkriptionsfaktoren an den Promotor erfolgt ist, kommt es zur **Elongation,** d. h. der RNA-Polymerasekomplex wandert an der DNA entlang und bildet die mRNA, deren Sequenz komplementär zu der DNA-Sequenz ist. Dieser Vorgang wird solange fortgesetzt, bis die RNA-Polymerase am Ende des Gens einen Sequenzabschnitt erreicht, den man als **Terminator** bezeichnet. Hier endet die Transkription, und der RNA-Polymerasekomplex löst sich von der DNA. Bei niederen und höheren Tieren findet man hier meist das Sequenzelement AAUAAA, das aber nur bei etwa einem Drittel der pflanzlichen Gene vorkommt. Anscheinend spielen bei Pflanzen andere, noch nicht genau bekannte Faktoren eine Rolle. Bei Genen von Bakterien, Mitochondrien und Plastiden gibt es ebenfalls Terminatoren, die aber strukturell und funktionell verschieden sind.

2.1.3 Die RNA-Prozessierung

Die Transkripte der Bakterien werden unmittelbar nach oder während die Transkription noch läuft translatiert (siehe Abschn. 2.1.4), während die mRNAs der eukaryotischen Zellen zunächst noch einen Reifeprozess – die RNA-Prozessierung – im Zellkern durchlaufen, bevor sie ins Zytoplasma transportiert werden. Erst dort findet die Translation an Ribosomen statt.

Der prinzipielle Ablauf der eukaryotischen RNA-Prozessierung ist stark vereinfacht in Abb. 2.8 gezeigt. An das 5'-Ende der mRNA wird ein sogenanntes CAP angeheftet. Dabei handelt es sich um eine Methylguanosin-Kappe, sodass sich am 5'-Ende der mRNA eine 5'-5'-Triphosphatgruppe befindet. An das 3'-Ende wird bei den allermeisten Transkripten ein sogenannter Poly-A-Schwanz angefügt.

Bei zahlreichen eukaryotischen Transkripten kommt es danach noch zu einem weiteren Prozessierungsschritt, der in Abb. 2.7 gezeigt ist. Es handelt sich dabei um das RNA-Spleißen. Anders als prokaryotische, sind eukaryotische Gene häufig als sogenannte **Mosaikgene** aufgebaut und bestehen aus zwei Komponenten, den **Exonen** und den **Intronen.** Dabei sind die Exonen diejenigen Bereiche, die für ein Protein kodieren, während die Intronen gewissermaßen Unterbrecher-Abschnitte darstellen, die aus der mRNA entfernt werden müssen, damit eine translatierbare mRNA entsteht.

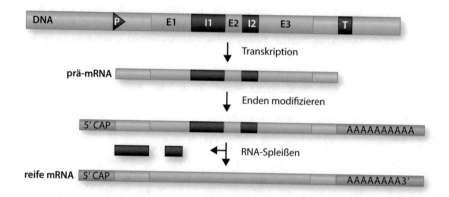

Abb. 2.8 Schematische Darstellung der Vorgänge bei der Prozessierung eukaryotischer RNA. Das Gen besteht bei diesem Beispiel aus drei Exons (E1, E2, E3), die durch zwei Introns (I1, I2) unterbrochen sind. Die DNA wird ausgehend von einem Promotor (P) transkribiert. Die Transkription endet am Terminator (T). Als Resultat liegt eine sogenannte prä-mRNA vor, deren Enden modifiziert werden (5'-CAP und Poly-A-Schwanz). Nachdem die Intronen entfernt sind, liegt die reife mRNA vor

Kompliziert wird diese Definition durch den Umstand, dass einige Intronen selbst Gene tragen, die für Proteine kodieren, die für das RNA-Spleißen benötigt werden (**Maturasen**), sogenannte **reverse Transkriptasen** darstellen oder für die Verbreitung des Introns in intronfreie Gene sorgen.

Für diesen Vorgang des RNA-Spleißens existiert in den Zellen ein spezieller Protein-RNA-Komplex, das sogenannte **Spleißosom.** Im Spleißosom sind verschiedene Proteine und kleine RNAs enthalten, die zusammen die Intronen aus der RNA entfernen.

Die Existenz der Intronen und ihre Funktion werfen zahlreiche Fragen auf, die bislang nicht alle geklärt sind. Eine Theorie geht z. B. davon aus, dass durch die Intronen die DNA in modulare Abschnitte unterteilt wird. Jeder Abschnitt kodiert für eine Proteindomäne. Der modulare Aufbau würde die Evolution neuer Proteine durch **Rekombination** erleichtern. Eine andere Hypothese geht von der besonderen Eigenschaft mancher Intronen aus, wenn sie in RNA transkribiert vorliegen. Diese Intronen entfalten enzymatische Aktivität und können sich z. T. autokatalytisch aus der RNA entfernen. Deshalb besagt die Hypothese, dass die Evolution mit einer sogenannten RNA-Welt begann, bei der Informationsspeicherung und enzymatische Aktivität in der RNA vereinigt waren. Die Intronen sind nach dieser Theorie Relikte der früheren **RNA-Welt.**

Der Vorgang des RNA-Spleißens wird noch dadurch komplexer, dass insbesondere bei Tieren und dem Menschen, in geringerem Umfang auch bei Pflanzen und Pilzen, **alternatives Spleißen** vorkommt. Darunter versteht man, dass ein bestimmtes Transkript auf unterschiedliche Weise gespleißt werden kann. Man kennt beispielsweise Transkripte des Menschen, für die Hunderte oder gar Tausende verschiedener Spleißprodukte möglich sind. Auf diese Weise kann ein Gen für sehr viele funktionell verschiedene Proteine kodieren.

Auch die Transkripte in Mitochondrien und Plastiden werden prozessiert, bevor sie translatiert werden. Allerdings bestehen dabei deutliche Unterschiede zu den Transkripten der Zellkerne. So entfallen in pflanzlichen Mitochondrien und Plastiden das Capping und die Polyadenylierung.

Es gibt zwar Formen der Polyadenylierung in Zellorganellen, aber diese ist funktionell von der im Zellkern unterschieden.
Ein *weiterer* RNA-Prozessierungsschritt ist die **RNA-Edierung** (Abb. 2.9), die aber nicht bei allen Transkripten vorkommt. Bei Pflanzen sind zum jetzigen Kenntnisstand davon nur plastidäre und mitochondriale Transkripte betroffen, nicht aber Transkripte des Zellkerns. Dabei werden an einzelnen Positionen Cytidinnukleotide auf RNA-Ebene, vermutlich durch **Desaminierung,** in Uracilnukleotide umgewandelt. Selten kommt auch der umgekehrte Prozess vor. Dies hat umfangreiche Konsequenzen, denn nur die mRNA – und nicht die DNA – kodiert die translatierbare Sequenz. Dies muss man berücksichtigen, wenn man z. B. mitochondriale oder plastidäre Gene im Zellkern einer Pflanze exprimieren will.

2.1.4 Die Translation

Die Translation, also die Umsetzung der RNA-Sequenz in die Aminosäuresequenz, findet an den Ribosomen statt. Ribosomen sind spezielle Zellstrukturen, die sich aus RNA-Molekülen und Proteinen zusammensetzen. Man findet in den Ribosomen der Bakterien drei und bei den eukaryotischen Ribosomen des Zytoplasmas insgesamt vier RNAs, die als ribosomale RNAs oder rRNAs bezeichnet werden und eine komplexe Sekundärstruktur aufweisen, da sich ihre Nuklein-

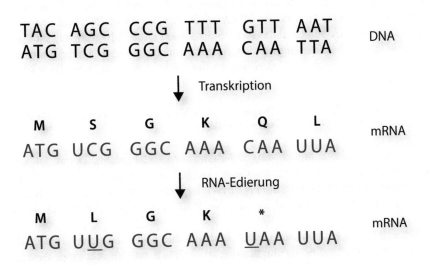

Abb. 2.9 RNA-Edierung in pflanzlichen Mitochondrien und Plastiden. Durch C-nach-U-Edierung (unterstrichen) verändert sich die Sequenz der edierten RNA gegenüber der DNA. Dadurch kodiert die mRNA für andere Aminosäuren und neue Stopp-Kodone können entstehen

säuresequenzen an internen, komplementären Basenabfolgen zusammenlagern können. Zusammen mit zahlreichen Proteinen bildet die rRNA die Ribosomen. Die Ribosomen der Plastiden und Mitochondrien ähneln in Aufbau und Größe denen der Bakterien. Dies ist ein Hinweis auf den entwicklungsgeschichtlich bakteriellen Ursprung dieser Organellen.

Ribosomale RNAs kommen bei allen Lebewesen vor. Auch die mitochondrialen und plastidären Genome kodieren eigene rRNAs. Bei Bakterien wie z. B. *E. coli* findet man drei rRNAs, die nach ihrem Sedimentationsverhalten in der Ultrazentrifuge bezeichnet werden. Man unterscheidet die 5S- (120 Nukleotide), 16S- (1 542 Nukleotide) und 23S-rRNA (2 904 Nukleotide). Bei Eukaryoten sind es vier rRNAs: 28S-rRNA (4 718 Nukleotide), 18S-rRNA (1 874 Nukleotide), 5,8S-rRNA (160 Nukleotide) und 5S-rRNA (120 Nukleotide). Die Angaben zu den Nukleotiden stammen dabei von Säugetier-Ribosomen. Die Gene für die 28S-, 5,8S- und 18S-rRNA liegen im Genom als Cluster vor, während die 5S-rRNA im Genom verstreut vorkommt. Eine Ausnahme stellt hier nur die Bäckerhefe *Saccharomyces cerevisiae* dar, bei der alle vier rRNA-Gene im Cluster vorliegen.

Die mRNA wird dann an den **Ribosomen** in die entsprechende Proteinsequenz übersetzt (**Translation**). Hierfür werden u. a. die tRNAs benötigt (siehe Abb. 2.5), die ganz spezifisch mit der sogenannten Antikodon-Region einerseits ein Triplett auf der mRNA erkennen und andererseits entsprechend eine ganz bestimmte Aminosäure, die von diesem Triplett kodiert wird, gebunden haben. Spezielle Enzyme (Aminoacetyl-Transferasen) beladen die tRNAs spezifisch mit der jeweiligen Aminosäure.

Der prinzipielle Ablauf der Translation ist stark vereinfacht in Abb. 2.10 am Beispiel der bakteriellen Translation erläutert, da die Vorgänge dort etwas einfacher gelagert sind als bei den eukaryotischen Ribosomen. Hierbei lagert sich zunächst die kleinere ribosomale Untereinheit (30S) an die mRNA und eine spezielle Starter-tRNA bindet an das AUG-Start-Kodon (Abb. 2.10). Wichtig ist hierbei eine spezielle Erkennungssequenz, die sogenannte Shine-Dalgarno-Sequenz, die mit der 16S-rRNA interagiert und so die Ribosomenbindung an die mRNA ermöglicht.

Bei Eukaryoten gibt es keine Shine-Dalgarno-Sequenz. Stattdessen übernimmt die CAP-Struktur zusammen mit dem Poly-A-Schwanz diese Funktion.

Im nächsten Schritt bindet die 50S-Ribosomen-Untereinheit. Damit ist der sogenannte Initiationskomplex entstanden (Abb. 2.10c). In dem Ribosom gibt es zwei Bindestellen für tRNAs, die Peptidyl- oder P-Bindestelle und die Aminoacyl- oder A-Bindestelle. Zunächst ist nur die P-Bindestelle mit der Starter-tRNA besetzt.

Danach bindet eine passende tRNA an das zweite Kodon an der A- Bindestelle (Abb. 2.10d). Durch eine Peptidyltransferase-Aktivität werden nun unter Wasserabspaltung die beiden Aminosäuren miteinander verknüpft (Abb. 2.10e). Diese enzymatische Aktivität wird nicht durch eines der ribosomalen Proteine vermittelt, sondern durch die Ribozym-Aktivität der 23S-rRNA.

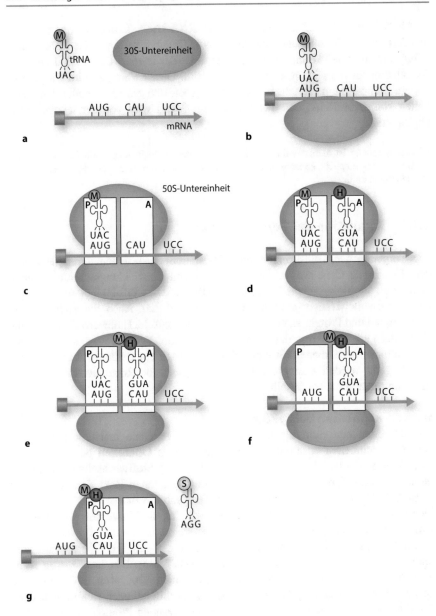

Abb. 2.10 Die bakterielle Translation, **a** Methionin-Start-tRNA, mRNA mit Shine-Dalgarno-Sequenz (graues Rechteck) und 30S-Ribosomenuntereinheit, **b** Initiationskomplex, **c** Anlagerung der 50S-Ribosomenuntereinheit mit Peptidyl- (P) und Aminoacylstelle (A), **d** Anlagerung der zweiten tRNA, **e** Peptidyl-Transferase-Reaktion, **f** entladene tRNA wird entfernt, **g** Bewegung (Translokation) des Ribosoms um ein Triplett. (Weitere Angaben im Haupttext)

Als Nächstes löst sich die nun entladene tRNA (Abb. 2.10f), und das Ribosom wandert um ein Kodon weiter auf der mRNA. Dadurch wechselt die verbleibende tRNA, die nun zwei Aminosäuren trägt, an die P-Bindestelle. Die A-Bindestelle ist danach frei für die nächste tRNA (Abb. 2.10g). Dieser Vorgang wird fortgesetzt, bis ein Stopp-Kodon erreicht wird. Danach lösen sich die ribosomalen Untereinheiten von der mRNA, und das entstandene Peptid wird von der letzten tRNA abgespalten.

Diese Darstellung ist stark vereinfacht. Studierende der Biologie oder Medizin seien auf die zu Beginn des Kapitels genannten Lehrbücher verwiesen, die eine wesentlich detailliertere Darstellung vermitteln.

2.1.5　Regulation der Genexpression

Die Vorgänge der Transkription und Translation müssen genau reguliert werden. Bestimmte Gene werden nur zu bestimmten Entwicklungsschritten oder in definierten physiologischen Situationen aktiviert. Dies erfolgt bei mehrzelligen Organismen meist auch gewebe- und zelltypspezifisch. Auch die Stabilität von Transkripten und Proteinen, oder genauer ihre biologische Halbwertzeit, spielt eine Rolle, denn ein Transkript, das innerhalb von 10 min abgebaut wird, kann öfter als Translationsmatrize dienen als eines, das schon nach einer Minute abgebaut wird. Nachfolgend werden exemplarisch zwei Beispiele für Regulationsprozesse bei Pro- und Eukaryoten vorgestellt.

Operon-Regulation bei Bakterien

Bei Bakterien sind funktionell zusammengehörige Gene meist in besonderen Regulationseinheiten zusammengefasst, die man als **Operonen** bezeichnet. Auf diese Weise können alle Gene, die für Proteine eines Stoffwechselwegs kodieren, gemeinsam aktiviert oder deaktiviert werden. So können Bakterien schnell auf veränderte Umweltbedingungen reagieren. Dies soll am Beispiel des *E. coli-Lac-*Operons erläutert werden, dessen Genprodukte für die Verwertung von Lactose (Milchzucker) benötigt werden (Abb. 2.11).

Im Genom von *E. coli* befindet sich zum einen das Lac-Operon und zum anderen ein dazu gehöriges **Repressorgen** (Abb. 2.11a). Das Lac-Operon weist zusätzlich zum Promotor noch einen sogenannten **Operator** auf, dem eine Schlüsselrolle bei der Regulation zukommt. Weiterhin befinden sich in dem Operon drei Gene *(lacZ, lacY, lacA)*, die einen gemeinsamen Promotor besitzen. Das Repressorgen selbst ist nicht reguliert und wird mit geringer Häufigkeit transkribiert. Das kodierte Repressor-Protein ist nur als Tetramer aktiv. Vier Monomere lagern sich zum funktionellen Proteinkomplex zusammen und binden mit hoher Affinität an den Operator. Dadurch wird gleichzeitig der Promotor blockiert, die RNA-Polymerase kann nicht daran binden (Abb. 2.11) und das Operon wird nicht transkribiert. Damit eine Transkription möglich ist, muss ein spezifischer Induktor an den Repressor binden (Abb. 2.11c). Der natürliche **Induktor** ist Allolactose. Wie in Abschn. 2.2.5 gezeigt, gibt es aber auch künstliche Induktoren (IPTG), die man für gentechnische Experimente einsetzen kann.

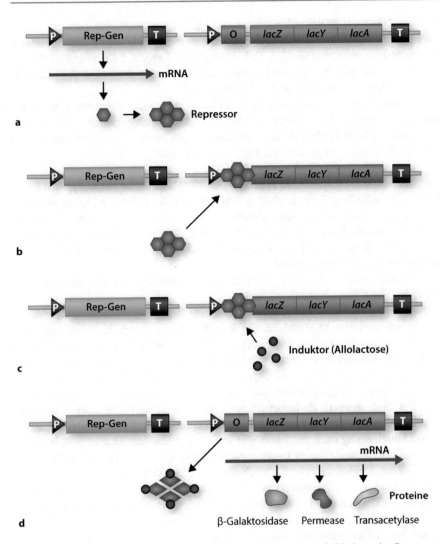

Abb. 2.11 Regulation des *Lac*-Operons, **a** Bildung des Repressors, **b** Bindung des Repressors an den Operator, **c** Zugabe des Induktors, **d** Induktor-Bindung an Repressor und Genexpression des *Lac*-Operons; P – Promotor, O – Operator, T – Terminator. (Weitere Angaben im Haupttext)

Durch die Bindung des Induktors verändert der Repressor seine räumliche Struktur **(allosterisches Protein)** und bindet nicht länger am Operator. Dadurch wird der Weg frei für die RNA-Polymerase, und das Lac-Operon wird transkribiert (Abb. 2.11). Somit können drei Proteine translatiert werden.

Die ß-Galaktosidase spaltet Laktose in Glukose und Galaktose, und die Permease transportiert Lactose in die Zelle. Die genaue physiologische Funktion der Transacetylase für die Laktose-Verwertung ist bislang nicht bekannt.

Aufgrund dieser Regulation kann schon wenige Minuten nach Zugabe von Lactose als einziger Kohlenstoffquelle eine Zunahme der intrazellulären β-Galaktosidase-Konzentration gemessen werden. Dabei steigt die Menge der Enzymmoleküle von ca. 60 auf über 60 000 pro Zelle! Entfernt man die Laktose, so sinkt die Molekülkonzentration rasch wieder auf den Ausgangswert.

Die Regulationsmöglichkeiten bei Bakterien sind noch viel weitergehend. So unterliegt auch das Lac-Operon weiteren Regulationsmechanismen, auf die aber im Rahmen dieses Buches nicht näher eingegangen wird. Interessierte Leser seien auf die im Anhang aufgeführten Lehrbücher verwiesen.

Regulation durch spezielle Transkriptionsfaktoren bei Eukaryoten

Operonähnliche Regulationseinheiten kommen in eukaryotischen Genomen, wenn überhaupt, nur sehr selten vor. Stattdessen spielen hier insbesondere sogenannte spezielle Transkriptionsfaktoren eine Rolle, die über ein kompliziertes Wechselspiel die Aktivität eines Gens steuern. Hierbei weist praktisch jedes Gen eine eigene besondere Regulation auf.

Dennoch lassen sich einige grundsätzliche Charakteristika der Genregulation bei Eukaryoten formulieren:

- Ein wesentliches Merkmal ist die Interaktion von speziellen Transkriptionsfaktoren mit spezifischen Bindestellen in Promotoren und/oder Enhancern. Diese Transkriptionsfaktoren weisen unterschiedliche Strukturmotive auf, die es ihnen ermöglichen, bestimmte DNA-Sequenzen zu erkennen und daran zu binden.
- Diese Transkriptionsfaktoren sind fast immer Empfänger von Signalen, die meist über mehrere Zwischenglieder von der Zelloberfläche oder dem Zytoplasma in den Zellkern gelangen. Sehr oft geschieht die Signalleitung durch die Übertragung oder das Entfernen von Phosphatresten. Man spricht hier von Phosphorylierungen oder Dephosphorylierungen, die von speziellen Enzymen (Kinasen, Dephosphorylasen) katalysiert werden (Abb. 2.12c).
- Aktivierte Transkriptionsfaktoren beeinflussen direkt oder indirekt die Ereignisse im Bereich des Transkriptionsstartes, wie z. B. die genaue Positionierung der RNA-Polymerase. Darüber hinaus gibt es weitere Einflussmöglichkeiten, auf die hier nicht eingegangen werden kann.
- Die meisten Transkriptionsfaktoren besitzen daher drei funktionelle Bereiche: I) Die DNA-Bindedomäne, II) eine transaktivierende Domäne, mit der u. a. die RNA-Polymerase beeinflusst wird, und III) einen Bereich, der als Empfangsort für die Signalleitung dient.
- Viele Transkriptionsfaktoren sind aus zwei oder mehr Proteinuntereinheiten aufgebaut und nur so funktionsfähig. In diesen Fällen besitzen diese Proteine noch einen vierten Bereich, die Dimerisierungsdomäne, mit deren Hilfe stabile Zusammenlagerungen der Untereinheiten möglich sind.
- In den Promotor- und Enhancersequenzen der eukaryotischen Gene gibt es zum Teil sehr viele verschiedene Bindestellen für verschiedene Transkriptionsfaktoren. Je nachdem, welche Faktoren daran binden, können Unterschiede in der Genexpression auftreten Abb. 2.12d–g.

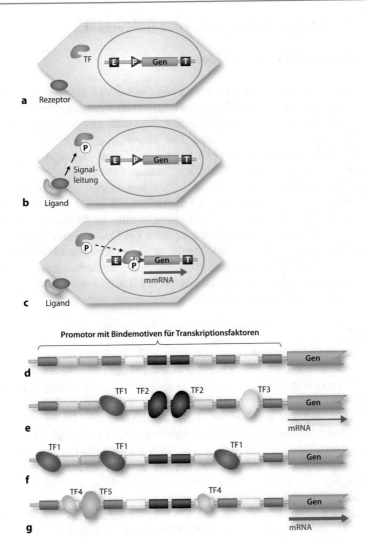

Abb. 2.12 Aktivierung und Funktion von eukaryotischen Transkriptionsfaktoren, **a–c** Signalleitung und Aktivierung von Transkriptionsfaktoren, **d–g** Interaktionen von multiplen Transkriptionsfaktoren, **a** pflanzliche Zelle mit Rezeptor (Signalerkennung), inaktivem Transkriptionsfaktor (TF) und inaktivem Gen im Zellkern. E - Enhancer, P in schwarzem Dreieck - Promotor, T - Terminator, **b** bindet ein Signalmolekül (Ligand) an den Rezeptor, so wird ein Signal über mehrere Stufen weitergeleitet (Pfeile) und der Transkriptionsfaktor durch Anheften eines Phosphatrestes aktiviert (Kreis mit P), **c** der aktivierte Transkriptionsfaktor wandert in den Kern und aktiviert dort das Gen. Eine mRNA wird gebildet, **d** schematische Darstellung eines Promotorbereiches mit verschiedenen Bindestellen für unterschiedliche spezielle Transkriptionsfaktoren, **e–g** verschiedene Kombinationen und Konzentrationen von Transkriptionsfaktoren, die sich an die Bindestellen anlagern, bewirken unterschiedliche Aktivierungen der Transkripte, **e** schwache Transkription, **f** keine Transkription, **g** starke Transkription; TF1-TF5 – unterschiedliche Transkriptionsfaktoren

2.2   Grundlegende Methoden der Gentechnik

2.2.1   Restriktionsendonukleasen

Für die Handhabung und Neukombination von DNA-Molekülen war es lange Zeit unverzichtbar, diese in definierte Fragmente zerlegen zu können. Hierfür erwiesen sich Arbeiten von Arber, Nathans und Smith, die später mit dem Nobelpreis ausgezeichnet wurden, als bahnbrechend. Die Wissenschaftler hatten den Wirtsbereich des **Bakteriophagen** Lambda untersucht. Dabei beobachteten sie, dass sich der Phage in bestimmten Bakterienstämmen deutlich schlechter vermehrt als in anderen. Dies war auf die Präsenz eines bestimmten bakteriellen Enzyms in diesen Bakterien zurückzuführen, das die DNA des Phagen an definierten Stellen zerlegte. Es handelte sich um eine **sequenzspezifische Endonuklease,** die an eine bestimmte DNA-Sequenz bindet und dann die DNA spaltet (hydrolysiert). Da durch diese Enzyme die Bakteriophagen in ihrem Wirtsbereich eingeschränkt werden, nennt man solche Enzyme Restriktionsendonukleasen oder auch kurz **Restriktionsenzyme.** Man kennt hunderte solcher Restriktionsenzyme, von denen sehr viele kommerziell erhältlich sind.

Box 2.2

Isolierung von Nukleinsäuren

Nukleinsäuren können mittels einfacher Methoden aus Viren, Bakterien, Pflanzen oder Tieren isoliert werden. Dazu gibt es zahlreiche experimentelle Vorschriften, die in einschlägigen Laborhandbüchern (z. B. Sambrook und Russell 2000) beschrieben sind. Zur Isolierung der DNA bei Pflanzen wird im Prinzip zunächst die Zellwand entweder enzymatisch abgebaut oder mechanisch aufgebrochen (in flüssigem Stickstoff). Danach werden RNA (Zugabe des Enzyms RNase, das RNA abbaut), Proteine und Fette entfernt (z. B. durch Extraktion mit Phenol-Chloroform). Die DNA wird schließlich unter Zugabe von reinem Alkohol ausgefällt und kann dann weiter analysiert werden.

In ähnlicher Weise lässt sich auch die RNA isolieren. Hierzu entfällt natürlich die RNase-Behandlung, die ja die RNA zerstören würde. Stattdessen isoliert man zunächst ein DNA-RNA-Gemisch, aus dem dann die RNA selektiv durch Fällung mit Lithiumchlorid gewonnen werden kann. Verbleibende DNA-Restmengen können mittels des Enzyms DNase entfernt werden. Für derartige Nukleinsäurepräparationen sind Reagenziensätze von verschiedenen Anbietern kommerziell erhältlich und erlauben reproduzierbare Isolierungen mit sehr guter Ausbeute und Qualität.

Für die Anwendung in der Gentechnik kommen vor allem Restriktionsenzyme in Betracht, die zum sogenannten Typ II gehören und bei denen Bindungs- und Spaltstelle identisch sind (Abb. 2.13a). Dieser Bereich, den man auch Erkennungssequenz oder Schnittstelle nennt, umfasst meist vier bis acht Basenpaare und variiert von Restriktionsenzym zu Restriktionsenzym. So erkennt das

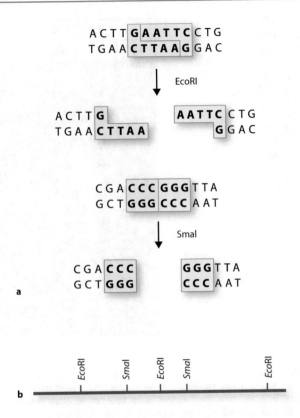

Abb. 2.13 Restriktionsendonukleasen und physische Karten. **a** Ausschnitte aus DNA-Molekülen mit Erkennungsstellen für die Restriktionsendonukleasen *Eco*RI und *Sma*I (farblich unterlegt). Enzyme wie z. B. *Eco*RI weisen gegeneinander versetzte Schnittstellen auf, sodass DNA-Moleküle mit überhängenden Enden entstehen. Andere wie *Sma*I trennen die DNA-Stränge an der gleichen Stelle, und es entstehen sogenannte glatte Enden. **b** Physische Karte eines DNA-Moleküls mit Anordnung der Schnittstellen für *Eco*RI und *Sma*I. Derartige physische Karten waren früher ein wichtiges Hilfsmittel für die Charakterisierung eines DNA-Moleküls

Restriktionsenzym *Eco*RI z. B. die Sequenz 5'-GAATTC-3', während *Sma*I nur an die Schnittstelle 5'-GGGCCC-3' bindet. Da jedes DNA-Molekül eine definierte Folge dieser Erkennungssequenzen aufweist, hat man die Abfolge und den Abstand der Schnittstellen für die Erstellung **physischer Karten** verwendet, die früher eine große Bedeutung hatten (Abb. 2.13b). Restriktionsenzyme spielen außerdem bei der Klonierung von DNA-Molekülen eine große Rolle (siehe Abschn. 2.2.4). Allerdings gibt es mittlerweile Klonierungsmethoden, die auf Restriktionsenzyme gänzlich verzichten. Abb. 2.14 zeigt als Beispiel aus der Praxis ein **Agarose-Gel** mit DNA-Fragmenten, die nach Behandlung mitochondrialer DNA mit verschiedenen Enzymen erfolgte. Die durch Punkte markierten Fragmente sind in größerer Menge vorhanden und stammen von einem Plasmid, das ebenfalls in den Mitochondrien vorhanden ist.

Abb. 2.14 Agarose-Gel mit mitochondrialen DNA-Fragmenten nach Verdau mit den Restriktionsenzymen B – *Bam*HI, Bg -*Bgl*I, E – *Eco*RI und H – *Hin*dUl. Jedes Enzym ergibt ein spezifisches Muster. Die mit Punkten gekennzeichneten DNA-Fragmente stammen von einem Plasmid, das ebenfalls mitochondrialen Ursprungs ist. (Aufnahme: F. Kempken)

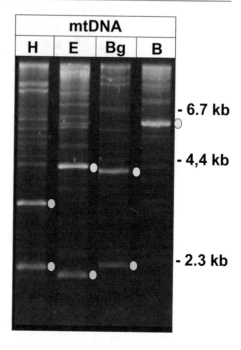

Agarose ist ein hochreines Polymer und wird aus Rotalgen gewonnen. Es ist mit dem in der Mikrobiologie oder zum Andicken von Speisen verwendeten Agar-Agar chemisch eng verwandt. Um ein Gel herzustellen, löst man die Agarose durch Erhitzen in einer Pufferlösung, die auch anschließend für die Gelelektrophorese verwendet wird. Die Agaroselösung wird in eine Form gegossen, und nach dem Erstarren entsteht ein flaches halbfestes Gel mit kleinen Vertiefungen, in die man die DNA-Proben einfüllen kann. Im elektrischen Feld werden die DNA-Moleküle dann ihrer Größe nach aufgetrennt, wobei große Moleküle kaum und kleine sehr weit in das Gel einwandern. Um die Größe dieser Moleküle zu bestimmen, verwendet man sogenannte Molekulargewichtsmarker, die aus verschiedenen DNA-Fragmenten definierter Größe bestehen und deshalb als Referenzstandard genutzt werden können.

2.2.2 Southern Blot und Hybridisierung

Oft ist es notwendig, einen definierten DNA-Abschnitt, zum Beispiel ein bestimmtes Gen aus einem Genom, zu identifizieren. Da Genome tausende oder zehntausende von Genen enthalten können, war dies bis zur Etablierung der Southern-Blot-Technik oft ein großes Problem. Diese 1977 von Southern beschriebene Methode beruht im Prinzip auf der Übertragung von einzelsträngigen DNA-Mo- lekülen von einem **Agarose-Gel** auf eine haltbare Membran (z. B. Nitrozellulose). Der Vorgang ist in Abb. 2.15 schematisch dargestellt.

Am Anfang steht auch hier eine **Gelelektrophorese** (siehe vorheriger Abschnitt), bei der die DNA-Moleküle ihrer Größe nach aufgetrennt werden. Vor dem Übertragen auf die Membran wird das Gel mit den aufgetrennten DNA-Molekülen mit einer alkalischen Lösung behandelt. Dadurch trennen sich die

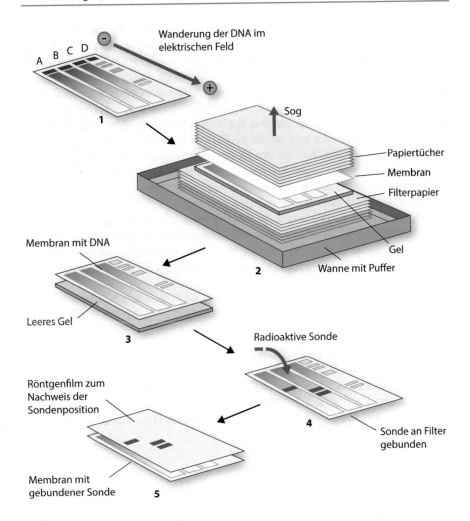

Abb. 2.15 Prinzip der Übertragung von Nukleinsäuren auf Membranen (Southern Blot) und der Hybridisierung. 1) Gelelektrophorese mit drei verschiedenen DNA-Proben (A-C) und DNA-Fragmenten bekannter Größe (D). 2) Experimenteller Aufbau zum Southern Blot. 3) Fertiges Southern Blot: Nach einigen Stunden sind die DNA-Moleküle vollständig auf die Nitrozellulose-membran übertragen. 4) Hybridisierung: Die Membran mit der DNA (das Southern Blot) wird in eine Pufferlösung gelegt, und man fügt eine radioaktiv (oder chemisch) markierte DNA-Sonde („radioaktive Sonde") hinzu. Unter geeigneten Bedingungen bindet die Sonde spezifisch nur an solche DNA-Moleküle auf dem Southern Blot, die der eigenen Sequenz komplementär oder sehr ähnlich sind. 5) Nachweis der Bindungsstellen durch Autoradiographie

beiden DNA-Stränge der Doppelhelix in ihre beiden Einzelstränge. Das Agarose-Gel wird auf einen Papierstapel in einer Pufferlösung gelegt. Auf das Gel platziert man eine Nitrozellulose- oder Nylonmembran und darüber einen weiteren Papier-stapel, der durch Kapillarkräfte die Pufferlösung durch das Gel und die Membran zieht, wobei sich die DNA passiv mitbewegt und an die Membran bindet.

Daran schließt sich die Hybridisierung mit der **Sonden-DNA** an. Hierzu wird ein bekanntes DNA-Molekül, die sogenannte Sonde, radioaktiv oder chemisch markiert und z. B. durch Erhitzen in seine Einzelstränge aufgetrennt. In einem Puffer wird die Sonde unter definierten Bedingungen (Salzkonzentration, Temperatur) mit der an die Membran gebundenen DNA inkubiert. Die markierten einzelsträngigen Sondenmoleküle bilden dabei Hybrid-Doppelstränge mit der sich auf der Membran befindenden DNA. Dies geschieht aber nur an den Stellen, an denen sich DNA-Sequenzen mit gleicher oder sehr ähnlicher Basenabfolge wie bei der Sonden-DNA befinden. Je nach Experiment kann man die Bedingungen hierfür so wählen, dass nur identische Sequenzen hybridisieren können, oder man lässt auch Fehlpaarungen zu, wenn z. B. Sonde und gesuchtes Gen aus verschiedenen Arten stammen, die voraussichtlich nicht identische Sequenzen besitzen.

Nach der Hybridisierung kann man die Position der Sonde an der Membran – und damit die Position des gesuchten Gens – durch **Autoradiographie,** durch eine Farbreaktion o. ä. nachweisen. Die Position der hybridisierten Sonde auf dem Southern Blot wird bei der Autoradiographie auf einem Röntgenfilm sichtbar gemacht.

Modernere alternative Methoden und der hohe Aufwand für Sicherheitsmaßnahmen bei der Verwendung von radioaktiven Nukleotiden haben die Anwendung dieser Methode in den letzten 10 Jahren deutlich reduziert.

Ein Beispiel für eine solche Autoradiographie ist in Abb. 2.16 gezeigt. Hier wurde DNA von vier verschiedenen Linien der Hirse *Sorghum bicolor* untersucht. Als Sonde fand ein radioaktiv markiertes Fragment eines mitochondrialen Gens (*atp6;* kodiert für eine Untereinheit der ATP-Synthase) Verwendung. Wie das Experiment zeigt, sind in drei Linien der Hirse zwei Kopien dieses Gens vorhanden, während eine Linie nur eine Kopie besitzt.

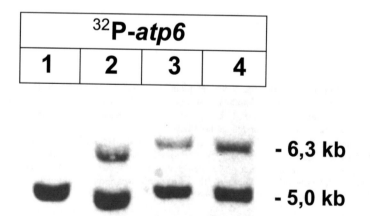

Abb. 2.16 Autoradiogramm eines Southern Blots. 1–4: DNA von vier verschiedenen Hirselinien wurde mit *Bam*HI verdaut, gelelektrophoretisch aufgetrennt und geblottet. Die Hybridisierung wurde mit ^{32}P-markierter DNA des mitochondrialen ^{atp6}-Gens durchgeführt (aus Kempken und Howad 1996). (Weitere Angaben im Haupttext)

2.2.3 Polymerase-Kettenreaktion (PCR)

Mitte der Achtziger-Jahre entwickelte Kary Mullis die PCR-Methode, mit der man aus sehr geringen DNA-Mengen einzelne Abschnitte oder Gene hochspezifisch vermehren kann (PCR steht für *polymerase chain reaction*). Diese neue, nobelpreisgekrönte Technik erwies sich als methodische Revolution und ist aus der molekularen Genetik nicht mehr wegzudenken. Ihre Anwendungen reichen von der Grundlagenforschung bis in die forensische Medizin; der **genetische Fingerabdruck** zur Identifizierung von Straftätern oder zum Nachweis der Vaterschaft wäre ohne die PCR-Technik nicht denkbar. Bei Pflanzen dient die Methode insbesondere zur **Amplifizierung** von Genen zur späteren Klonierung (siehe Abschn. 2.2.4) sowie zum Nachweis von transgenen Pflanzen bzw. transgenen Nahrungsbestandteilen (Kap. 3). Das grundsätzliche Verfahren ist in Abb. 2.17 dargestellt. Darüber hinaus gibt es noch zahlreiche Abwandlungen und speziellere Anwendungen, auf die hier aber nicht eingegangen werden kann.

Für die Durchführung dieser Methode benötigt man zunächst eine Probe (Template = Matrize), die geringe Mengen der zu vermehrenden DNA enthalten muss, die vier Desoxyribonukleotidtriphosphate (DNA-Bausteine) der Basen Adenin, Cytosin, Guanin und Thymin, geeignete Pufferbedingungen, zwei kurze, einzelsträngige DNA-Stücke, die als **Oligonukleotide** oder Primer bezeichnet werden, und eine **DNA-Polymerase.** DNA-Polymerasen sind Enzyme, die die Synthese von DNA katalysieren. Die beiden Oligonukleotide besitzen eine definierte Basenabfolge, durch die sie unter geeigneten Versuchsbedingungen nur an die Endsequenzen des zu amplifizierenden Gens binden und so für die Spezifität der Reaktion sorgen. Die DNA-Polymerase kann dann von den Oligonukleotiden ausgehend die DNA-Neusynthese durchführen, indem sie einen komplementären DNA-Strang bildet. Wie Abb. 2.16, 2.17 zeigt, werden dabei zunächst DNA-Moleküle synthetisiert, die über den Bereich der Oligonukleotide hinausgehen. Erst im dritten Reaktionszyklus entsteht der gewünschte definierte DNA-Abschnitt, der sich zwischen den beiden Oligonukleotiden befindet und in den Folgezyklen in großer Menge amplifiziert wird.

Damit es tatsächlich zu einer Vermehrung der DNA kommt, ist es notwendig, dass die Bindung der Oligonukleotide und die DNA-Vermehrung viele Male ablaufen. Hierfür muss die Versuchstemperatur ständig gewechselt werden. Damit die Oligonukleotide binden können, wird zuerst die Template-DNA durch Erhitzen auf 94 °C in ihre Einzelstränge aufgetrennt. Danach senkt man die Temperatur auf 55–60 °C. Unter diesen Bedingungen können die Oligonukleotide spezifisch an die einzelsträngige Template-DNA binden. Als DNA-Polymerase werden hitzestabile Enzyme verwendet, die auch bei Temperaturen über 90 °C nicht denaturiert, das heißt, irreversibel inaktiviert werden. Ein Beispiel ist die Taq-Polymerase aus dem thermophilen Bakterium *Thermus aquaticus,* das in sehr heißen Quellen (über 70 °C) lebt. Bei einer Temperatur von 72 °C erfolgt mittels der Taq-Polymerase die DNA-Neusynthese, wobei unter Abspaltung von Pyrophosphat die Nukleotidbausteine zu DNA-Molekülen verknüpft werden. Danach wird wieder denaturiert, und ein neuer Zyklus beginnt (Abb. 2.16).

erster Zyklus

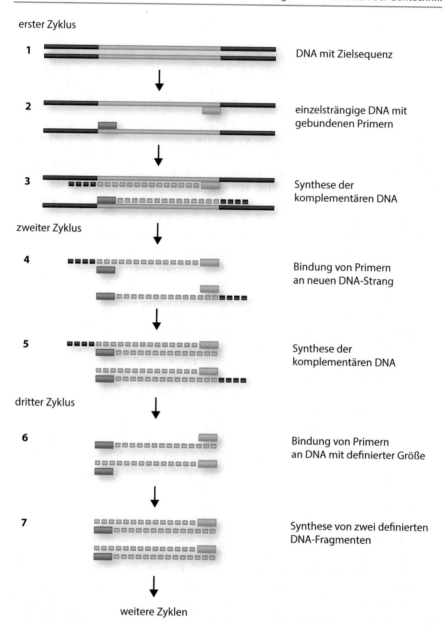

Abb. 2.17 Prinzip der PCR; am Anfang steht ein DNA-Molekül mit dem gesuchten Gen (grau). 1) Erster Zyklus; Auftrennen der DNA in ihre Einzelstränge und binden der Oligonukleotide (rotes- bzw. grünes Rechteck), 2) DNA-Neusynthese geht über den gesuchten Genabschnitt hinaus, 3) im zweiten Zyklus binden die Oligonukleotide an den neu gebildeten DNA-Strängen, 4) weitere Neusynthese von DNA, die bereits die gewünschte Länge aufweist, 5) Primer binden im dritten Zyklus an den Strang mit der korrekten Länge, 6) gewünschtes Produkt in Form zweier doppelsträngiger DNA-Moleküle; in weiteren Zyklen 7) werden diese dann vermehrt

Derartige Experimente führt man in mikroprozessorgesteuerten **Thermozyklern** durch, die für eine voreingestellte Zeit zwischen verschiedenen Temperaturen automatisch wechseln. Die Vermehrung der DNA erfolgt bei der PCR exponentiell, bis die Oligonukleotide oder **Desoxyribonukleotidtriphosphate** sich erschöpfen. Aus einem DNA-Molekül werden dabei z. B. nach 32 Zyklen ca. $1,074 \times 10^9$ Moleküle. Hierin liegt aber auch ein Problem der Methode, denn die Verunreinigung des Probenmaterials mit geringsten Mengen von fremder DNA führt zu verfälschten Ergebnissen. Daher ist es bei Verwendung der PCR-Methode besonders wichtig, Kontrollexperimente durchzuführen, bei denen keine DNA zu den Ansätzen hinzugegeben wird. Werden aus solchen Kontrollen dennoch DNA-Moleküle amplifiziert, muss eine Verunreinigung mit Fremd-DNA vorgelegen haben.

Zur besseren Veranschaulichung zeigt Abb. 2.18 das Ergebnis eines PCR-Experimentes, bei dem drei unterschiedlich große Fragmente des *atp6*-Gens der Hirse *Sorghum bicolor* amplifiziert wurden.

2.2.4   Klonierung von DNA

Für Transformationsexperimente, für die Sanger-DNA-Sequenzierung oder um Gene bzw. DNA-Abschnitte genauer untersuchen zu können, benötigt man meist größere Mengen dieser DNA. Zur gezielten Vermehrung definierter DNA-Abschnitte macht man sich die Existenz sogenannter Plasmide zunutze. Plasmide

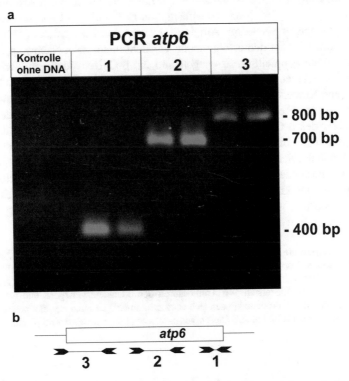

Abb. 2.18 Beispiel für PCR-Amplifikationen. **a** Amplifikationsprodukte nach Gelelektrophorese, **b** Oligonukleotidpaare, die für die PCR benutzt wurden. Für jedes Oligonukleotidpaar wurde eine Doppelbestimmung durchgeführt. (Weitere Angaben im Haupttext)

sind meist zirkuläre DNA-Moleküle, die in Prokaryoten und manchen Eukaryoten als zusätzliche DNA-Spezies vorkommen und sich unabhängig von der genomischen DNA der jeweiligen Organismen replizieren können. Basierend auf natürlich vorkommenden Plasmiden aus dem Darmbakterium *Escherichia coli* wurden in der Vergangenheit zahlreiche modifizierte Plasmide konstruiert, die in der Lage sind, fremde DNA-Stücke aufzunehmen. Solche modifizierten Plasmide bezeichnet man als Genfähren oder Vektoren. Abb. 2.19 zeigt den Aufbau eines einfachen Vektors, der ein Ampicillin-Resistenzgen trägt. Damit können durch Zugabe des für Bakterien toxischen Antibiotikums Ampicillin jene *E. coli*-Bakterien, die den Vektor tragen, selektiv vermehrt werden. Sie können sich weiterhin teilen und bilden Kolonien – im Gegensatz zu solchen *E.* coli-Zellen ohne Plasmid, die im Wachstum blockiert sind. Weiterhin muss ein **Replikationsursprung** oder **ori** *(origin of replication)* zur Vermehrung des Vektors in *E. coli* vorhanden sein. Schließlich wird eine Klonierungsstelle, die oft mehrere singuläre Schnittstellen für Restriktionsendonukleasen trägt, benötigt. Dies ist der Bereich, in den Fremd-DNA eingefügt werden kann. Üblicherweise ist die Klonierungsstelle in ein weiteres Gen eingebettet, dessen Produkt sich leicht nachweisen lässt.

Die Klonierung läuft so ab, dass das gesuchte DNA-Fragment durch eine geeignete Restriktionsendonuklease ausgeschnitten und der Vektor mit demselben Enzym verdaut wird. Dadurch tragen Vektor und DNA kompatible Schnittstellen. Das Enzym **Ligase** ist danach in der Lage, die Enden von Vektor und DNA **kovalent** zu verknüpfen. Nach Transformation in *E. coli* wird dort das Konstrukt nach entsprechender **Selektion** (Ampicillinresistenz) stabil vermehrt (Abb. 2.19).

Der Vektor trägt für den erfolgreichen Versuchsablauf zwei Nachweisgene: Das schon erwähnte Ampicillinresistenzgen und ein β-Galactosidasegen-Derivat (das Gen für das sogenannte α-Peptid). Auf einem ampicillinhaltigen Nährboden können nur jene Klone wachsen, die den Vektor enthalten. Da der Vektor sowohl mit der gewünschten Fremd-DNA, als auch ohne diese vorliegen kann, ist der Nachweis mittels des β-Galactosidasegens notwendig. Die Schnittstelle zum Öffnen des Vektors und Einbau der Fremd-DNA liegt in dem α-Peptidgen. Daher wird dieses Gen inaktiviert, sobald ein Einbau von Fremd-DNA erfolgt und somit der Vektor das gesuchte Gen enthält. Dies kann durch eine einfache Farbreaktion nachgewiesen werden (Abb. 2.20). Blaue Kolonien enthalten nur den Vektor und werden verworfen, während weiße Kolonien das gewünschte DNA-Fragment im Vektor tragen und weiter verwendet werden.

Tatsächlich besitzen die Bakterien, die für dieses Experiment benutzt werden, in ihrem Genom eine unvollständige Kopie des ß-Galactosidasegens, die nicht funktionsfähig ist, da die Aminosäuren 11 bis 41 (von insgesamt 1 021) fehlen. Das auf dem Plasmid vorhandene Gen für das α -Peptid kodiert für die ersten 146 Aminosäuren des ß-Galactosidasegens und ist ebenfalls funktionsunfähig. Beide Proteine können sich aber zusammenlagern und weisen dann nahezu die normale enzymatische Aktivität auf. Diesen Vorgang bezeichnet man als α-Komplementation.

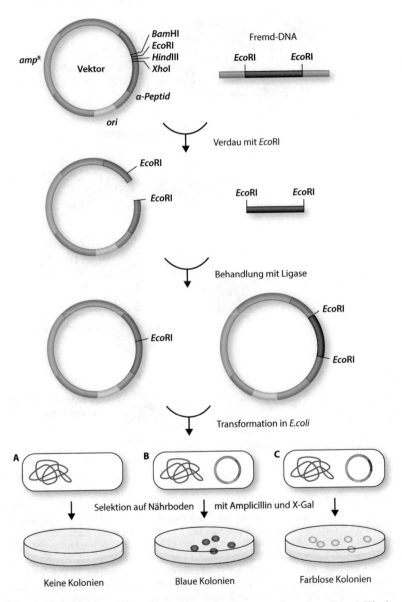

Abb. 2.19 Klonierung in *E. coli.* Oben links: prinzipieller Aufbau eines *E. coli*-Klonierungs-vektors; *amp*R – Ampicillinresistenzgen (β-Lactamase); α-Peptid – Markergen zum Nachweis von Fremd-DNA mit Schnittstellen für Restriktionsendonukleasen; *ori* – Replikationsursprung für *E. coli.* Restliche Abb.: Ablauf der DNA-Klonierung und Selektion in *E. coli;* Verdau mit *Eco*RI, dann Ligation; *E. coli*-Zellen tragen nur ihr ringförmiges Genom [wie bei (A)]; nach Transformation ist ein Teil der Bakterien ohne Vektor (A), einige tragen den Ausgangsvektor (B), und eine dritte Gruppe besitzt den Vektor mit einklonierter Fremd-DNA (C). Durch Selektion können Bakterien ohne Vektor unterdrückt und die anderen (B + C) anhand einer Farbreaktion (siehe Abb. 2.20) unterschieden werden

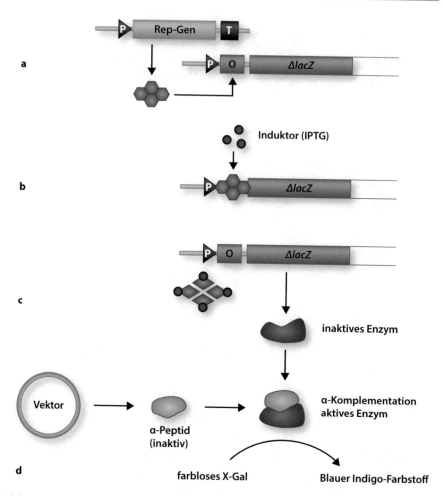

Abb. 2.20 Prinzip der Blau-Weiß-Selektion. **a** In den verwendeten *E. coli*-Zellen befindet sich ein mutiertes *lac*Z-Gen, das eine Deletion (A) im 5'-Bereich des ORF trägt. Das Repressormolekül blockiert im Grundzustand die Expression des Lac-Operons; vergl. dazu Abschn. 2.1.5. **b** Der im Medium enthaltene synthetische Induktor IPTG bindet an den Repressor, der dadurch seine Konformation ändert und sich vom Operator löst. **c** Der Operator ist frei, das Δ LacZ-Protein wird gebildet, ist aber wegen der N-terminalen Deletion inaktiv. **d** Der Vektor trägt das sogenannte α -Peptid, das mit Δ LacZ einen Komplex bildet, der enzymatisch aktiv ist (α-Komplementation). Der Komplex wandelt im Medium enthaltenes farbloses X-Gal in einen blauen Indigo-Farbstoff um. Abkürzungen: O – Operator, P – Promotor, T – Terminator; vom Lac-Operon wurde nur der offene Leserahmen für das *lac*Z-Gen dargestellt

2.2.5 Sequenzanalyse

In den Siebziger-Jahren des letzten Jahrhunderts publizierten Maxam und Gilbert sowie Sanger *et al.* zwei verschiedene Methoden, die es erstmals in größerem Umfang erlaubten, DNA-Moleküle zu **sequenzieren,** d. h. die Anordnung und

Reihenfolge der vier Nukleotidbasen Adenin, Cytosin, Guanin und Thymin festzustellen. In der Anordnung der vier Nukleotide ist die genetische Information aller Lebewesen verschlüsselt (siehe Abschn. 2.1). Hierfür erhielten Berg, Gilbert und Sanger 1980 den Nobelpreis für Chemie.

Während das Verfahren von Maxam und Gilbert auf einer rein chemischen Methode beruht, verwendet die bis heute gebräuchliche enzymatische Methode nach Sanger DNA-Polymerasen. Unter Verwendung fluoreszenzmarkierter Nukleotide (früher wurden auch radioaktive Nukleotide verwendet) kann man dann die Abfolge der Basen in der DNA sichtbar machen. In Box 2.3 und der dazugehörigen Abbildung ist eine Methode zur Sanger-DNA-Sequenzierung mit automatischer Auswertung vereinfacht dargestellt. Damit können maximal 1 000 Nukleotide hintereinander aus einer einzigen Reaktion eindeutig identifiziert werden. Mit dieser Methode wurden in den 1990er-Jahren nicht nur Zehntausende von Genen, sondern bereits zahlreiche vollständige Genome sequenziert (siehe Abschn. 2.3.2). Mittlerweile gibt es neuartige Sequenzierungsmethoden, die in Box 2.6 beschrieben werden. Die Sanger-Sequenzierung wird weiterhin für die Sequenzierung von PCR-Produkten oder zur Überprüfung kurzer DNA-Moleküle verwendet.

Box 2.3

Automatische DNA-Sequenzierung nach Sanger

Ursprünglich wurde die DNA-Sequenzierung ausschließlich durch manuelle Tätigkeit unter Verwendung radioaktiver Isotope durchgeführt. Die Sequenzreaktionen wurden dann ebenfalls manuell auf ein Gel aufgetragen. Mittels Autoradiographie konnte die Sequenz sichtbar gemacht werden und musste anschließend abgelesen werden. Für die Sequenzierung ganzer Genome ist diese Technik zu arbeitsaufwendig und zu ineffizient. Daher wurden verschiedene Methoden entwickelt, die eine weitgehend automatische Verarbeitung erlauben. Im Idealfall werden sämtliche Arbeitsschritte von Robotern pipettiert, und die Sequenzanalyse wird in speziellen automatischen Apparaturen durchgeführt, die direkt die Daten erfassen und speichern. Von den verschiedenen Methoden wird hier nur eine beschrieben.

Die zu sequenzierende DNA wird denaturiert (einzelsträngig gemacht), und ein Oligonukleotid definierter Sequenz (ca. 20 Nukleotide lang) wird dazugegeben. Jeder Ansatz enthält ein Gemisch der Nukleotide (dATP, dCTP, dGTP und dTTP) sowie vier sogenannte Didesoxynukleotide (ddATP, ddCTP, ddGTP und ddTTP), die jeweils eine andere Fluoreszenzgruppe tragen und so unterschieden werden können. Die DNA-Polymerase beginnt nun jeweils komplementäre Kopien der ursprünglichen DNA-Sequenz herzustellen. Hierbei wird in den neuen Strang immer die komplementäre Base eingefügt, also z. B. Cytosin gegenüber Guanin usw. Gelegentlich wird nun statt des normalen Nukleotides ein Didesoxynukleotid eingebaut. Wenn dies geschieht, kann die Kette der DNA nicht weiter verlängert werden, weil den Didesoxynukleotiden die dazu benötigte 3'-OH- Gruppe fehlt (vergl. Abb. 2.1). Da in dem Sequenzieransatz eine sehr große Anzahl von DNA-Molekülen enthalten ist, wird der Einbau eines Didesoxynukleotides in jedem synthetisierten neuen DNA-Molekül an einer anderen Stelle erfolgen. Als Folge erhält man eine Population unterschiedlich langer DNA-Moleküle Vergleicht man nun alle entstandenen Moleküle, so ist der Abstand von Molekül zu Molekül immer genau eine Base. Mittels Kapillargelelktrophorese kann man eine entsprechend basengenaue Auftrennung erzielen (vergl. Abb. 2.21). Unterscheiden kann man die Produkte der vier verschiedenen Reaktionen anhand der unterschiedlichen Fluoreszenzgruppen, die den Didesoxynukleotiden angeheftet wurden und mit einem Detektor gemessen werden. Die Abfolge der Fluoreszenzfarben ergibt, da der Größe nach sortiert, automatisch die gesuchte DNA-Sequenz, die dann weiter untersucht werden kann.

2.2.6   Nachweis von Proteinen mithilfe von Antikörpern

Oft ist es notwendig, Proteine nachzuweisen, die entweder in einer Pflanze natürlich vorkommen oder nach Transformation mit einem Transgen exprimiert werden. Nur in wenigen Fällen gelingt es, direkt eine enzymatische Aktivität eines Proteins nachzuweisen, oder derartige Analysen sind zu aufwendig. Manche Strukturproteine besitzen auch gar keine solche Aktivität. Schließlich ist zu berücksichtigen, dass viele regulatorische Proteine nur in sehr geringer Menge in Zellen vorhanden sind. Hier benötigt man ein spezifisches und sehr sensitives Nachweisverfahren. Dazu stehen zwei Methoden zur Verfügung, die beide auf der Verwendung von spezifischen **Antikörpern** beruhen und nachfolgend beschrieben werden. Um überhaupt immunologische Tests durchführen zu können, werden immer spezifische Antikörper gegen das interessierende Protein benötigt und müssen zuvor hergestellt werden. Besonders wichtige Antikörper sind auch kommerziell erhältlich. Leser, die mit dem Begriff Antikörper nicht vertraut sind, seien für weitere Informationen auf Box 2.4 verwiesen. In Kürze hier nur so viel: Antikörper haben eine essenzielle Bedeutung bei der Immunreaktion in Wirbeltieren. Ihre besondere Eigenschaft liegt darin, dass sie mit sehr **hoher Affinität** definierte Substanzen, die dann als **Antigene** bezeichnet werden, binden können. Da es eine extrem große Vielfalt von Antikörpern gibt, kann eine schier unendliche Zahl von Substanzen auf diese Weise erkannt werden.

ELISA-Analyse

Die Abkürzung ELISA steht für *enzyme linked immunosorbent assay,* zu Deutsch also enzymgekoppelter Immunnachweis. Von den zahlreichen Variationen wird hier nur die Basismethode erläutert, die neben der Molekularbiologie auch in zahlreichen medizinischen Diagnoseverfahren Anwendung findet.

Das Prinzip der Methode ist in Abb. 2.22 dargestellt. Als erster Schritt werden die zu untersuchenden Proben an einen Träger gebunden. In der Regel handelt es sich hierbei um eine sterile Kunststoffplatte aus Polystyrol mit kleinen Vertiefungen (Mikrotiterplatte mit typischerweise 96 Vertiefungen), an die Proteine

5′ TGCATTGAATATGACGTTGACTAGCTACGTTTAACTA 3′
3′ ACGTAACTTATAGTGCAACTGATCGATGCAAATTGAT 5′

1 ↓ + TGCATTG

5′ TGCATTGAATATGACGTTGACTAGCTACGTTTAACTA 3′

3′ ACGTAACTTATAGTGCAACTGATCGATGCAAATTGAT 5′
TGCATTG

2 ↓ + Polymerase,
dA, dC, dG, dT & ddA⬤, ddC⬤, ddG○, ddT⬤

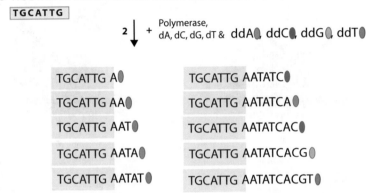

TGCATTG A⬤   TGCATTG AATATC⬤

TGCATTG AA⬤   TGCATTG AATATCA⬤

TGCATTG AAT⬤   TGCATTG AATATCAC⬤

TGCATTG AATA⬤   TGCATTG AATATCACG○

TGCATTG AATAT⬤   TGCATTG AATATCACGT⬤

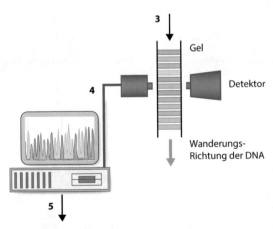

Gel

Detektor

Wanderungs-
Richtung der DNA

AAT **ATG ACG TTG ACT AGC TAC GTT TAA** CT

offener Leserahmen (Gen)

Abb. 2.21 Automatische DNA-Sequenzierung nach Sanger. 1) Die doppelsträngige DNA wird denaturiert und ein Oligonukleotid zugegeben. Das hier verkürzt dargestellte Oligonukleotid bindet an die komplementäre DNA-Sequenz. 2) Zugabe der DNA-Polymerase, der vier Nukleotide (dA, dC, dG, dT) sowie der vier fluoreszenzmarkierten Didesoxynukleotide (ddA, ddC, ddG, ddT), die dann zur Synthese unterschiedlich langer DNA-Moleküle führen, die jeweils mit einem Didesoxynukleotid enden. 3) Kapillargelelektrophorese zur Auftrennung der DNA-Moleküle. 4) Detektion der verschiedenen Fluoreszenzmarker. 5) Computeranalyse. Weitere Erläuterungen in Box 2.3

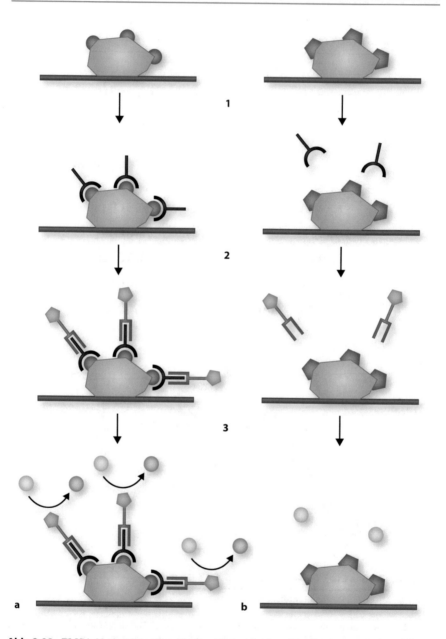

Abb. 2.22 ELISA-Nachweis. **a** Spezifischer Nachweis eines Proteins, **b** Negativkontrolle; 1) Zugabe des spezifischen Antikörpers, danach überschüssige Antikörper entfernen; 2) Zugabe des zweiten Antikörpers, danach überschüssige Antikörper wieder entfernen; 3) Farbreaktion durch gebundenes Enzym. (Weitere Angaben im Haupttext)

gut binden können. Jedes Protein besitzt eine definierte Aminosäureabfolge und dadurch einzigartige Struktur. Bestimmte Abschnitte dieser Sequenz oder Struktur können von spezifischen Antikörpern nach dem Schlüssel-Schloss-Prinzip erkannt werden. Die erkannten Abschnitte nennt man **Epitope.**

Im nächsten Schritt gibt man einen Antikörper hinzu. Dieser bindet spezifisch an das von ihm erkannte Epitop. Die Bindung ist so spezifisch, dass ein bestimmter Antikörper in der Regel nur ein definiertes Epitop erkennt (Abb. 2.22). Ein davon unterschiedliches Protein, mit anderer Sequenz und Struktur und somit anderen Epitopen, wird nicht erkannt (Abb. 2.22).

Im nächsten Schritt muss diese spezifische Reaktion sichtbar gemacht werden. Dazu ist es zunächst notwendig, noch vorhandene ungebundene Antikörper durch Waschen mit einer Salzlösung zu entfernen, denn sonst würde bei der Nachweisreaktion das Ergebnis durch ungebundene Antikörper verfälscht.

Die Nachweisreaktion beruht auf der Verwendung eines zweiten Antikörpers, der seinerseits nicht die zu untersuchende Probe erkennt, sondern gegen den ersten Antikörper gerichtet ist. Der zweite Antikörper erkennt dabei die konstanten Anteile des ersten Antikörpers (Abb. 2.23) und bindet spezifisch daran (Abb. 2.22).

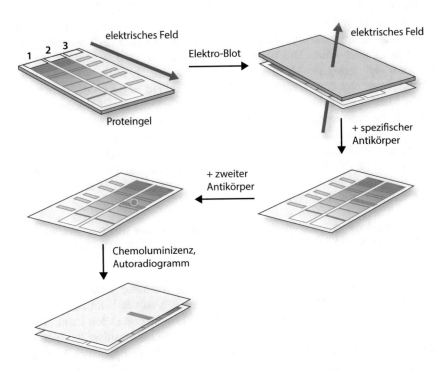

Abb. 2.23 Western Blot. In Richtung der waagerechten und senkrechten Pfeile: Auftrennen der Proteine entsprechend ihres Molekulargewichts; Übertragung der Proteine auf eine Membran im elektrischen Feld; Zugabe des spezifischen Antikörpers, danach überschüssige Antikörper entfernen; Zugabe des zweiten Antikörpers, danach überschüssige Antikörper wieder entfernen; Nachweis durch Chemolumineszenz und Autoradiographie. (Weitere Angaben im Haupttext)

Stammt der erste Antikörper z. B. aus einem immunisierten Kaninchen, verwendet man für den zweiten Antikörper einen sogenannten Anti-Kaninchen-Antikörper, der dann beispielsweise aus einer mit Kaninchen-Antikörpern immunisierten Ziege stammen kann.

Der zweite Antikörper ist gleichzeitig mit einem Enzym kovalent verbunden. Diese Enzymaktivität wird nach einem weiteren Waschschritt für eine Farbreaktion genutzt. Dazu setzt man als letzten Schritt ein farbloses Substrat hinzu, das durch die an den zweiten Antikörper gebundene Enzymaktivität in ein farbiges Endprodukt umgesetzt wird (siehe Abb. 2.22). Diesen Farbstoff kann man dann photometrisch nachweisen und somit auch das gesuchte Protein qualitativ nachweisen oder quantitativ bestimmen.

Western Blot
Bei der Methode des Western Blots werden die zu untersuchenden Proteine mittels Gelelektrophorese zunächst entsprechend ihrer Größe und/oder Ladung aufgetrennt. Die getrennten Proteine werden dann auf einen festen Träger, z. B. eine Nylon-Membran übertragen und, ähnlich wie beim ELISA, erfolgt der Nachweis eines bestimmten Proteins mittels eines spezifischen Antikörpers.

Ein Beispiel für ein solches Experiment zeigt Abb. 2.23. Statt Agarose wird hier Polyacrylamid als Trennmatrix verwendet, da Polyacrylamidgele in weitaus höheren Konzentrationen gegossen werden können als dies bei Verwendung von Agarose möglich wäre. Die höheren Konzentrationen sind notwendig, da Proteine ein viel geringeres Molekulargewicht aufweisen als DNA-Moleküle. In der Abbildung erfolgt eine Trennung im elektrischen Feld in einem denaturierenden Puffer. Hierbei verlieren die Proteine ihre räumliche Struktur und werden nur nach ihrer Größe aufgetrennt. Wie bei der DNA-Elektrophorese wandern kleine Proteine weiter in das Gel ein als große. Als Größenmarker finden hier Proteine mit definiertem Molekulargewicht Verwendung. Ist eine ausreichende Auftrennung gegeben, wird die Elektrophorese abgebrochen und die Proteine werden auf eine Nylonmembran übertragen. Zur Beschleunigung des Vorgangs erfolgt der Blot-Vorgang im elektrischen Feld.

Die Namensgebung „Western Blot" erfolgte in Analogie zu den Begriffen „Southern Blot" (Übertragung von DNA auf eine Membran) und „Northern Blot" (Übertragung von RNA auf eine Membran).

Nach Beendigung des Blot-Vorgangs erfolgt der Nachweis mittels eines spezifischen Antikörpers. Die Vorgehensweise ist analog zu der beim ELISA. Allerdings verwendet man statt einer einfachen Farbnachweisreaktion beim Western Blot häufig eine Chemolumineszenzmethode, die weitaus sensitiver ist. Hierbei ist der zweite Antikörper mit einem Enzym verbunden, das eine Reaktion katalysiert, bei der es zur Freisetzung von Licht (Photonen) kommt. Die Reaktion ist ähnlich der Biolumineszenz (siehe Abschn. 3.2.3). Die Photonen macht man mittels eines Röntgenfilms sichtbar.

Box 2.4

Antikörper

Antikörper werden in bestimmten weißen Blutkörperchen, den B-Lymphozyten, gebildet. Eine junge Maus kann zum Beispiel 10^8 verschiedene B-Lymphozyten mit entsprechend vielen verschiedenen Antikörpern besitzen. Jeder dieser Antikörper kann an ein spezifisches Substrat (=Antigen) binden. Damit können die Antikörper der Maus also 10^8 verschiedene Substrate erkennen.

Kommt es nun zu einer Infektion mit einem bestimmten Krankheitserreger, werden die B-Lymphozyten, die hierfür spezifische Antikörper tragen, stark vermehrt und setzen Antikörper frei. Diese binden hochspezifisch an die Erreger und markieren diese damit zur Zerstörung. Auf die sehr komplexe Biologie der Antikörper und ihre Funktion in der Immunabwehr kann im Rahmen dieses Buches nicht eingegangen werden. Interessierte Leser seien hier auf speziellere Lehrbücher verwiesen.

Den prinzipiellen Aufbau eines Antikörpers zeigt Abb. 2.24. Ein Antikörpermolekül besteht aus vier Polypeptidketten. Dabei handelt es sich um zwei leichte L-Ketten und zwei schwere H-Ketten (H für *heavy*), die über **Schwefelbrücken** und **nichtkovalente Interaktion** verbunden sind. Man unterscheidet fünf Klassen von H-Ketten und zwei Klassen von L-Ketten. Jede Kette weist einen konstanten, also unveränderlichen Teil auf und einen variablen, der für die unterschiedliche Substratspezifität der Antikörper verantwortlich ist.

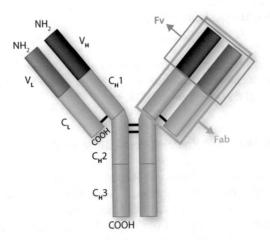

Abb. 2.24 Aufbau eines Antikörpers. Schematischer Aufbau eines Antikörpers. Jeder Antikörper besteht aus zwei leichten (L) und zwei schweren (H) Proteinketten. Die Orientierung der Proteine ist jeweils angegeben (Anfang -NH2 bzw. Ende -COOH). Die Ketten weisen jeweils nahezu identische oder konstante Bereiche auf (CL bzw. CH), die bei allen Ketten einer Klasse identisch sind, sowie variable Bereiche (VL bzw. VH), die die Substratspezifität bestimmen. Das kleinere grüne Rechteck definiert das sogenannte Fv-Fragment (variable Fragment), das aus je einem VL- und VH- Anteil besteht. Das größere grüne Rechteck definiert das sogenannte Fab-Fragment (antigenbindendes Fragment), das zusätzlich noch je eine konstante Domäne umfasst. Die beiden Kettenteile sind über eine Disulfidbrücke kovalent verbunden

Antikörper lassen sich durch Immunisierung von Versuchstieren wie Mäusen, Kaninchen oder Ziegen gewinnen. Hierzu wird einem Tier über einen Zeitraum von mehreren Wochen mehrfach das zu untersuchende Protein (Antigen) unter die Haut oder in einen Muskel injiziert. Dadurch kommt es zu einer starken Immunantwort, das heißt der Bildung spezifischer Antikörper, die dann aus dem Blut des Versuchstieres aufgereinigt werden können. Solche Antikörper werden als „polyklonal" bezeichnet, da es sich in der Regel um ein Gemisch von spezifischen Antikörpern handelt, die verschiedene Epitope desselben Proteins erkennen. Daneben besteht auch die Möglichkeit der Herstellung „monoklonaler" Antikörper mittels Zellkulturen. Dadurch entstehen Antikörper, die alle das gleiche Epitop erkennen. Für Informationen über die Herstellung monoklonaler Antikörper sei auf die weiterführende Literatur verwiesen.

2.3   Spezielle molekularbiologische Methoden

Im Rahmen dieses Abschnitts wird eine kurze Einführung in weitere wichtige molekularbiologische Methoden gegeben. Schwerpunkte sind dabei:

- DNA-Marker und Restriktions-Längenpolymorphismen
- die Genomanalyse
- die Bioinformatik
- die Herstellung von Mutanten
- die Transkript- und Transkriptomanalyse
- die Proteomanalyse.

Dieser Abschnitt richtet sich zwar insbesondere an Studenten der Biologie oder Agrarwissenschaften, ist aber zum besseren Verständnis der Vorgehensweise von Molekularbiologen allen Lesern zu empfehlen.

2.3.1   DNA-Marker und Restriktions-Längenpolymorphismus

Obwohl die Basenabfolge der DNA von Rassen einer Art aufgrund der Genauigkeit der DNA-Replikationsenzyme über viele Generationen konstant ist, kommt es über längere Zeiträume infolge von verschiedenen Mutationen zu einer deutlichen Variabilität der Basensequenzen. Da der größte Teil der DNA von Pflanzen aus Bereichen besteht, die keine Gene oder deren Steuersequenzen tragen und daher nicht für Proteine kodieren, sind derartige Veränderungen in der Regel nur mit molekulargenetischen Methoden erkennbar.

Für die Pflanzenzüchtung ist wichtig, dass oft mehrere Ausfertigungen einer genetischen Struktur vorhanden sind, was man als Polymorphismus bezeichnet. Der Nachweis und die Lokalisierung solcher Polymorphismen sind für die Pflanzenzüchtung deshalb von großer Bedeutung, weil es damit möglich ist, nahegelegene Gene zu markieren und zu identifizieren. Als Beispiel sei der

Restriktionsfragment-Längenpolymorphismus (RFLP) genannt. Restriktionsendonukleasen sind, wie in Abschn. 2.2.1 beschrieben, Enzyme, die spezifische Sequenzabschnitte von meist vier bis acht Basenpaaren in der DNA erkennen und die DNA in der Regel auch an diesen Stellen spalten. Dabei entstehen in Abhängigkeit von dem verwendeten Enzym für jede DNA charakteristische Fragmente unterschiedlicher Länge. In einem elektrischen Feld auf einem Agarose-Gel lassen sich DNA-Fragmente entsprechend ihrer Größe auftrennen (vergl. Abb. 2.13). In einem weiteren Schritt werden diese DNA-Moleküle auf einen Filter übertragen. Mit einer geeigneten radioaktiv oder chemisch markierten Sonde können dann die gewünschten DNA-Fragmente sichtbar gemacht werden (siehe Abschn. 2.2.2). Vergleicht man nun die Resultate, ausgehend von DNA unterschiedlicher Rassen, kann man manchmal Unterschiede im Muster der Hybridisierung erkennen. Ein Beispiel für einen solchen RFLP ist in Abb. 2.25 schematisch dargestellt. In der Linie „A" sind in einem DNA-Abschnitt drei Erkennungsstellen für das Enzym BamHI mit der Sequenz „GGATCC" vorhanden. Wird diese DNA mit BamHI verdaut, so entstehen vier DNA-Fragmente. In der Linie „B" ist eine dieser *Bam*HI Erkennungsstellen durch eine Mutation verändert worden. Die neue Sequenz „GGAACC" wird nicht mehr von BamHI geschnitten, da die Mutation eine Veränderung der Erkennungsstellen der Restriktionsendonuklease bewirkt hat. Als Konsequenz führt der Verdau mit dem Enzym *Bam*HI zur Bildung von nur noch drei Fragmenten. Diese Fragmente werden auf einem Agarose-Gel aufgetrennt und mittels Southern Blot auf eine Membran übertragen (in Abb. 2.25 sind nicht alle Einzelschritte gezeigt). Dieser Schritt ist notwendig, da ja die gesamte DNA der Pflanzen verdaut wurde und die gesuchten Fragmente nur durch eine Hybridisierung aus der Vielzahl der Banden identifiziert werden können. Für die Hybridisierung wird das als „Sonde" bezeichnete DNA-Fragment verwendet. Nach Hybridisierung zeigt das Autoradiogramm bei Linie „A" zwei DNA-Fragmente, bei Line „B" nur eine. Das Merkmal RFLP wird genauso vererbt wie normale Gene und kann daher für züchterische Zwecke genutzt werden.

Die Verwendung von RFLP-Markern ist immer dann sinnvoll, wenn die eigentlich interessierenden Gene bzw. deren Genprodukte schwer oder nur unter großem Aufwand nachzuweisen sind. Hierbei könnte es sich zum Beispiel um Veränderungen im Proteingehalt oder Resistenzen gegen Mikroorganismen handeln, die nicht so leicht zu erkennen sind wie beispielsweise eine veränderte Blütenfarbe.

Den Zusammenhang zwischen einem RFLP-Marker und dem eigentlich interessierenden Gen erklärt Abb. 2.26. Voraussetzung für die Verwendung des RFLP-Markers ist, dass dieser entweder auf einer Mutation in dem interessierenden Gen beruht (Abb. 2.25) oder auf einer Mutation, die sehr nahe an dem Gen liegt (Abb. 2.26). Nur dann ist nämlich gewährleistet, dass RFLP-Marker und Gen stets gemeinsam vererbt werden. Ist nämlich der Abstand von RFLP-Marker und Gen zu groß, so kann es zum Auftreten von **Crossing-over**-Ereignissen kommen. Dadurch würden RFLP-Marker und Gen bei Kreuzungen häufig getrennt werden (Abb. 2.26), und der RFLP-Marker ließe sich daher nicht zur Erkennung des Gens benutzen.

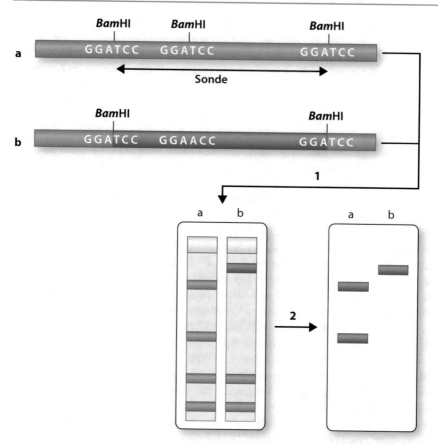

Abb. 2.25 RFLP-Kartierung. **a** und **b** Allele DNA zweier Pflanzenlinien mit unterschiedlichen Restriktionsschnittstellen; Nachweis durch 1) Enzymverdau und Gelelektrophorese ergeben zahlreiche Fragmente (hellgrau), darunter die gesuchten *Bam*HI-Fragmente. 2) Nachweis der *Bam*HI-Fragmente durch Southern-Hybridisierung mit der oben dargestellten Sonde. (Weitere Angaben im Haupttext)

Die geschilderten Prozesse laufen während der **Meiose** ab. Bei diesem Vorgang werden die Erbanlagen der Eltergeneration neu kombiniert. Dabei wird eine diploide Zelle durch zwei Reifeteilungen in vier haploide Tochterzellen aufgeteilt. Diese dienen dann als Gameten. Während der Meiose kommt es zur Paarung der zuvor verdoppelten Chromosomen. Jedes Tochterchromosom nennt man Chromatid. Kommt es zur **Rekombination** zwischen Nicht-Schwesterchromatiden spricht man von einem **Crossing-over.** Ein solcher Vorgang ist in Abb. 2.25c dargestellt.

2.3.2   Die Genomanalyse

Mit der zunehmenden Automatisierung der Sequenzierungsarbeitsschritte (siehe Box 2.3), zum Teil aber auch noch mittels erheblichen Personalaufwandes und

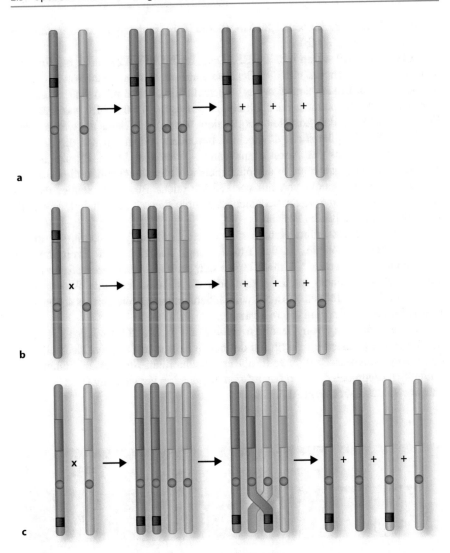

Abb. 2.26 Vererbung von RFLP-Markern. Gezeigt sind zwei Allele eines Gens (grünes bzw. rotes Rechteck) auf zwei homologen Chromosomen (hell- bzw. dunkelgrau; roter Punkt=Centromer). Das schwarze Quadrat symbolisiert die Lage des RFLP-Markers **a** im Gen, **b** nahe am Gen und **c** weit entfernt vom Gen. Im letzten Fall kann es durch Crossing-over (dritter Schritt bei **c**) häufig zu einer Entkopplung von RFLP und dem gesuchten Allel kommen. (Weitere Angaben im Haupttext)

manueller Arbeit, wurden die ersten vollständigen Sequenzen von Mitochondrien- und Plastidengenomen (siehe Box 2.5) publiziert. 1981 war bereits die vollständige mitochondriale Sequenz des Menschen bekannt (ca. 16 000 bp). Die ersten komplett sequenzierten Genome waren 1995 die der Bakterien *Haemophilus influenzae* (1 830 137 bp oder 1,83 Megabasen [Mb]) und *Mycoplasma genitalium* (580 070 bp oder 0,58 Mb).

Im Februar 2019 waren in der NCBI-Datenbank (Abb. 2.27, siehe http://www. ncbi.nlm.nih.gov/genome/) 23 899 Genome von Eubakterien, 1 629 von Archaeen und 13 972 von Eukaryoten hinterlegt, einschließlich 2 748 pflanzliche Genome. Das Genom der Bäckerhefe *Saccharomyces cerevisiae* (12 067 Mb) war das erste Eukaryotengenom, das komplett sequenziert wurde; die Sequenz wurde 1996 publiziert. Für die pflanzliche Gentechnik besonders bedeutsam war die Sequenzierung des Genoms der Ackerschmalwand *A. thaliana*. Diese Pflanze ist ein wichtiger Modellorganismus in der pflanzlichen Molekulargenetik und besitzt ein besonders kleines Genom von nur ca. 135 Mb (siehe Box 2.5). Seither wurden aber auch die Genome vieler bedeutender Kulturpflanzen sequenziert, wie z. B. von Hirse, Mais, Reis oder Weizen.

Die Genomanalyse führt nicht nur zu einem besseren Verständnis der molekulargenetischen Abläufe in der Entwicklung, Funktion und Evolution der betreffenden Organismen. Vielmehr lassen sich auch neue Gene identifizieren, die von biotechnologischem Interesse sind oder die Produktivität und Widerstandskraft von Pflanzen erhöhen. Gesucht wird außerdem nach Proteinen als sogenannte *targets* für neue und spezifischere Pestizide.

Die Sequenzierung von Genomen erfolgte bis in die 2000er-Jahre mit Hilfe der Sanger-Sequenzierung. Aufgrund der hohen Kosten und anderer Nachteile gilt diese Vorgehensweise mittlerweile als unwirtschaftlich. Stattdessen finden ausschließlich Methoden des *Next Generation Sequencing* Verwendung (Box 2.6). Ein entsprechendes Labor zeigt Abb. 2.28.

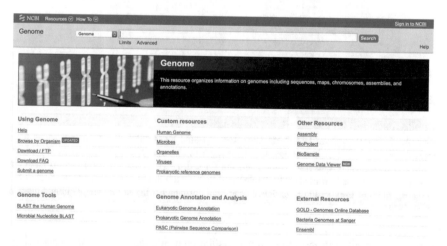

Abb. 2.27 NCBI Genome Browser, der unter der Adresse http://www.ncbi.nlm.nih.gov/ genome/erreichbar ist. Hier sind alle Genominformationen öffentlich zugänglich

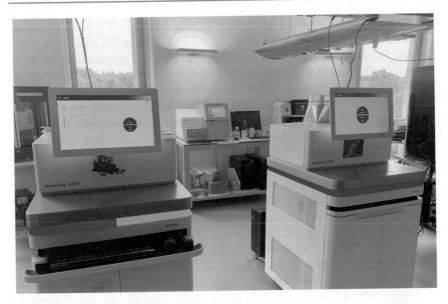

Abb. 2.28   *Next Generation* Sequenzierungslabor der Kieler Universität. (Foto F. Kempken)

Box 2.5

Pflanzliche Genome

Der Aufbau pflanzlicher Genome soll am Beispiel der Ackerschmalwand *Arabidopsis thaliana* erläutert werden. DNA ist im Zellkern (Kerngenom), in den Plastiden (Plastom) und den Mitochondrien (Chondriom) zu finden. Alle drei Teilgenome sind sequenziert.

Das Kerngenom umfasst ca. 27 000 proteinkodierende Gene, die auf fünf Chromosomen verteilt sind. Dazu kommen noch die Gene für rRNAs, tRNAs und die kleinen RNAs sowie Pseudogene und Transposonen. Entwicklungsgeschichtlich bedeutsam ist die aufgrund entsprechender Analysen gemachte Feststellung, dass die eukaryotischen Gene für Komponenten des Transkriptions- und Translationsapparates offenbar von Archaebakterien abstammen, während die Gene, die für Proteine mit metabolischer Funktion kodieren, von Eubakterien abstammen (Näheres zu funktionellen Gengruppen siehe Abschn. 2.3.3). Im Durchschnitt sind die für Proteine kodierenden Gene bei *Arabidopsis* 1,9 bis 2,1 kb groß. Etwa 30 % dieser Gene konnte man bislang noch keine Funktion zuweisen. Im Vergleich dazu hat beispielsweise die Fruchtfliege *Drosophila melanogaster* ca. 13 600 Gene, und der Nematode *Caenorhabditis elegans* besitzt etwa 19 000 Gene. Das Kerngenom von *A. thaliana* ist eines der kleinsten Pflanzengenome. Das Reisgenom ist etwa dreimal so groß, das Genom des Mais etwa zwanzigfach größer und das des Weizen ca. 120-mal so groß! Für diesen enormen Größenanstieg sind z. B. Genduplikationen und insbesondere bestimmte Transposonen (siehe Abschn. 2.3.4), die in sehr großer Zahl vorkommen können, verantwortlich.

Das Plastom, also das Genom der Plastiden, ist ringförmig und umfasst bei *A. thaliana* etwa 155 kb. Auch die Plastome anderer Pflanzen sind vergleichbar groß. In jedem Plastiden kommen mehrere Kopien des ringförmigen Moleküls vor. Insgesamt sind 87 proteinkodierende Gene vorhanden, die durch rRNA- und tRNA-Gene ergänzt werden. Diese Gene sind von dem ursprünglichen Endosymbioten verblieben, aus dem die Plastiden entstanden sind. Die Masse der Gene des Plastidenvorläufers wurden im Laufe der Evolution in den Zellkern transferiert. Die vorhandenen Gene lassen sich in fünf funktionelle Gruppen einteilen: I) Gene für Proteine, die in die Photosynthese involviert sind, II) Gene für plastidäre Ribosomenkomponenten, III) Gene für plastidäre tRNAs, IV) Gene für Untereinheiten der plastidären NADH-Dehydrogenase und V) Gene für Replikation, Transkription und Translation.

Das Chondriom der Pflanzen ist ziemlich variabel in seiner Größe, die zwischen einigen hundert und zweitausend Kilobasen schwankt. Das mitochondriale Genom von *A. thaliana* ist 366,9 kb groß und trägt 57 Gene. Ein weiteres Charakteristikum pflanzlicher Chondriome ist ihre häufige Rekombination. Dadurch entstehen unterschiedlich große, ringförmige Teilfragmente, die auch in verschiedener Kopiezahl vorliegen können. Ähnlich wie das Plastom ist auch das Chondriom durch Reduktion eines bakteriellen Genoms entstanden. Die noch vorhandenen Gene kodieren für I) einige der Untereinheiten der mitochondrialen Atmungskette, II) Proteine der Cytochrom-c-Biogenese, III) Gene für mitochondriale Ribosomenkomponenten, IV) Gene für mitochondriale tRNAs.

Box 2.6

Next Generation Sequencing

Obwohl die Sanger-Sequenzierungsmethode automatisiert wurde, bleibt doch der Umstand, dass für jedes DNA-Molekül eine getrennte Sequenzierreaktion durchgeführt werden muss. Dadurch ist diese Methode sehr arbeitsaufwändig. Weiterhin war es für Genomprojekte notwendig, die entsprechenden DNA-Abschnitte zunächst zu klonieren. Dies ergab häufig Probleme bei G/C-reichen Sequenzen und bestimmten chromosomalen Abschnitten wie Telomeren oder Centromeren. Daher wurden neue Methoden ersonnen, die die massenhafte und simultane Bearbeitung von Millionen DNA-Molekülen erlaubt, ohne diese vorher klonieren zu müssen. Diese Methoden sind unter der Bezeichnung Next Generation Sequencing (NGS) bekannt geworden. Als Folge können in wenigen Tagen oder Wochen komplexe Genome sequenziert werden. Dabei wurden die Kosten drastisch reduziert.

Abb. 2.29 zeigt beispielhaft die Vorgehensweise bei der Illumina-Sequenzierung. Als Ergebnis der NGS erhält man Millionen von mehr oder weniger langen DNA-Molekülen. Sequenziert man ein DNA-Molekül von beiden Enden her, können die so erhaltenen DNA-Sequenzen als *paired-ends* erfasst und für die Genomassemblierung genutzt werden.

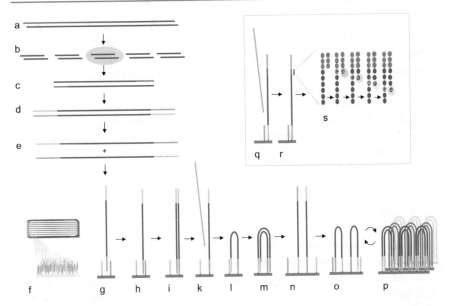

Abb. 2.29 a–s Illumina *next generation sequencing.* a genomische DNA (blau); b Zerkleinerung z. B. durch Ultraschall und Größenselektion der DNA. c Die dabei entstandenen überstehenden Enden werden enzymatisch mit komplementären Nukleotiden aufgefüllt (rot). d An die DNA werden kurze DNA-Moleküle mit definierter Sequenz angefügt (Linker, grün/gelb). Die Länge der DNA und der Linker ist nicht maßstäblich dargestellt. e Denaturierung der DNA führt zu jeweils zwei Einzelsträngen. f Alle weiteren Schritte erfolgen auf einem Träger mit DNA-Adaptern. Hierbei sind zwei verschiedene Adapter passend zu den Linkern auf dem Träger gebunden. Die nachfolgenden Schritte erfolgen simultan für Millionen von DNA-Molekülen! g, h Bindung eines DNA-Einzelstranges an den Adapter. i Mit Hilfe einer DNA-Polymerase wird ein komplementärer Strang synthetisiert. Der Adapter dient dabei als Primer. k Der Templatestrang (grau) wird durch Denaturierung entfernt. l–p Vermehrung der individuellen DNA-Moleküle zu sogenannten Polonies durch eine Brücken-PCR an benachbarten komplementären Adaptern. Polonies ist ein Kunstwort aus PCR und Kolonie. Gemeint sind Gruppen identischer DNA-Moleküle. Davon können sich viele Millionen auf einem Träger befinden. Dieser Vermehrungsschritt ist notwendig, um detektierbare Signale bei der späteren Sequenzierung zu erhalten. q–s Die eigentliche Sequenzierung der DNA beruht auf der Präsenz einer Primerbindestelle (rot) im Linker, die bei d–p nicht gezeigt wurde. q Zunächst wird ein DNA-Strang (grau) entfernt. r Bindung des Primers für die Sequenzierung. s In jedem Zyklus werden alle vier Nukleotide zugegeben, die zur Erkennung jeweils eine andere Fluoreszenzgruppe tragen. Aufgrund von Schutzgruppen kann in jedem Zyklus maximal ein Nukleotid pro DNA-Molekül eingebaut werden. Der Einbau kann über die Fluoreszenzgruppe spezifisch erkannt werden. Danach wird der Träger gewaschen und die Schutzgruppe abgespalten. Im nächsten Zyklus wiederholt sich der Vorgang. Die Sequenzierung des Gegenstranges ist möglich, wird aber nicht gezeigt (Abb. verändert nach Angaben von Illumina)

Als Genomassemblierung bezeichnet man den Vorgang der Rekonstruktion der ursprünglichen genomischen Sequenz aus Millionen von Fragmenten. Hierfür stehen leistungsfähige Programme zur Verfügung. Je größer allerdings der Gehalt an repetitiven DNA-Sequenzen ist, desto schwieriger wird diese Aufgabe, da eine eindeutige Zuordnung von DNA-Sequenzen dann nicht möglich ist.

Mittlerweile wurden aber auch Methoden entwickelt, mit denen viele Kilobasen lange DNA-Moleküle sequenziert werden können (Pac-Bio). Durch die Kombination von superlangen Pac-Bio-Sequenzen mit kurzen Illumina-Sequenzen lassen sich so auch komplexe Genome mit vielen repetitiven Sequenzen analysieren.

Danach schließt sich die mühevolle Arbeit der Analyse und Beschreibung der DNA-Sequenzen, die sogenannte Annotation an. Mittels speziell programmierter Software und oft immer noch durch manuelle Kontrolle werden potenzielle Gene identifiziert und mit schon bekannten Genen verglichen. Dies wird im Abschn. 2.3.3 näher erläutert.

2.3.3 Bioinformatik

Durch die großen Genomsequenzierprojekte werden ständig neue und enorm große Datenmengen produziert, die zunächst analysiert werden müssen, um Sinn in die ACGT-Abfolgen zu bringen. Hierzu hat sich ein neues Arbeitsgebiet, die Bioinformatik, entwickelt, das sich mit der Analyse der Sequenzdaten und ihrer Beschreibung, der **Annotation,** befasst. So müssen **offene Leserahmen,** das sind DNA-Abschnitte, die potenziell für Proteine kodieren können, und Beginn und Ende von Genen identifiziert werden. Dabei gehen moderne Computerprogramme im Prinzip von einer Strategie aus, wie sie in Abb. 2.29 gezeigt wird. Für beide DNA-Stränge werden alle Leserahmen durchmustert. Da die genetische Information als Triplett-Kode gespeichert ist, sind je DNA-Strang drei Leserahmen möglich, denn eine Triplettfolge kann am ersten, zweiten oder dritten Nukleotid beginnen (Abb. 2.30). Insgesamt sind also sechs Leserahmen je DNA-Doppelstrang möglich.

Um nun Bereiche zu identifizieren, die für ein Protein kodieren, werden von den Programmen die DNA-Sequenzen auf Stopp-Kodone untersucht (TAA, TGA und TAG). Dies zeigt Abb. 2.29 Bereiche, die nicht für Proteine kodieren, weisen eine annähernd statistische Verteilung von Stopp-Kodonen (senkrechte Striche) auf. In dem gezeigten Beispiel weist nur der fünfte Leserahmen einen längeren Abschnitt auf, in dem keine Stopp-Kodone vorkommen. Einen derartigen Bereich, der möglicherweise einem Gen entspricht, nennt man offenen Leserahmen bzw. „ORF" (Abkürzung für den englischen Begriff *open reading frame*).

Weiterhin gilt es, in den Genen **Exonen** und **Intronen** (siehe Abschn. 2.1.3) zu unterscheiden. Dies erfordert in der Regel auf den jeweiligen Organismus angepasste Computer-Programme, da insbesondere zwischen Bakterien, Pilzen, Pflanzen und Tieren große Unterschiede in den jeweiligen Erkennungssequenzen bestehen. Weiterhin ist in praktisch allen Fällen noch eine manuelle Nachbearbeitung der automatisch annotierten Sequenzen notwendig. Das liegt daran, dass die Erkennungsstellen für Intronen nur aus wenigen Basen bestehen, die auch zufällig im Genom vorkommen können und dementsprechend schwer zuzuordnen sind. Häufig hilft man sich damit, die DNA-Sequenzen mit EST-Sequenzen (siehe Abschn. 2.3.5) zu vergleichen, die auf mRNA-Sequenzen beruhen und daher keine Intronen enthalten.

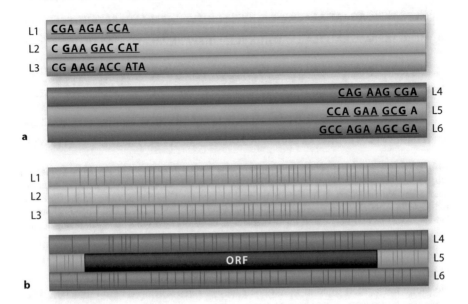

Abb. 2.30 Prinzipielle Vorgehensweise bei der Suche nach Genen. **a** Gezeigt sind schematisch die zwei DNA-Stränge einer DNA-Doppelhelix mit je drei Leserastern (L1–L6). Die Triplett-abfolge (mögliche Kodone sind unterstrichen) kann auf jedem Strang mit dem ersten, zweiten oder dritten Nukleotid (fett gedruckt) beginnen; **b** Computer-Programme analysieren die DNA-Sequenz auf die Position von Stopp-Kodonen (senkrechte Striche). Größere Abschnitte ohne Stopp-Kodone (ORF) stellen wahrscheinlich Gene dar

Wenn alle potenziellen Gene identifiziert sind (selbst ein einfacher Organismus wie die Hefe hat etwas mehr als 6 000 Gene), muss versucht werden, deren Funktion zu ermitteln. Dazu vergleicht man die neu sequenzierten Gene bzw. die daraus abgeleiteten Proteinsequenzen mit schon bekannten aus den Datenbanken.

Dadurch können ähnliche Gene, also solche mit annähernd gleicher Basenabfolge bzw. ähnlicher abgeleiteter Proteinsequenz, ermittelt werden. Bei der Pflanze *A. thaliana* konnte beispielsweise für etwa zwei Drittel der Gene eine mehr oder weniger große Ähnlichkeit mit bekannten Genen gefunden werden, die Hinweise auf deren Funktion zeigen. Abb. 2.31 zeigt drei Beispiele solcher Ähnlichkeitsanalysen, wobei sich die Vergleiche dadurch unterscheiden, dass die Ähnlichkeit immer geringer wird. Nur in Abb. 2.31a ist die Ähnlichkeit so groß, dass man mit Sicherheit von gleichen Funktionen der beiden Polypeptide ausgehen kann.

Derartige Analysen sind mittels des Internets jederzeit möglich. Die frei zugängliche Webseite https://blast.ncbi.nlm.nih.gov/Blast.cgi erlaubt den Vergleich einer beliebigen DNA- oder Proteinsequenz mit allen bereits veröffentlichten Sequenzen in wenigen Sekunden. Spezielle Softwarepakete erlauben auch die Analyse von Tausenden von Sequenzen.

MLEGAKSIGAGAATIASAGAAIGIGNVFSSLIHSVARNPSLAKQSFGYAILGFALTEAIA
: : : : : : : : : : : : : : : :   : : : :   : : : : :   :

a MLEGAKSIGAGAATIVLAGAAVGIGNVLSSLIHSVARNPSLAKQSFGYAILGFALTEAIA

KCFLLKCDEKAASGFTVIFFHGNAGNIGHRVPIAKVFVEHLGCNV-VISYRGYGKSTGKP
: : :   :   :   : :   : : : :   : : :   : : :   : :   :   : :   : : : : : : : : : : :   :

b DSYLMLQSESPESRPTLLYFHANAGNMGHRLPIARVFYSALNMNVFIISYRGYGKSTGSP

TIPKIERV- -PILFLSGGQDELV- - PYVLSLLFFPRGKHNDTFTENG- - -YFEAIAEFLM
: : :   : : :   : :   : :   : : :   :   : :   :   : : : : : : : : :

c NIDKIRHVTCPVLVIHGTKDDIVNMSHGKRLWELAKDKYDPLWVKGGGHCNLETYPEYIK

Abb. 2.31 a–c Beispiele für Sequenzvergleiche. **a** Vergleich zweier sehr ähnlicher Sequenzen (ca. 93 % Übereinstimmung); in diesem Fall kann man von einer vergleichbaren Funktion der beiden Peptide ausgehen. **b** In diesem Beispiel beträgt die Übereinstimmung 55 %. Dies lässt funktionelle Ähnlichkeiten möglich erscheinen, beweist sie aber nicht. **c** Die Übereinstimmung beträgt nur 23 % und liegt damit im Grenzbereich, da derart niedrige Übereinstimmungen auch zufällig zustande kommen können

Leider beweist eine vorhandene Ähnlichkeit zweier Sequenzen aber nicht, dass die Gene tatsächlich gleiche Funktionen haben. Dies soll an einem einfachen Analogie-Beispiel erläutert werden: Nehmen wir an, dass ein Gen das Peptid „KIND" kodiert. Durch die Datenbankanalyse wurden zwei ähnliche Proteine gefunden, nämlich „RIND" und „WIND". Ein Austausch der Aminosäure „K" (Lysin) durch „R" (Arginin) gilt als funktionell gleichwertig. Um in dem Analogiebeispiel zu bleiben, haben RIND und KIND tatsächlich sehr viele gemeinsame Eigenschaften (beide Säugetiere, gleiche Anzahl der Extremitäten, ähnliche Biochemie etc.). Der Austausch von „K" durch „W" (Tryptophan) ist funktionell nicht gleichwertig und gemeinsame Eigenschaften von KIND und WIND gibt es ja auch kaum, obwohl der Grad der Übereinstimmung mit 75 % genauso groß ist wie bei dem vorhergehenden Beispiel.

Daher muss die wirkliche Funktion eines Gens jeweils durch zeitaufwendige Experimente getrennt nachgewiesen werden. Einige Möglichkeiten (z. B. Transposon-Mutagenese) werden in den nachfolgenden Abschnitten beschrieben.

Immerhin konnte man aufgrund der Ähnlichkeiten zu bekannten Sequenzen für viele der *A. thaliana*-Gene eine wahrscheinliche Funktion ermitteln (Abb. 2.32). Auf dieser Analyse aufbauend sind dann weitere Arbeiten möglich.

Die Bioinformatik beschränkt sich aber nicht auf die Annotation oder die Ähnlichkeitsanalyse. Es existieren u. a. Programme zur Durchmusterung von DNA-Sequenzen, um Wiederholungssequenzen zu finden, die wichtige regulative Funktionen haben können oder Transposonen anzeigen. Auch besteht die Möglichkeit, aufgrund von DNA- oder Proteinsequenzen evolutionäre Stammbäume zu erstellen, die die Entwicklung verschiedener Arten beschreiben. Hier sei auf die Fachliteratur verwiesen.

2.3.4 Die Herstellung von Mutanten

In der Genetik ist die Verwendung von Mutanten eine der effizientesten Methoden zur Identifizierung der Funktion eines Gens. Durch eine Mutation in einem Gen verändert sich oft das ausgeprägte Merkmal, und die Analyse der sogenannten

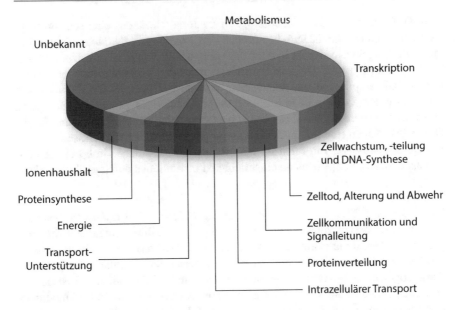

Abb. 2.32 Einteilung der Gene von *A. thaliana* in funktionelle Gruppen (verändert nach *The Arabidopsis genome initiative 2000*)

Mutante lässt Rückschlüsse auf die Genfunktion zu. Mit dieser Vorgehensweise konnten bereits sehr viele Prozesse aufgeklärt werden wie zum Beispiel die Blütenbildung bei Pflanzen. Um die Funktion sequenzierter Gene zu bestimmen oder um neue Genvarianten für die Züchtungsforschung zu erhalten, benötigt man Methoden, mit denen schnell eine große Anzahl von Genen mutiert werden kann und die mutierten Gene anschließend leicht identifiziert werden können. Drei solcher Verfahren werden hier vorgestellt.

T-DNA Mutagenese

Diese Methode beruht auf der zufälligen Integration der T-DNA des Bakteriums *Agrobacterium tumefaciens* in das Genom einer Pflanze. *A. tumefaciens* ist ein pflanzenpathogenes Bakterium, das in der Lage ist, einen Teil seiner DNA – die genannte Tumor-DNA oder T-DNA – in Pflanzen einzuschleusen. Dadurch entwickeln infizierte Pflanzen Tumore. In den Siebziger-Jahren des letzten Jahrhunderts gelang es diesen Infektionsprozess funktionell zu analysieren und ihn Anfang der Achtziger-Jahre für die gezielte gentechnische Veränderung von Pflanzen zu nutzen. Die Hintergründe hierzu sind in Kap. 3 erläutert. Die T-DNA kann nach ihrer Übertragung in die Pflanzen zufällig an beliebigen Positionen im Genom integrieren. Wenn man eine sehr große Anzahl solcher Integrationsereignisse sammelt, ist es möglich, für jedes einzelne Gen mindestens ein Integrationsereignis zu erhalten.

Inzwischen gibt es verschiedene Organisationen, die Pflanzen mit T-DNA-Insertionen in verschiedenen Genen anbieten. Ein Beispiel hierfür ist das Salk

Institute Genomic Analysis Laboratory in La Jolla, USA, das eine sehr umfangreiche Sammlung von T-DNA-Insertionen von *Arabidopsis thaliana* anbietet, Die generelle Vorgehensweise ist in Abb. 2.33 dargestellt. Von jeder Pflanze mit einer T- DNA-Insertion wird DNA isoliert. Dann muss der Integrationsort der T-DNA mittels PCR amplifiziert und sequenziert werden. Ein Beispiel für T-DNA-Insertionen in einem Gen ist in Abb. 2.34 gezeigt. Dabei wird gleichzeitig überprüft, ob es noch weitere T-DNA-Insertionen im Genom derselben Pflanze gibt. Solche Doppelinsertionen sind unbrauchbar. Um möglichst alle Gene zu erfassen, müssen jedoch Zehntausende von Pflanzen untersucht werden. Solche Großprojekte können daher nur von entsprechend eingerichteten Institutionen durchgeführt werden.

TILLING

Die Abkürzung **TILLING** steht für *targeting induced local lesions in genomes.* Die Methode beruht zunächst auf der Erzeugung zufälliger Mutationen im Erbgut, die in Samen mit chemischen Mutagenen oder radioaktiver Strahlung erzeugt werden. In einem zweiten Schritt werden aus diesen Samen Pflanzen angezogen. Diese sogenannte M_1-Generation ist heterogen und wird benutzt, um Samen zu gewinnen und eine M_2-Generation heranzuziehen, die die jeweiligen Mutationen stabil weitergibt (Abb. 2.35) Von jeder der M_2-Pflanzen werden Samen gewonnen, katalogisiert und gelagert (M_2-Samen). Gleichzeitig wird DNA aus den jeweiligen Pflanzen gewonnen, die die Basis für die weitere Analyse darstellt. Diese ersten Arbeitsschritte können ein bis zwei Jahre in Anspruch nehmen. Für die eigentliche TILLING-Analyse werden dann PCR-Primer erstellt, mit denen ein bestimmtes Zielgen amplifiziert werden kann. Die Auswahl kann insbesondere bei komplexen Genfamilien oder in polyploiden Genomen problematisch sein. Um möglichst schnell, möglichst viele Pflanzen untersuchen zu können, werden typischerweise DNA-Proben von vier bis acht Pflanzen gemischt (gepoolt). Bei der PCR werden fluoreszenzmarkierte Primer verwendet. Diese PCR-Proben werden denaturiert und danach wieder renaturiert. Auf diese Weise können Wildtyp- und Mutanten-DNA einen sogenanntes **Heteroduplex** bilden, bei dem an den mutierten Sequenzpositionen keine Basenpaarung stattfindet.

Allerdings muss man bei dieser Methode beachten, dass auch natürlich vorkommende DNA-Variationen in einer Population erfasst werden. Das bedeutet, dass nicht alle Heteroduplexe auf ein Mutagenese-Ereignis zurückgehen.

Nach der Bildung der Heteroduplexe werden diese mit der Endonuklease *CeR* verdaut. Dieses Enzym erkennt die nicht gepaarten Bereiche der DNA und schneidet die DNA an diesen Positionen. Die Schnittstelle liegt dabei immer genau an der 3'-Seite der Fehlpaarung. Die DNA-Fragmente werden dann auf denaturierenden Gelen analysiert (siehe Abb. 2.35). Da Genfragmente aus acht gemischten DNA-Proben von bis zu etwa 1 400 Basenpaaren Länge amplifiziert werden können und in einer Mikrotiterplatte parallel 96 DNA-Pools analysiert werden können, kann man mit der TILLING-Methode gleichzeitig etwa eine Million Basenpaare DNA auf Mutationen untersuchen (in Abb. 2.35 ist der Übersicht halber nur ein Produkt gezeigt).

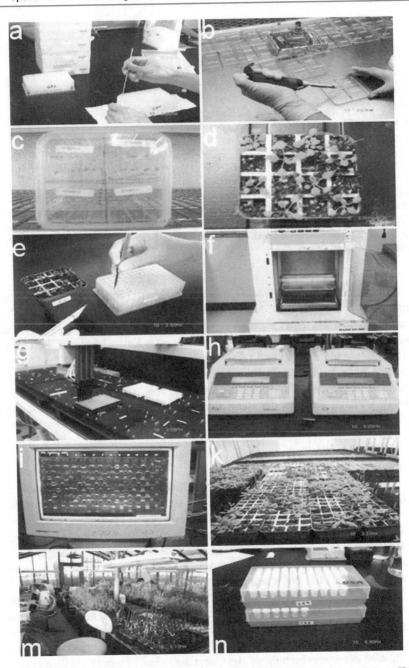

Abb. 2.33 a–n Analyse von SALK-Linien **a** Arabidopsis-Samen wird vernalisiert (Kälte-periode), **b** drei Tage alte Keimlinie, **c** sieben Tage alte Keimlinge, d indizierte Pflanzen, **e** ein Blatt von jeder Pflanze wird in je ein Loch einer 96-Loch-Mikrotiterplatte gelegt, **f** DNA-Isolie-rung, **g** automatische PCR-Pipettierung, **h** PCR-Amplifikation, **i** Computergestützte Analyse der PCR- Ergebnisse, **k** nicht homozygote Pflanzen werden entfernt, **m** Kollektion homologer Pflan-zen, **n** homozygote Samen in Lagerungsgefäßen. (Bilder: SALK Institut, http://signal.salk.edu/)

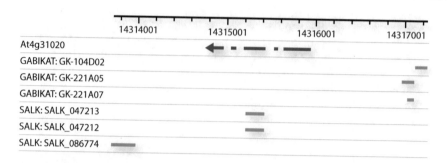

Abb. 2.34 T-DNA-Integrationen in einem Gen. Die Abbildung zeigt einen Größenmarker und darunter die Genorganisation aus Exonen (dicke Striche, am Ende mit Pfeil) und Intronen (Lücken). Die blauen Balken markieren T-DNA-Insertionen. Die Beschriftungen am linken Rand bezeichnen das betreffende Gen und die entsprechenden T-DNA-Insertionslinien. (Bild: SALK Institut, http://signal.salk.edu/)

Mittels der TILLING-Methode lassen sich nicht nur Mutationen in spezifischen Genen erzeugen, sondern die Methode kann auch der gezielten züchterischen Verbesserung von Pflanzensorten dienen, ohne dass dafür gentechnische Methoden eingesetzt werden. So hat man beispielsweise eine Kartoffelpflanze isoliert, die keine Amylose mehr bildet und vergleichbare Eigenschaften aufweist wie die gentechnisch veränderte Amflora-Kartoffel. Allerdings werden durch die anfängliche zufällige Mutagenese gleichzeitig Zehntausende von Mutationen in einem Genom erzeugt. Dadurch treten in der Regel unerwünschte Eigenschaften auf, die durch Rückkreuzung mit Hochleistungssorten in langjähriger Arbeit ausgekreuzt werden müssen.

Transposonen

Ein weiteres Verfahren stellt die Transposon-Mutagenese dar. **Transposonen** sind mobile genetische Elemente, die in der Lage sind, ihre Aktivität im Genom aktiv zu verändern (Details siehe Box 2.7) und sich an neuen Positionen im Genom zu integrieren (Abb. 2.36). Liegt die Integrationsstelle im Bereich eines Gens, wird in der Regel die Genfunktion beeinträchtigt, und es kommt zur Ausbildung eines veränderten **Phänotyps**. Ein Beispiel zeigt Abb. 2.37. Hier ist ein Maiskolben gezeigt, bei dem viele der Maiskaryopsen eine auffällige Sektorierung aufweisen. Die Zellen des Mais-Aleurons weisen bei dieser Sorte eine rötliche Färbung auf. Die farblosen Sektoren kommen durch Integration eines Transposons in ein Gen für den roten Farbstoff zustande. Dadurch kann der Farbstoff nicht mehr ausgebildet werden und die Sektoren erscheinen gelb. In Abhängigkeit davon, wann dieses Ereignis während der Samenbildung erfolgte, sind die Sektoren unterschiedlich groß.

Derartige Transposon-Integrationen sind natürlicherweise seltene Ereignisse. Für die Anwendung muss dieser Vorgang kontrolliert mit größerer Häufigkeit erfolgen. Hierfür bedient man sich spezieller Vektorsysteme, bei denen eine Selektion auf die

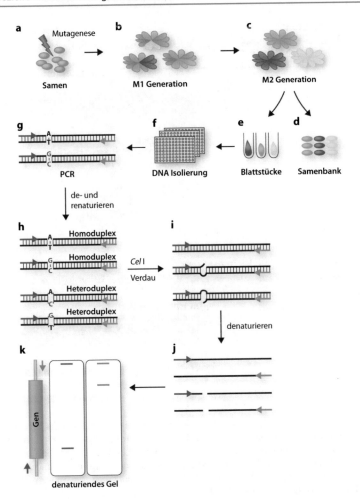

Abb. 2.35 a–j TILLING-Methode. **a** Samen werden mutagenisiert, **b** daraus entwickeln sich Pflanzen die Mutationen tragen (M_1-Generation), **c** Samen der M_1- führen zu M_2-Generation, die die jeweiligen Mutationen stabil vererbt, **d** von jeder Pflanze werden Samen isoliert und gelagert, **e** parallel wird von jeder Pflanze Blattmaterial genommen und daraus DNA isoliert, **g** Die PCR-Amplifikationen (nur zwei gezeigt) werden mit fluoreszenzmarkierten Primern durchgeführt, um die beiden DNA-Stränge später unterscheiden zu können, **h** die PCR-Produkte werden erhitzt und dadurch denaturiert, bei der nachfolgenden Renaturierung bilden sich die ursprünglichen Doppelstränge (Homoduplex) oder Heteroduplexe, bei denen Fehlpaarungen an mutierten Positionen vorliegen, **i** die Endonuklease CelI schneidet nur die Heteroduplexe jeweils an den fehlgepaarten Stellen, **k** die erneute Denaturierung führt zu den dargestellten DNA-Einzelsträngen, **m** die Auftrennung erfolgt auf einem denaturierenden Gel, um die DNA-Stränge getrennt zu halten und der Größe nach aufzutrennen; im Anschluss wird das Gel auf die beiden Fluoreszenzfarbstoffe hin untersucht. Die ungeschnittenen Stränge sind jeweils ganz oben zu sehen. Das Auftreten einer Bande (rot) weist auf eine Punktmutation in dem Gel hin. Aufgrund der Stranglänge kann die Position im Gen bestimmt werden. Der grün markierte Strang dient als Kontrolle, denn die Größe beider Stränge muss der Gesamtlänge des PCR-Fragmentes entsprechen. Entsprechende Mutationen können danach der Samenbank zugeordnet werden und die entsprechenden Pflanzen näher untersucht werden. (In Wirklichkeit werden Tausende von Proben parallel untersucht. Dies wurde zur didaktischen Vereinfachung hier weggelassen. Abb. verändert nach Slade und Knauf 2005)

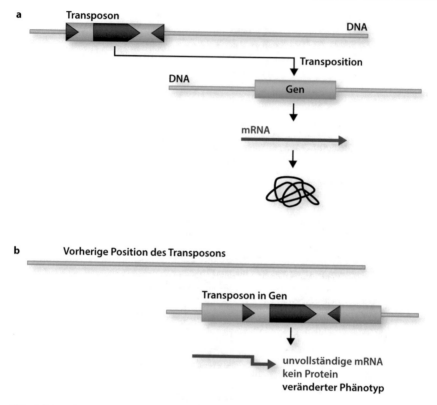

Abb. 2.36 a, b Prinzip der Transposon-Mutagenese. **a** Gezeigt ist oben ein Transposon und darunter ein Gen (grün), das transkribiert wird (mRNA) und für ein Protein kodiert. **b** Das Transposon ist in das Gen gesprungen. Dadurch wird der offene Leserahmen des Gens unterbrochen, und eine Genexpression ist nicht mehr möglich. In der Mutante wird ein veränderter Phänotyp vorliegen. Das Transposon ist in hellgrau dargestellt, mit invers repetitiven Sequenzen (Dreiecke) und Gen für Transposase (jeweils schwarz)

Transposition erfolgen kann (siehe Box 2.7). In der Praxis wurde das Verfahren für die Modellpflanze *Arabidopsis thaliana* bereits angewendet. Da diese Pflanze nur etwa 20 cm groß wird, können zehntausende von Pflanzen in einem Gewächshaus angezogen werden. Pflanzen, bei denen eine Transposition erfolgt ist, werden auf speziellen Nährmedien selektiert und deren Nachkommenschaft auf Mutationen untersucht. Isoliert man aus solchen die DNA, dann kann man das gesuchte Gen unter Verwendung der bekannten Sequenzen des verwendeten Transposons identifizieren. Ein methodisches Beispiel hierfür zeigt Abb. 2.38.

Abb. 2.37 Maiskaryopsen mit Mutationen, die auf die Aktivität von Transposonen zurückgehen. Die Samen sind bei der gezeigten Sorte normalerweise rot gefärbt. Durch Insertion von Transposonen in einem der Gene, die die für die Bildung der Farbsubstanz nötigen Enzyme kodieren, kommt es zum Ausfall der Genexpression, wodurch gelbliche Sektoren entstehen. (Weitere Angaben im Haupttext)

Box 2.7

Transposonen

Normalerweise besitzen alle Gene eine definierte Position im Genom. Ende der Vierziger-Jahre gelang es Barbara McClintock, beim Mais erstmals die Existenz mobiler Gene nachzuweisen, die später als Transposonen bezeichnet wurden. Erst in den Siebziger- und Achtziger-Jahren erkannte man die wahre Bedeutung der erst spät mit dem Nobelpreis belohnten Arbeiten von McClintock. Transposonen kommen nämlich in allen bekannten Organismengruppen vor und können beachtliche Teile des Genoms ausmachen. Schätzungen zufolge macht bei einigen Pflanzen und Tieren der Anteil an Transposonen zum Teil mehr als 10 % der Gesamt-DNA aus. Transposonen können bei ihrer „Bewegung" im Genom Mutationen verursachen, wenn sie beispielsweise in ein Gen springen. Bei der Fruchtfliege *Drosophila melanogaster* sind sogar etwa 80 % aller Spontanmutationen auf Transposonen zurückzuführen.

Eines der bekanntesten Transposonen ist das *Activator-* oder *Ac*-Element (*Ac* von engl. *activator*) beim Mais. Dieses Transposon besitzt an seinen Enden sogenannte invers repetitive Sequenzen und kodiert für eine Transposase. Es handelt sich hierbei um ein spezielles Rekombinationsenzym, das den Transpositionsprozess katalysiert. Dieser Prozess schließt das Herausschneiden des

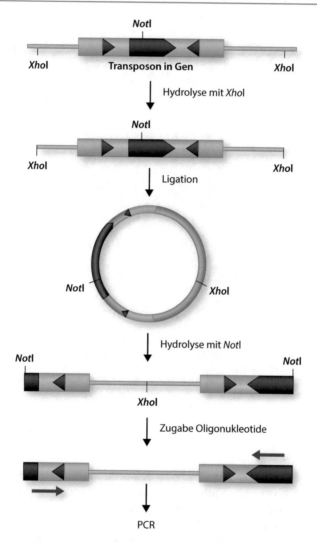

Abb. 2.38 Inverse PCR. Ausgehend von der in Abb. 2.32 gezeigten Insertion des Transposons in ein Gen, wird die DNA mit einem Restriktionsenzym (hier *Xho*I) hydrolysiert, das keine Schnittstelle im Transposon besitzt. Danach wird die DNA ligiert, sodass ein zirkuläres Molekül entsteht. Hydrolysiert man nun die zirkuläre DNA mit einem zweiten, selten schneidenden Enzym, das eine Schnittstelle im Transposon aufweist (hier *Not*I), so erhält man ein lineares DNA-Fragment, bei dem die ursprünglich rechts und links lokalisierten, unbekannten DNA-Abschnitte nun zwischen den bekannten Transposonenden liegen und mittels zweier Oligonukleotide (waagerechte Pfeile) amplifiziert werden können

Elementes am Ursprungsort (Exzision) und den Einbau an einem anderen Ort (Integration) ein. Charakteristischerweise wird dabei ein kleiner Teil der Wirtssequenz dupliziert. Verwandte Transposonen von *Activator* findet man auch beim Löwenmäulchen *(Tam3)*, bei der Fruchtfliege *Drosophila (Hobo)*, beim Pilz *Tolypocladium inflatum (Restless)* und sogar beim Menschen *(Tramp)*. Darüber hinaus gibt es noch zahlreiche andere, sehr verschiedene Transposon-Familien, die hier nicht alle aufgezählt werden können.

Für die Transposon-Mutagenese hat man Vektoren konstruiert, die eine Selektion auf eine erfolgte Transposition erlauben (Abb. 2.39). Hierbei wird das Transposon zwischen den Promotor und den offenen Leserahmen eines Kanamycinresistenzgenes kloniert. Das Konstrukt wird dann in Pflanzen transformiert (siehe Kap. 3). Solange das Transposon an seiner Position verbleibt, ist das Kanamycinresistenzgen nicht aktiv. Samen von Transformanten werden dann auf kanamycinhaltigen Nährböden angezogen. Dadurch können nur solche Pflanzen wachsen, bei denen das Transposon wie in Abb. 2.39 gezeigt, seinen ursprünglichen Platz verlassen und sich an anderer Stelle im Genom integriert hat.

2.3.5 Transkript- und Transkriptomanalyse

Damit die Information eines Gens in ein Protein umgesetzt werden kann, ist zunächst die Bildung einer mRNA erforderlich. Diesen Vorgang bezeichnet man als Transkription (siehe Abschn. 2.1.2). Für die korrekte Ausführung der Transkription

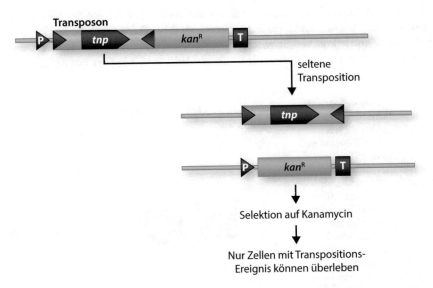

Abb. 2.39 Vorgehensweise zur induzierten Transposon-Mutagenese. Das Transposon ist mit invers repetitiven Sequenzen (Dreiecke) und dem Gen für eine Transposase (tnp) dargestellt. Abk.: P – Promotor; T – Terminator; tnp – Transposase; *kan*R – Kanamycinresistenzgen; nähere Angaben siehe Box 2.7

verfügen Gene über spezielle Steuersequenzen, wie sie in Abschn. 2.1 beschrieben wurden. Unmittelbar vor dem eigentlich kodierenden Bereich ist ein Promotor lokalisiert. Hier beginnt die Bildung der mRNA. Hinter dem kodierenden Bereich liegt ein Terminator. Dort endet die mRNA. Für eine Reihe von Anwendungen ist die genaue Kenntnis des Start- und Endpunktes der Transkription bedeutsam. Hierzu zählt beispielsweise der Einsatz von zell- oder gewebespezifischen Promotoren (siehe Abschn. 3.5.2). In der Vergangenheit wurde daher eine Reihe von Methoden zur Charakterisierung der mRNA entwickelt.

Northern Blot

Um grundsätzlich die Existenz eines Transkriptes für ein spezifisches Gen zu zeigen, kann ein Northern Blot durchgeführt werden. Die Methode ähnelt sehr stark der des Southern Blots (Abschn. 2.2.2). Isolierte RNA wird dabei auf einem denaturierenden Gel der Größe nach aufgetrennt. Ein denaturierendes Gel ist notwendig, weil RNA-Moleküle einzelsträngig sind und leicht Sekundärstrukturen ausbilden, die zu ungewöhnlichen Wanderungen im Agarose-Gel führen, die die Ergebnisse verfälschen würden. Als denaturierendes Agens findet beispielsweise Formaldehyd Verwendung. Die aufgetrennten RNA-Moleküle werden geblottet, und danach kann eine Hybridisierung mit dem zu untersuchenden Gen als Sonde ausgeführt werden. Der Nachweis erfolgt mittels eines Autoradiogramms. Anhand eines Größenmarkers kann man die Größe des Transkriptes bestimmen. Ein Beispiel zeigt Abb. 2.40. Wegen des großen Aufwands wird die Methode heute eher selten verwendet.

RT-PCR

Eine weitere Komplikation ergibt sich aus der Existenz von Intronen bei eukaryotischen Genen. Wie in Abschn. 2.1 erläutert, sind bei Eukaryoten die kodierenden Bereiche (**Exonen**) oft von Sequenzen unterbrochen (**Intronen**), die vor der Translation aus der RNA entfernt werden müssen. Will man ein Gen aus einer Art in

Abb. 2.40 Autoradiogramm eines Northern Blots. Drei RNA-Präparationen von zwei transgenen Tabaklinien, die das Gen *orf107* aus der Hirse *Sorghum bicolor* tragen (1 und 2) und einer nicht transformierten Linie, ohne dieses Gen (3), wurden auf einem Gel aufgetrennt, geblottet und mit radioaktiv markierter DNA des *orf107* hybridisiert. Nur bei den transformierten Linien ist ein Transkript von ca. 0,8 kb nachweisbar. (Aufnahme: F. Kempken)

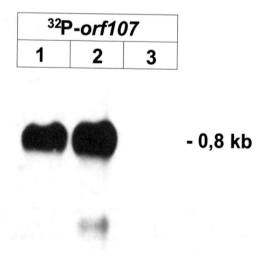

^{32}P-*orf107*

| 1 | 2 | 3 |

- 0,8 kb

einer anderen exprimieren, ist dies bei evolutionär weit entfernten Arten nur möglich, wenn keine Introne vorhanden sind, da der Prozess der Intron-Entfernung (das **RNA-Spleißen**) nicht immer gleich abläuft und z. B. bei Eubakterien fast immer fehlt. Ob überhaupt Introne vorhanden sind, kann man durch einen Vergleich von DNA- und RNA-Sequenz feststellen. Hierzu ist es nötig, eine sogenannte cDNA (copy-DNA) ausgehend von der reifen mRNA herzustellen, die keine Introne mehr enthält. Hierfür kann man z. B. die RT-PCR-Methode (Abb. 2.41) verwenden. Diese beruht im Prinzip auf der reversen Transkription einer mRNA und nachfolgender PCR-Amplifikation der cDNA. Dabei kann die cDNA entweder mittels eines spezifischen Oligonukleotides (Abb. 2.41) oder durch Verwendung eines Oligo-T-Oligonukleotides erfolgen, das an den Poly-A-Schwanz einer mRNA bindet. Durch den Vergleich von PCR-Amplifikationen von DNA und RNA (Abb. 2.42) kann man feststellen, ob ein Längenunterschied vorliegt, der auf die Existenz eines Introns hindeutet.

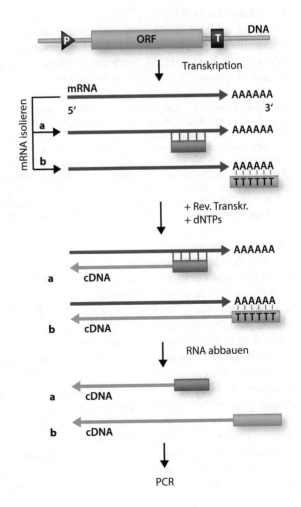

Abb. 2.41 a, b RT-PCR zur Amplifikation von RNA über ein cDNA-Intermediat. **a** Verwendung eines spezifischen Oligonukleotides, dessen Sequenz der eines Abschnittes des zu untersuchenden Gens entspricht, **b** Verwendung eines Oligonukleotids, das an den Poly-A-Schwanz binden kann; die cDNA wird ausgehend von den Oligonukleotiden mittels einer Reversen Transkriptase gebildet; nachfolgend kann dann die cDNA via PCR amplifiziert werden. (Weitere Informationen sind dem zugehörigen Text zu entnehmen)

Abb. 2.42 Nachweis eines Introns. PCR von DNA eines Gens (D) und cDNA von der mRNA des Gens (R). Das Amplifikat bei (R) ist deutlich kleiner als bei (D), was auf die Existenz eines Introns deutet

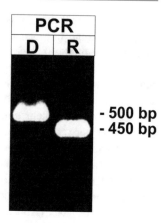

cDNA-Banken und ESTs

Früher war auch die Herstellung sogenannter **cDNA-Banken** gebräuchlich. Hierzu wurden alle RNAs einer Zelle in cDNA umgeschrieben und in Vektoren kloniert. Solche cDNA-Banken hat man vor der Einführung der Transkriptomanalyse intensiv genutzt, um die Expression von Genen in verschiedenen Geweben zu studieren.

Dazu isolierte man RNA beispielsweise aus Blüten, Spross und Wurzeln, schrieb diese in cDNA um und klonierte diese in einen Vektor. Aus solchen Banken konnten beispielsweise gewebe- oder zelltypspezifische Promotoren (siehe Abschn. 3.5.2) identifiziert werden. Oft wurden Tausende von cDNAs teilweise sequenziert. Solche Sequenzen nannte man ESTs *(expressed sequence tags)*. Der Vergleich der ESTs von verschiedenen Geweben oder Entwicklungsstadien erlaubte einen Rückschluss darauf, welche Gene wo und wann exprimiert werden und konnte so eine wichtige Hilfe bei der Funktionsanalyse sequenzierter Genome sein. Durch die Entwicklung und weitgehende Nutzung der Methode der RNA-Sequenzierung und der damit verbundenen Transkriptomanalyse (RNA-seq, siehe unten) haben ESTs ihre frühere Bedeutung verloren.

Transkriptomanalyse

Die umfassendsten Analysen in der Transkriptanalyse werden als **Transkripto-manalyse** bezeichnet. Hierbei kann man die Expressionsmuster aller Gene eines Organismus gleichzeitig untersuchen. Zu unterscheiden sind die Mikroarray-Analysen und die RNA-Sequenzierung. Bei der Mikroarray-Methode werden mithilfe von Pipettierrobotern DNA-Proben in sehr dichtem Muster auf Glasträger fixiert. Jede DNA-Probe entspricht dabei einem Gen. Die mit den DNA-Proben bestückten Objektträger nennt man **Microarrays.** Hybridisiert man nun die auf den Trägern befindliche DNA mit RNA-Proben, bei denen die RNA mit Fluoreszenzfarbstoffen markiert wurde, so kann man die gebundene RNA in einem entsprechenden Fluorometer nachweisen und mithilfe eines Computers auswerten. Auf diese Weise lässt sich für Tausende von Genen gleichzeitig sagen, ob diese unter bestimmten physiologischen Bedingungen, in bestimmten Geweben oder in bestimmten Entwicklungsstadien exprimiert werden. Allerdings müssen alle zu untersuchenden Gene vorher bekannt sein. Gene, die bei der Genomannotation übersehen wurden, finden daher keine Berücksichtigung.

Mittlerweile ist es mithilfe des *Next Generation Sequencing* (Box 2.6) möglich geworden, den gesamten RNA-Pool einer Zelle oder eines Gewebes zu sequenzieren und zu analysieren. Man spricht in diesem Zusammenhang auch von RNA-Sequenzierung oder kurz RNA-seq. Mit dieser Methode werden alle RNAs der Probe sequenziert und können danach einer Genomsequenz zugeordnet werden. So lassen sich Gene verifizieren, bislang unbekannte Gene identifizieren, Transkriptionshäufigkeiten sowie Exon-Intron-Strukturen bestimmen. Die Illumina-Sequenzierung ist eine hierfür häufig verwendete Next-Generation-Sequencing-Methode.

2.3.6 Die Proteomanalyse

Analog zur Analyse des Transkriptoms wird auch eine umfassende Untersuchung der Proteine eines Organismus angestrebt. Hierzu ist es zunächst nötig, diese möglichst genau aufzutrennen. Dazu verwendet man sogenannte zweidimensionale Gele (2-D-Gele). Hierbei erfolgt zunächst eine Auftrennung der Proteine durch **isoelektrische Fokussierung** in einem **pH-Gradienten,** die im Wesentlichen auf der unterschiedlichen Ladung der Proteine beruht. In einem zweiten Schritt wird im 90° -Winkel zur ersten Auftrennung eine Trennung entsprechend des Molekulargewichtes vorgenommen. Auf diese Weise entstehen komplexe Muster, wie das in Abb. 2.43 gezeigte Beispiel.

Durch den Vergleich von 2-D-Gelen mit Proteinen aus unterschiedlichen Entwicklungsstadien einer Pflanze lassen sich solche identifizieren, die nur unter bestimmten Bedingungen gebildet werden. Solche Proteine kann man dann aus den Gelen isolieren und mittels Massenspektrometrie und Vergleich mit Sequenzdatenbanken die kodierenden Gene identifizieren. Auf diese Weise kann man Gene isolieren, die Proteine kodieren, die beispielsweise bei Anzucht einer Pflanzenart unter extremer Trockenheit benötigt werden und somit für die Herstellung entsprechender transgener Nutzpflanzen interessant wären.

Die Genauigkeit der Methode hängt allerdings sehr stark von der Qualität der 2-D-Gele ab, deren exakte Reproduzierbarkeit ein Problem darstellen kann. Allerdings ist es mittlerweile möglich, Proteine mit unterschiedlichen Fluoreszenzfarbstoffen zu markieren und so die zu vergleichenden Proben auf nur einem 2-D-Gel zu analysieren.

Kernaussage

Die Erbinformation ist bei Pro- und Eukaryoten im Triplett-Kode der DNA verschlüsselt. Die DNA wird semikonservativ durch DNA-Polymerasen repliziert. Die Realisierung der genetischen Information beginnt mit der Transkription, bei der eine RNA-Polymerase eine mRNA synthetisiert. Während diese bei Prokaryoten direkt translatiert werden kann, erfolgt bei eukaryotischen mRNAs zumeist erst die RNA-Prozessierung, durch die u. a. Introns entfernt werden. Die mRNA wird an den Ribosomen (zusammengesetzt aus rRNA und Proteinen) unter Beteiligung der tRNAs translatiert und in eine Peptidsequenz aus Aminosäuren umgesetzt.

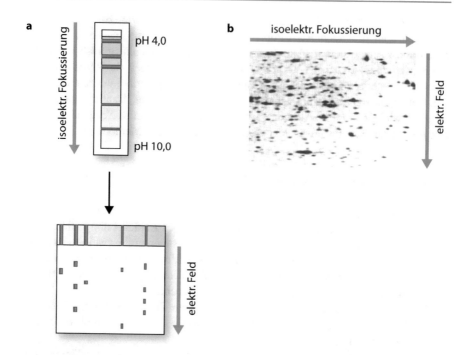

Abb. 2.43 a, b Zweidimensionale Proteingel-Analyse. **a** Zunächst erfolgte eine Auftrennung im pH-Gradienten. Dieses Gel (die erste Dimension) wird dann um 90° gedreht, und in der zweiten Dimension werden die Proteine nach ihrem Molekulargewicht getrennt. **b** Ein Beispiel für ein fertiges 2-D-Gel. (Aus: Lodish et al. 1999)

Die Gentechnik beruht letztlich auf der Verwendung einer begrenzten Anzahl von molekulargenetischen Methoden, die fast alle seit den Siebziger-Jahren entwickelt wurden. I) die Restriktionsendonukleasen, mit denen DNA- Moleküle in definierte Fragmente zerlegt werden können, II) Southern Blot und Hybridisierung zum spezifischen Nachweis von DNA-Sequenzen, III) die PCR, um geringste Mengen von DNA spezifisch zu vermehren, IV) die Klonierung von DNA in speziellen Plasmiden, V) die DNA-Sequenzierung zur Bestimmung der Basenabfolge in der DNA, VI) Nachweismethoden mit Antikörpern.

Weiterhin wird eine Reihe von speziellen Methoden in der pflanzlichen Molekularbiologie eingesetzt, die auch für die Pflanzenzüchtung bedeutsam sind. Hierzu zählen I) die Analyse von Restriktions-Längenpolymorphismen zur Identifizierung von Markern für bestimmte Genorte, II) die Genomanalyse und Bioinformatik zur vollständigen Aufklärung der genetischen Information von Nutzpflanzen, III) die Erstellung von Mutanten mittels T-DNA-Integration, Transposon-Mutagenese oder der TILLING-Methode, IV) die Untersuchung der gebildeten mRNAs (Transkriptanalyse) und V) die Proteomanalyse zur Analyse der Gesamtheit der exprimierten Proteine.

Weiterführende Literatur

Clark DP, Pazdernik NJ (2009) Molekulare Biotechnologie: Grundlagen und Anwendungen. Spektrum, Heidelberg

Dandekar T, Kunz M (2017) Bioinformatik: Ein einführendes Lehrbuch. Springer Spektrum, Heidelberg

Henning W, Graw J (2015) Genetik, 6. Aufl. Springer, Berlin

Jansohn M, Rothhämel S (2012) Gentechnische Methoden: Eine Sammlung von Arbeitsanleitungen für das molekularbiologische Labor, 5. Aufl. Spektrum, Heidelberg

Klug WS, Cummings MR, Spencer CA (2007) Genetik. Pearson Studium, München

Lodish H, Berg A, Zipursky SL et al (1999) Molecular Cell Biology, 4. Aufl. W H Freeman & Co, New York

Niazian M (2019) Application of genetics and biotechnology for improving medicinal plants. Planta 249:953–973

Nowrousian M, Stajich J, Engh I et al (2010) Next-generation sequencing of the 40 Mb genome of the filamentous fungus *Sordaria macrospora*. PLoS Genet 6:e1000891

Rauhut R (2001) Bioinformatik Sequenz-Struktur-Funktion. Wiley-VCH, Weinheim Rieh A (1978) Transfer RNA. Three-dimensional strueture and biological function. Trends Bio Chem Sci 3:263–287

Sambrook J, Russell DW (2000) Molecular cloning: a laboratory manual, Bd 3. Cold Spring Harbor Laboratory, Cold Spring Harbor

Selzer PM, Marhöfer R, Rohwer A (2003) Angewandte Bioinformatik: Eine Einführung. Mit Übungen und Lösungen. Springer, Heidelberg

Shendure J, Ji H (2008) Next-generation DNA sequencing. Nat Biotechnol 26:1135–1145

Slade AJ, Knauf VC (2005) TILLING moves beyond functional genomics into crop improvement. Transgen Res 14:109–115

Watson J, Baker T, Bell S et al (2007) Molecular Biology of the Gene, 6. Aufl. Addison Wesley Longman, Amsterdam

Herstellung, Nachweis und Stabilität von transgenen Pflanzen

3

Inhaltsverzeichnis

3.1 Transformations-Methoden

Nahezu alle Pflanzenarten, darunter sehr viele Nutzpflanzen, lassen sich erfolgreich gentechnisch verändern. Eine Auswahl zeigt Tab. 3.1. Für die Herstellung transgener Pflanzen wurde im Laufe der Jahre eine Reihe verschiedener Verfahren beschrieben. Manche dieser Methoden sind schwierig in der Durchführung, und gelegentlich ergaben sich auch mit manchen besonders komplizierten Methoden

© Springer-Verlag GmbH Deutschland, ein Teil von Springer Nature 2020
F. Kempken, *Gentechnik bei Pflanzen*, https://doi.org/10.1007/978-3-662-60744-2_3

Tab. 3.1 Auswahl gentechnisch veränderter Nutz- und Zierpflanzen

Früchte	Gemüse	Getreide	Sonstige Nutzpflanzen	Nutzhölzer	Zierpflanzen
Apfel	Aubergine	Gerste	Baumwolle	Eukalyptus	Chrysantheme
Aprikose	Avocado	Hafer	Flachs	Fichte	Geranie
Banane	Blumenkohl	Hirse	Futterrübe	Kiefer	Gerbera
Birne	Bohne	Mais	Kaffee	Pappel	Kalanchoe
Erdbeere	Brokkoli	Reis	Luzerne		Nelke
Erdnuss	Chicoree	Roggen	Pfeffer		Pelargonie
Himbeere	Erbse	Triticale	Raps		Petunie
Kirsche	Gurke	Weizen	Rübsen		Ringelblume
Kiwi	Karotte		Sojabohne		Rose
Melone	Kartoffel		Sonnenblume		Winde
Orange	Kohl		Steckrübe		Zierrasen
Papaya	Kopfsalat		Süßholz		
Pflaume	Meerrettich		Tabak		
Preiselbeere	Olive		Tollkirsche		
Weintraube	Spargel		Zuckerrohr		
	Speisekürbis		Zuckerrübe		
	Süßkartoffel				
	Tomate				
	Zucchini				

Probleme bezüglich der **Reproduzierbarkeit** der erzielten Ergebnisse in anderen Laboratorien. Eine breite Anwendung haben letztlich nur drei Methoden gefunden, die in den nachfolgenden Abschn. (3.1.1 bis 3.1.3) vorgestellt werden.

Je nachdem, welche dieser Methoden verwendet wird, sind unterschiedliche **Vektoren** zur Transformation notwendig. Hierfür werden modifizierte Plasmide (vgl. Abschn. 2.2.4) verwendet.

3.1.1 *Agrobacterium-tumefaciens*-vermittelte Transformation

Ziel der pflanzlichen Gentechnik ist es, transgene Pflanzen mit neuen, definierten Eigenschaften zu erzeugen. Hierzu wird fremde DNA in Pflanzenzellen eingebracht und stabil ins pflanzliche Genom integriert. Forschungsarbeiten in den Siebziger- und Achtziger-Jahren des letzten Jahrhunderts führten zu der Entdeckung, dass das Bodenbakterium *Agrobacterium tumefaciens* und einige verwandte Arten einen kleinen Teil ihrer DNA in Pflanzenzellen übertragen können und dadurch die Bildung von Tumoren induzieren, die als Lebensraum für die Bakterien dienen. Gleichzeitig wird die Bildung bestimmter Nährstoffe (Opine) induziert, die nur von diesen Bakterien selbst genutzt werden können. Die bekanntesten **Opine** sind Nopalin und Octopin.

Chemisch gesehen handelt es sich bei Opinen um Kondensationsprodukte einer Aminosäure und einer Ketosäure oder einer Aminosäure und eines Zuckers. So entsteht Octopin aus der Aminosäure Arginin und dem Zucker Pyruvat, während Nopalin aus Arginin und a-Ketoglutaraldehyd synthetisiert wird. Die Strukturformeln zweier Opine sind in Abb. 3.1 gezeigt.

Mit einer gewissen Berechtigung kann man also feststellen, dass *A. tumefaciens* Gentechnik „betreibt", denn es erzeugt quasi transgene Pflanzen mit bestimmten Eigenschaften, die nur diesem Bakterium nutzen. Rechtlich gesehen gelten diese aber nicht als gentechnisch verändert, obwohl es Nutzpflanzen gibt, die funktionelle T-DNA-Abschnitte tragen. Dies wurde für alle bekannten Süßkartoffelkultivare gezeigt, nicht aber für verwandte Wildformen.

Die Fähigkeit von *A. tumefaciens,* DNA in Pflanzen zu übertragen, macht man sich in der modernen Gentechnik zunutze. Um diesen Vorgang verstehen zu können, ist es zunächst notwendig, sich mit der Biologie der Interaktion von Agrobakterium mit der Pflanze vertraut zu machen.

Die Geschichte der Nutzung von *Agrobacterium tumefaciens* begann 1907, als man entdeckte, dass dieses Bodenbakterium in der Lage ist, an verletzten zweikeimblättrigen Pflanzen **Tumoren,** sogenannte Wurzelhalsgallen, auszulösen (Abb. 3.2). In den Siebziger-Jahren fand man in virulenten, also Tumor auslösenden Stämmen von *A. tumefaciens,* zusätzlich zur genomischen DNA, sehr große Plasmide von 200 bis 800 kb (Kilobasenpaare; Maßeinheit für die Größe einer DNA). Durch Transferexperimente auf plasmidfreie nichtpathogene Stämme wurde gezeigt, dass der Besitz dieser Plasmide für die Tumorauslösung essenziell ist. Man nannte sie daher **Tumor induzierende** oder kurz **Ti-Plasmide.**

Ti-Plasmide tragen Gene für die Opinverwertung (Katabolisierung), die Erkennung verwundeter Zellen und für Mobilisierung und den Transfer der sogenannten T-DNA. Bei der T-DNA handelt es sich um den Teil des Ti-Plasmids, der in die Pflanze übertragen wird (Transfer-DNA). Darauf lokalisiert sind die Gene für Tumorinduktion und Opinsynthese. Die T-DNA wird durch zwei DNA-Bereiche flankiert, die rechte und linke Grenze genannt werden (engl.: LB = *left border,* RB = *right border*). Diese Grenzen bestehen aus einer Wiederholung von 25 bp, die die Erkennungssequenz für die Mobilisierung der T-DNA darstellen.

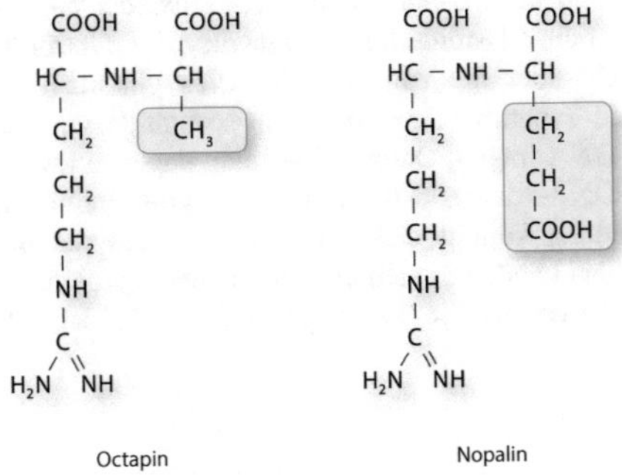

Abb. 3.1 Zwei Beispiele für Opine; die unterschiedlichen Bereiche der beiden Moleküle sind hervorgehoben

Octapin   Nopalin

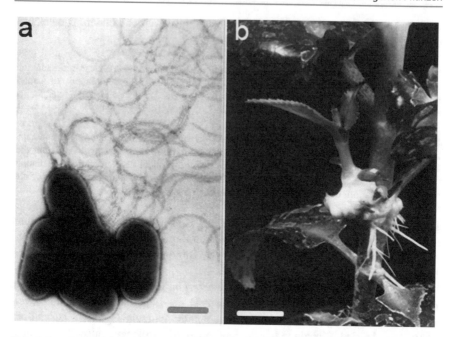

Abb. 3.2 a, b *Agrobacterium tumefaciens*. **a** Elektronenmikroskopisches Bild des Bakteriums *Agrobacterium tumefaciens*. **b** Tumor an einer Pflanze; man kann eine spontane Sprossbildung aus dem Tumor beobachten. (Die Abbildung wurde freundlicherweise vom Max-Planck-Institut für Züchtungsforschung, Köln zur Verfügung gestellt)

Der Übertragungsvorgang ist noch nicht in allen Details aufgeklärt, scheint aber offenbar einen Spezialfall der **bakteriellen Konjugation** darzustellen. Nach der Übertragung wird die T-DNA in die pflanzliche DNA des Zellkerns eingefügt. Der Integrationsort ist dabei offenbar weitgehend zufällig, allerdings werden transkriptionsaktive Bereiche bevorzugt. Der Infektions-Vorgang ist schematisch in Abb. 3.3 gezeigt.

In Abb. 3.4 ist der Aufbau eines Ti-Plasmids dargestellt. Neben den bereits oben erwähnten Genen sind auch solche für die Synthese und Katabolisierung von Opinen vorhanden.

A. *tumefaciens*-Stämme besitzen entweder Ti-Plasmide vom Octopin-Typ oder vom Nopalin-Typ. Octopin-Plasmide können nur die Bildung von Octopin und dessen Katabolisierung vermitteln, nicht aber die von Nopalin. Dies gilt auch umgekehrt. Ein weiterer Unterschied der Plasmid-Typen bei *Agrobacterium* besteht darin, dass Ti-Plasmide des Nopalin-Typs eine Kopie der T-DNA tragen, Octopin-Plasmide dagegen zwei. Ein Ausschnitt in Abb. 3.4 zeigt, dass auf dem T-DNA-Abschnitt die Gene für Opin-Synthese und Tumorbildung lokalisiert sind. Die Tumorbildung kommt dadurch zustande, dass die befallenen Pflanzenzellen Phytohormone bilden. Dabei handelt es sich um Auxine und Cytokinine, die die Zellteilung anregen und so die Bildung undifferenzierter Tumoren bewirken (Box 3.1).

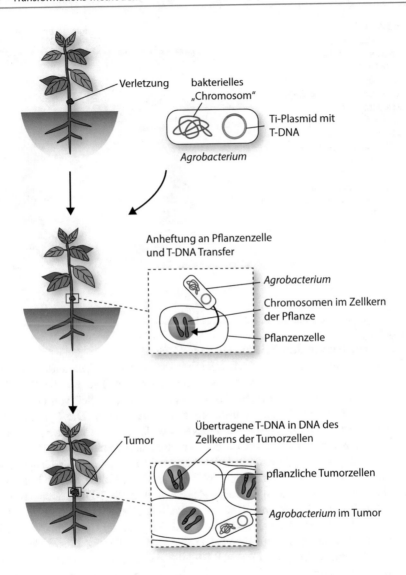

Abb. 3.3 Schematische Darstellung der *Agrobacterium-tumefaciens*-Infektion

Abb. 3.4 Ti-Plasmid vom Nopalin-Typ aus Agrobakterien. T-DNA – Transfer-DNA; LB – linke „Grenze" (left border); RB – rechte „Grenze" (right border); ori – Replikationsursprung für *A. tumefaciens;* noc – Nopalinkatabolisierung; nos – Nopalinsynthese; tmr – Cytokininbildung; tms – Auxinbildung; tra – konjugativer Transfer; vir – Virulenzregion. (Verändert nach Westhoff et al. 1996)

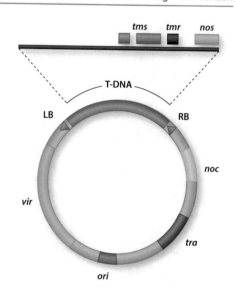

Box 3.1

Tumorentstehung durch *A. tumefaciens-Gene*

Die Tumorentwicklung, die nach Infektion mit *A. tumefaciens* auftritt, beruht auf der Wirkung von zwei speziellen Phytohormonen. Die für die Synthese der Phytohormone notwendigen Enzyme werden hauptsächlich von Genen der in den Zellkern der Pflanze transferierten T-DNA kodiert. Die Synthese der Auxine wird durch zwei Gene der T-DNA bewirkt, die *tms1* und *tms2* genannt werden. Das *tms1* -Gen kodiert für eine Tryptophan-2-Monooxygenase, die die Umwandlung von Tryptophan in Indol-3-acetamid katalysiert. Das Genprodukt des *tms2-* Gens kodiert für eine Indol-3-acetamid-Hydrolase, deren Katalyseprodukt das Auxin Indolessigsäure ist. Zusätzlich trägt die T-DNA noch das *tmr-*Gen, das für eine Isopentenyl-Transferase kodiert. Dieses Enzym fügt 5'-AMP an Isop-renoidseitenketten an und führt so zur Bildung der Cytokinin-Vorstufen Isopentenyladenin und Isopentenyladenosin. Hydroxylierung dieser Vorstufen durch pflanzliche Enzyme führt zur Bildung der Cytokinine Transzeatin und Transribosylzeatin. Das gebildete Auxin führt zusammen mit den Cytokininen zum Tumorwachstum, indem undifferenzierte Zellteilung gefördert wird.

Voraussetzung für die Übertragung der T-DNA in die Pflanze ist zunächst die Verletzung einer Pflanzenzelle. Hierbei spielen bestimmte phenolische Substanzen (z. B. Acetosyringon), die die Pflanze als Folge der Verwundung bildet, eine wichtige Rolle, denn dieses Signal wird von *Agrobacterium* erkannt, und das Bakterium heftet sich an die Pflanzenzelle. Hierfür sind auch Gene erforderlich, die nicht auf dem Ti-Plasmid, sondern auf der chromosomalen DNA des Bakteriums lokalisiert sind (Abb. 3.5).

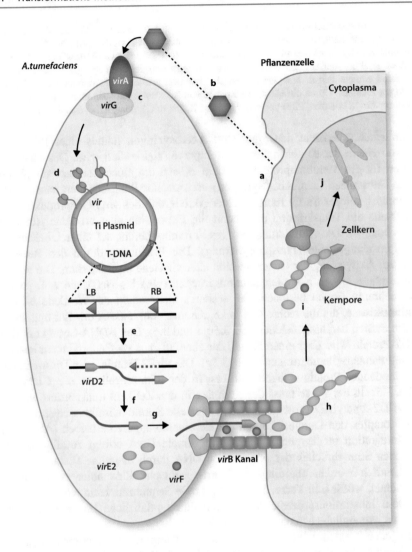

Abb. 3.5 Details der *A. tumefaciens*-Infektion. a Verletzte Pflanzenzelle, b Wundsubstanzen der Pflanze (Acetosyringon), c Rezeptor virA aktiviert bei Bindung von Acetosyringon virG, d virG aktiviert Genexpression der übrigen vir-Gene, e Freisetzung der T-DNA durch virD2, das einen Einzelstrangbruch an der rechten Grenze (RB) herbeiführt; durch Strangverdrängung wird ein Einzelstrang der T-DNA freigesetzt, virD2 schneidet dabei auch an der linken Grenze (LB), f freigesetzte einzelsträngige T-DNA mit gebundenem virD2-Protein, g Transport der T-DNA zusammen mit dem virE2- und virF-Protein über einen Kanal, der u. a. von virB-Proteinen gebildet wird, in die Pflanzenzelle, h virE2-Proteine binden an T-DNA und schützen sie vor Endonukleaseni über eine Kernlokalisationsdomäne des virE2-Proteins wird der T-DNA-Proteinkomplex dem virF-Protein in den Zellkern der Pflanze transportiert, k unter Mithilfe des virF-Proteins wird die T-DNA von virD2 und virE2 befreit und integriert in die chromosomale DNA. (Verändert nach Tzfira und Citovsky 2006)

Dieser Erkennungsmechanismus, der auf einer bestimmten pflanzlichen Wundreaktion und der Erkennung bestimmter Signale (Acetosyringon) beruht, erklärt auch die weitgehende natürliche Spezifität von *A. tumefaciens* für zweikeimblättrige Pflanzen, denn bei einkeimblättrigen Pflanzen ist diese Reaktion nur bei sehr wenigen Arten, wie zum Beispiel beim Spargel, vorhanden. Entsprechend eignete sich *A. tumefaciens* zunächst nur begrenzt zur Transformation von einkeimblättrigen Pflanzen. Durch die künstliche Zugabe von Acetosyringon kann man mittlerweile aber einkeimblättrige Pflanzen, Pilze und sogar humane Zellen mit *A. tumefaciens* transformieren.

A. tumefaciens erkennt den Signalstoff **Acetosyringon** mittels eines Rezeptors, der von einem der so genannten **Virulenzgene** *(vir)* kodiert wird. Das virA-Gen kodiert für ein Membranprotein, bei dem es sich um einen Rezeptor für phenolische Substanzen (u. a. Acetosyringon) verwundeter Pflanzenzellen handelt. Die Erkennung solcher Stoffe führt zu einer Aktivierung des virG-Genproduktes, das seinerseits die Transkription und damit die Expression aller vir-Gene stimuliert (Abb. 3.5c, d). Die Aktivierung des virG-Proteins beruht auf einer Übertragung von Phosphatgruppen (Phosphorylierung). Die Erkennung durch den Rezeptor führt zur Aktivierung der Genexpression aller vir-Gene im Bakterium. Die vir-Region umfasst sieben Komplementationsgruppen (*virA* bis *virG*), die z. T. jeweils aus mehreren Genen bestehen. Ein weiteres Genprodukt der *vir*-Gene ist eine **Endonuklease,** die die rechte und linke „Grenze" der T-DNA erkennt und sie an diesen Stellen herausschneidet (Abb. 3.5e, f und 3.6). Der T-DNA-Strang mit dem virD2-Protein wird über einen Kanal, der ebenfalls aus *vir* Genprodukten besteht, in die Pflanzenzelle übertragen (Abb. 3.5g). Das virE2 Protein – ein DNA-einzelstrangbindendes Protein – lagert sich erst in der Pflanzenzelle an die T-DNA an (Abb. 3.5). In der Folge muss der Komplex in den Zellkern transportiert werden. Die virD2- und virE2-Proteine enthalten spezielle Kernlokalisationssequenzen, die dem Komplex den Durchtritt durch die Kernmembranporen erlauben (Abb. 3.5i). Die Integration in die pflanzliche chromosomale DNA erfolgt zufällig an vorhandenen Strangbrüchen der pflanzlichen DNA durch illegitime Rekombination. Gelegentlich wurden allerdings auch ortsspezifische Rekombinationsereignisse beobachtet, wofür sehr kurze, 5 bis 10 bp große Sequenzen verantwortlich waren. An dem Integrationsprozess, der an sich durch pflanzliche Enzyme vermittelt wird, ist womöglich auch das virD2-Protein beteiligt.

In jeder Transformante kommt es zu unabhängigen Integrationsereignissen, bei denen es in der Regel zur Integration eines T-DNA-Moleküls kommt. Da der Einbau zufällig erfolgt, unterscheiden sich die Integrationsorte. von Transformante zu Transformante. Charakterisierte Integrationsereignisse werden als *Event* bezeichnet.

Der komplizierte Prozess der *A. tumefaciens*-Transformation war nicht unmittelbar für die Verwendung in der Gentechnologie geeignet. Dem standen insbesondere drei Gründe entgegen:

- Die Tumorbildung durch die Auxin- und Cytokinin-Biosynthesegene würde die Regeneration intakter und gesunder Pflanzen unmöglich machen.
- Die Opin-Biosynthese ist unerwünscht, weil die Pflanze hierbei unnötig Energie verbrauchen würde.

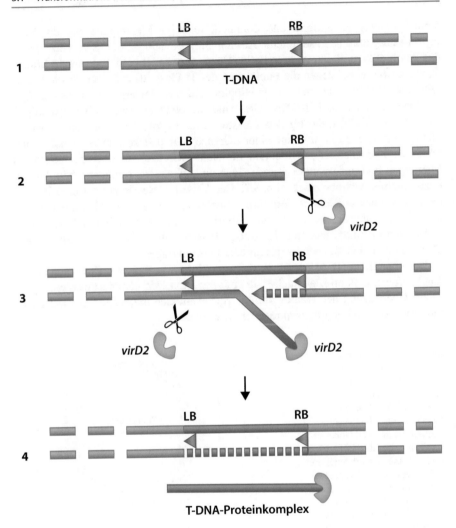

Abb. 3.6 T-DNA-Mobilisierung aus dem Ti-Plasmid; schematische Darstellung der Vorgänge bei der T-DNA-Mobilisierung aus dem Ti-Plasmid. (1) T-DNA mit linker (LB) und rechter (RB) „Grenze" in Ti-Plasmid integriert; (2) Einzelstrangbruch durch virD2-Protein; (3) ein Strang der T-DNA wird freigesetzt und daran bindet das virD2-Protein; zweiter Einzelstrangbruch wird eingefügt; (4) Auffüllen der Lücke in dem Ti-Plasmid (fett gestrichelte Linie); der freigesetzte T-DNA-Strang wird in Pflanzenzelle transportiert. (Verändert nach Westhoff et al. 1996)

- Es war nicht ohne weiteres möglich, in die Ti-Plasmide bzw. in die T-DNA fremde DNA einzubauen. Auch sind die Ti-Plasmide mit über 200 kb viel zu groß, um sie im Labor handhaben zu können.

Tatsächlich gelang es, die Ti-Plasmide und die T-DNA so zu modifizieren, dass keine Phytohormone mehr gebildet wurden. Man spricht in diesem Zusammenhang von entschärften **Plasmiden**. In weiteren Schritten wurden auch die

Opin-Synthesegene entfernt und dominant selektive Markergene wie die Neo-mycin-Phosphotransferase (siehe Abschn. 3.2) eingefügt, die Resistenz gegen das Antibiotikum Kanamycin verleiht. Heute verwendet man sogenannte **binäre Vektorsysteme,** bei denen die Funktionen des Ti-Plasmids auf zwei Plasmide ver-teilt sind. Das größere trägt die *vir*-Region und das kleinere die rechte und ggf. die linke „Grenze" der T-DNA. Dies sind die einzigen essenziell notwendigen Bereiche der T-DNA, die für den Transfer in die Pflanze benötigt werden, wobei kleine Plasmide sogar mit nur einer „Grenze" für den korrekten Transfer aus-kommen. Zwischen die rechte und die linke „Grenze" wurden ein selektives Markergen und ggf. weitere fremde Gene eingefügt. Den schematischen Aufbau eines binären Vektors zeigt Abb. 3.7. Der Vorteil dieser Vektorsysteme besteht darin, dass nur das Kleinere vom Experimentator gehandhabt werden muss. Sämt-liche Klonierungsarbeiten, also das Einbringen der Fremd-DNA, können in *E. coli*-Zellen erfolgen, und nur das fertige Plasmid muss dann in *A. tumefaciens* übertragen werden, die bereits das größere Plasmid tragen.

Der eigentliche Transformationsvorgang wird an geeignetem Pflanzenmaterial durchgeführt, z. B. an Blattstücken, die mit den Bakterien inkubiert werden, wobei es zur Übertragung der T-DNA kommt. Später müssen die Bakterien wieder ent-fernt und vollständige Pflanzen regeneriert werden.

Abb. 3.7 Schematische Darstellung eines binären Vektorsystems für die Transformation mittels A. tumefaciens. Aus der T-DNA wurden die Gene für Tumorinduktion und Nopalin-Synthese entfernt. T-DNA trägt ein Markergen für die Selektion in Pflanzen (SMG). Weitere Gene können eingefügt werden (Gen). Abkürzungen: A. t. ori Replikationsursprung für Vermehrung in *A. tumefaciens;* E. c. ori – Replikationsursprung für Vermehrung in *E. coli;* *kan*R – Kanamycinresistenzgen für Selektion in *E. coli* und in *A. tumefaciens;* LB – linke „Grenze"; RB- rechte „Grenze"; P1, P2 – Promotoren; T1, T2 – Terminatoren; vir – Virulenzregion (Abb. nicht maßstäblich)

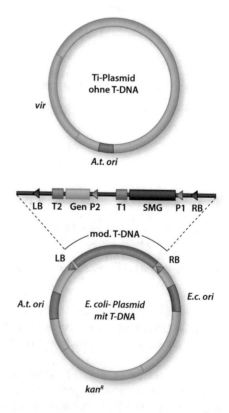

Für die Ackerschmalwand, *Arabidopsis thaliana*, die eine wichtige Modellpflanze in der molekularen Pflanzengenetik darstellt, wurde die sogenannte Infiltrations-Methode beschrieben, bei der nicht Zellen oder Gewebe, sondern ganze Pflanzen verwendet werden können. Hierbei wird die blühende Pflanze als Ganzes kurz in eine *Agrobacterium-tumefaciens*-Suspension getaucht. Später werden die Sämlinge dieser transformierten Pflanzen untersucht und daraus transgene Pflanzen identifiziert. Diese Methode eignet sich allerdings nur für sehr kleine Pflanzen wie *A. thaliana* mit kurzer Generationszeit, die dazu noch eine hohe Samenmenge produzieren müssen, weil die Effizienz dieser Methode nicht sehr hoch ist.

3.1.2 Biolistische Transformation

Die **biolistische Transformation** wurde 1987 von Sanford und Mitarbeitern entwickelt, da zur damaligen Zeit die einkeimblättrigen Getreide damals nicht mit *A. tumefaciens* transformiert werden konnten und die Regeneration von Pflanzen aus zellwandlosen Protoplasten grundsätzlich problematisch ist. Zur Überwindung der Zellwandbarriere konstruierte man daher eine Apparatur, die mit DNA beschichtete Gold- oder Wolframpartikel auf Zellen schoss. Diese Partikel sind so klein, dass sie in die Zellen eindringen, ohne einen dauerhaften Schaden zu verursachen. Vorteile dieser Methode sind:

- Es ist nicht nötig, die Zellwand enzymatisch zu entfernen.
- Es können theoretisch beliebige Zellen oder Gewebe transformiert werden.
- Es wird kein komplizierter Übertragungsweg wie bei der *A.-tumefaciens-Trans*formation benötigt. Einen Vergleich der beiden Methoden zeigt Abb. 3.8.

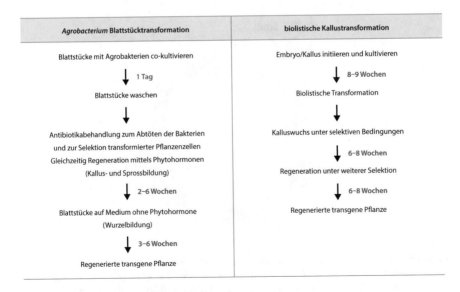

Abb. 3.8 Vergleich biolistische und A.-tumefaciens-Transformation

Die für die biolistische Transformation nötigen Vektoren sind einfacher aufgebaut als solche für die *A.-tumefaciens*-Transformation (Abb. 3.9). Im Gegensatz zu den *A.-tumefaciens-Vektoren,* bei denen nur die T-DNA transferiert wird, werden die Vektoren bei der biolistischen Transformation vollständig in die Pflanzenzelle übertragen.

Es ist bereits gelungen, mit dieser Methode viele Gene gleichzeitig zu übertragen. Die biolistische Transformation kann für beliebige Organismen und Genotypen verwendet werden.

Gerade in Bezug auf den letzten Punkt hat sich gezeigt, dass die Methode auch für Bakterien, Pilze, Algen und Tiere erfolgreich angewendet werden kann. Außerdem überwindet die biolistische Transformation noch eine weitere Barriere: Während andere Methoden lediglich geeignet sind, fremde Gene in die Chromosomen des Zellkerns einzubauen, kann man mit der biolistischen Transformation auch **Plastiden** und mit Einschränkung **Mitochondrien** und (siehe Box 2.1) transformieren. 1988 wurde über die erfolgreiche Transformation von Mitochondrien der Bäckerhefe, *Saccharomyces cerevisiae,* und Plastiden der Grünalge *Chlamydomonas reinhardtii* berichtet. Während pflanzliche Mitochondrien bis heute nicht transformiert werden können, ist dies zunächst für Plastiden von einigen Solanaceae (Tabak, Kartoffel, Tomate) etabliert worden. Die Schwierigkeit liegt dabei darin, dass jede Pflanzenzelle zahlreiche Plastiden enthält, die zudem jeweils viele Kopien der plastidären DNA enthalten. Bei der Transformation werden zunächst nur einzelne oder sogar nur ein Plastid transformiert. Durch rigorose Behandlung mit Antibiotika werden dann Kalli bzw. regenerierte Pflanzen selektiert, die nur die transformierten Plastiden tragen (Abb. 3.10). Inzwischen ist es gelungen,

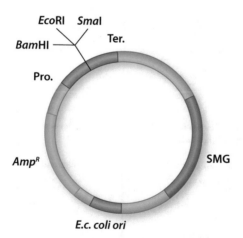

Abb. 3.9 Vektor für biolistische Transformation. Basierend auf einem *E. coli*-Vektor wurde ein Markergen (SMG; Promotor und Terminator nicht gesondert eingezeichnet) für die Selektion in Pflanzen eingefügt (Promotor und Terminator nicht gesondert gezeigt). Außerdem ist eine Klonierungsstelle zwischen einem pflanzenspezifischen Promotor (Pro.) und einem Terminator (Ter.) vorhanden, in die Fremdgene eingefügt werden können; *Amp*R – Ampicillinresistenzgen

Abb. 3.10 Entstehung
homoplastomischer
transgener Zellen. Durch die
biolistische Transformation
wird zunächst nur eine
Plastide in einer Blattzelle
gentechnisch verändert.
a, c Daraus gebildete
meristematische Zellen
mit den ursprünglichen
Plastiden sterben ab. b Durch
kontinuierliche Selektion
entstehen meristematische
Zellen, die eine zunehmende
Zahl von transgenen Plastiden
enthalten, bis d alle Plastiden
nur noch die veränderte
Erbinformation tragen. e
Ausdifferenzierte transgene
Blattzelle. Diese bezeichnet
man als homoplastomisch.
(Abb. Maliga 2004) ZK =
Zellkern

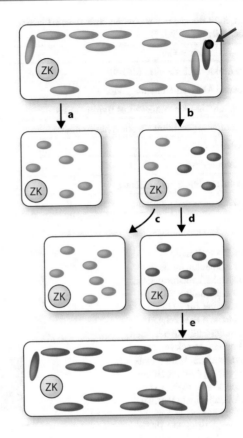

mehrere Gene in Plastiden zu transformieren und zu selektieren (Tab. 3.2).
Wesentliche Vorteile der Transformation von Plastiden bestehen darin, dass

- es keine Positionseffekte oder Inaktivierungen von Transgenen gibt,
- Transgene in hoher Kopiezahl vorliegen und eine hohe Expression aufweisen,
- Plastiden bei den meisten Kulturpflanzen nur mütterlich vererbt werden und
  keine Verbreitung über den Pollen finden. Dadurch würde die Koexistenz mit
  konventionellen Pflanzen erleichtert.

Leider ist die Methodik jedoch auf eine sehr geringe Zahl von Pflanzen, wie
Tabak, Tomate, Kartoffel, Sojabohnen, Salat und Blumenkohl, beschränkt, da es
offenbar sehr schwierig ist, homoplastomische Pflanzen zu erzeugen (Abb. 3.10).
   Moderne Apparaturen für die biolistische Transformation verwenden z. B.
komprimiertes Helium, das eine optimale Beschleunigung der Partikel bewirkt und
in der Handhabung sicherer ist (Abb. 3.11 und 3.12). Die abgeschossenen Partikel erreichen dabei Geschwindigkeiten von mehr als 1 300 m/s (zum Vergleich die
Schallgeschwindigkeit beträgt in Luft 343 m/s).

Tab. 3.2 Beispiele von Genen, mit denen Plastiden Höherer Pflanzen transformiert wurden. (Aus Adem et al. 2017)

Transformiertes Gen	Funktion
Antimikrobielles Peptid MSI-99	Resistenz gegen Pilze
Betaine Aldehyd-Dehydrogenase	Salztoleranz
δ-Endotoxin-Gen von Bacillus thuringiensis	Resistenz gegen bestimmte Insekten
5-Enolpyruvylshikimat-3-phosphat-Synthase	Glyphosat-(Round up®-)Resistenz
β-Glucuronidase	Reportergen
β-Ketothiolase	Männliche Sterilität
Neomycin-Phosphotransferase	Kanamycinresistenzgen
Pinellia ternata Agglutinin	Resistenz gegen bestimmte Insekten

Abb. 3.11 Prinzip einer Apparatur für die biolistische Transformation. (1) Druckkammer, (2) Makroträger für DNA-beschichtete Partikel, (3) Sollbruchstelle, die bei einem bestimmten Druck bricht und dann einen Heliumstoß freisetzt, (4) Auffanggitter für den Makroträger, (5) DNA beschichtete Partikel und (6) Petrischale mit Pflanzengewebe. Die Pfeile symbolisieren die Richtung des Heliumdruckstoßes. (Verändert nach einer Abbildung der Firma BIO-RAD, München)

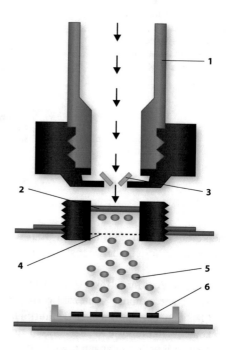

   Die Transformationsrate oder Effizienz der Methode ist von einer Vielzahl von Faktoren abhängig: Dazu zählen z. B. die DNA-Menge pro Gold- oder Wolfram-partikel, die Geschwindigkeit der Partikel, die Partikelzahl und -größe sowie die Art und Dichte der verwendeten Zellen oder Gewebe.

   Durch biolistische Transformation gelang es zunächst nur, eine vorübergehende (transiente) Expression von transformierten Genen in Zwiebel, Soja, Reis und Mais zu erzielen. **Transiente Expression** bedeutet, dass das transformierte Gen

Abb. 3.12 Biolistic PDS-
1000/He-Apparatur der
Firma BIO-RAD für die
biolistische Transformation.
Das Funktionsprinzip ist
in Abb. 3.10 erläutert.
(Die Abbildung wurde
freundlicherweise von der
Firma BIO-RAD, München,
zur Verfügung gestellt)

nur anfangs zeitweilig aktiv ist und später verloren geht oder die Expression durch DNA-Methylierung oder posttranskriptionell gestört wird. Nur wenig später wurden stabile Transformationen beschrieben, und tatsächlich hat die Methode große Bedeutung erlangt, z. B. für die Transformation von Getreiden. Allerdings sollen auch einige Probleme nicht verschwiegen werden:

- Die Effizienz der Methode ist gering. So war nur bei 0,05 % der von transformierten **Apikalmeristemen** der Sojabohne regenerierten Sprosse später das Transgen in Pollen oder Ovarien nachweisbar.
- Da die transformierte DNA nicht immer in die DNA des Zellkerns stabil integriert, kommt es häufig lediglich zu transienter Genexpression. Oft werden nur einige wenige Zellen eines Gewebes transformiert, und es gelingt nicht immer, einheitliche transgene Pflanzen zu regenerieren.
- In den Zellkern integrierte DNA liegt – im Gegensatz zur *A. tumefaciens* – Methode – oft in vielfachen Kopien vor. Dies kann zur genetischen Instabilität führen.
- Meist müssen **Meristeme** verwendet werden, obwohl z. B. auch die Regeneration von Pflanzen aus dem **Skutellum** transformierter Reisembryonen oder aus Zellkulturen beim Mais gelang.

3.1.3 Protoplastentransformation

Die Zellen von Pflanzen liegen in Gewebeverbänden vor. Der Zusammenhalt der Zellen erfolgt über bestimmte hochmolekulare Kohlenwasserstoffe, die Pektine. Sie bauen die sogenannte Mittellamelle auf, die benachbarte Zellen miteinander verkittet.

Chemisch gesehen handelt es sich bei den Pektinen um ein Gemisch aus Poly-D-Galakturon-säure, deren Monomere 1,4-glykosidisch verknüpft sind, und anderen hydrophilen, kurzkettigen Polysacchariden. Außerdem ist ein Teil der Carboxylgruppen (–COOH) methylverestert. Pektine kommen besonders in Wurzeln und Früchten in größeren Mengen vor und werden in der Nahrungsmittelherstellung als Geliermittel verwendet.

Für die Herstellung von **Protoplasten** (= zellwandlose Zellen) z. B. aus Blatt-stücken (vgl. Abb. 1.7) ist es daher zunächst notwendig, die Pektine abzubauen. Dabei bedient man sich spezieller pektinabbauender Enzyme, die man **Pektinasen** nennt. In einem zweiten Schritt muss die pflanzliche Zellwand abgebaut wer-den, die großteils aus Zellulose besteht. Hierzu werden **Zellulasen** verwendet. Als Konsequenz entstehen zellwandlose, abgerundete Protoplasten (Abb. 3.13), die in einem isoosmotischen Medium gehalten werden müssen, damit sie stabil bleiben.

Die für die Protoplastentransformation verwendeten Vektoren gleichen denen der biolistischen Transformation (siehe Abb. 3.9). Der eigentliche Transfer der DNA in die Protoplasten kann auf zweierlei Wegen erfolgen. Zum einen verwendet man Polyethylenglykol, in dessen Anwesenheit die Protoplasten Einstülpungen der Membran entwickeln bzw. deren Membran permeabilisiert wird, um die Aufnahme von DNA zu ermöglichen. Bei höheren PEG-Konzentrationen können Protoplasten auch miteinander verschmelzen und dabei DNA-Moleküle aufnehmen.

Zum anderen kann die Transformation auch durch kurze Stromstöße erfol-gen, ein Verfahren, das man als Elektroporation bezeichnet. Durch den Stromstoß kommt es zur kurzzeitigen Depolarisierung der Zellmembran der Protoplasten, wodurch eine DNA-Aufnahme erreicht wird. Die DNA gelangt dann in den Zell-kern und integriert zufällig an eine nicht vorhersagbare Stelle in die chromosomale DNA der Pflanze. Daran schließen sich Selektion (Abschn. 3.2) und Regeneration zu ganzen Pflanzen (Abschn. 3.3) an.

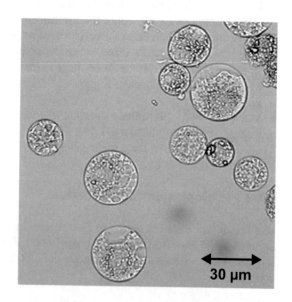

Abb. 3.13 Mikroskopische Aufnahme von Tabakprotoplasten aus BY2-Zellen. Näheres zu BY2-Zellen wird in Kap. 5 erläutert. (Aufnahme: K. Stockmeyer)

30 µm

Im Prinzip kann mit dieser Prozedur jede beliebige Pflanze transformiert werden. Ein großes Problem ist aber die Regeneration zur intakten Pflanze, die häufig sehr schwierig ist und daher die Anwendung der Protoplastentransformation einschränkt.

3.2   Selektions- und Reportergensysteme

Allen bekannten Transformationssystemen ist gemein, dass die Effizienz, also der Prozentsatz der Pflanzen, die fremde DNA stabil aufgenommen haben, sehr gering ist. Deshalb muss man in der Lage sein, die wenigen transformierten Pflanzen von der Masse der nicht transformierten zu unterscheiden. Zur Identifizierung der tatsächlich transgenen Pflanzen bedient man sich daher sogenannter Selektionssysteme.

Besonders erwünscht sind dominant selektive Selektionssysteme, die bewirken, dass tatsächlich nur transgene Pflanzen regenerieren und wachsen können. Dagegen können bei einem einfachen Reportergensystem, wie dem unten näher beschriebenen GUS-Reporter-System, auch nicht transformierte Pflanzen regenerieren und müssen dann manuell auf den gesuchten Phänotyp hin analysiert werden. Dies ist natürlich sehr ineffizient, da ja immer nur ein kleiner Teil der Pflanzenzellen transformiert wird. Ein zweiter wichtiger Aspekt ist die einfache Handhabung eines Selektionssystems, um schnell große Mengen von Pflanzen analysieren zu können. Ein dritter Aspekt sind Sicherheits- und Akzeptanzüberlegungen, die zum Verzicht des Einsatzes von Antibiotikaresistenzen führen. Obwohl die mit Antibiotikaresistenzen verbundenen Risiken eher gering sind, gibt es politisch-gesellschaftliche Argumente, die für den Verzicht sprechen (vgl. Kap. 6 und 7).

3.2.1   Verwendung von Antibiotikaresistenzgenen

Bis Ende der Neunziger-Jahre des letzten Jahrhunderts – und für reine Forschungsprojekte auch weiterhin – verwendete man für die **dominante Selektion** von transgenen Pflanzen fast ausschließlich das Antibiotikum Kanamycin. Es ist für die meisten Pflanzen in entsprechender Konzentration toxisch. Kanamycin gehört zu den **Aminoglykosidantibiotika**.

Typischerweise besitzen Antibiotika dieser Gruppe einen zyklisch gebundenen Aminoalkohol mit gebundenen Aminozucker-Resten. Neben dem aus *Streptomyces kanamyceticus* gewonnenen Kanamycin zählen auch Gentamycin (aus Micromonosporapurpurea), Neomycin (aus *Streptomyces fradiae*) und Streptomycin (aus *Streptomyces griseus*) zu dieser Gruppe.

Als Resistenzgene verwendet man für Phosphotransferasen kodierende Gene, wie z. B. das Neomycin-Phosphotransferase-(nptII-)Gen, deren Genprodukt Aminoglykosidantibiotika durch Anfügen von Phosphatgruppen (Phosphorylierung) inaktiviert. Das Neomycin-Phosphotransferase-Gen stammt aus Bakterien und kommt in Pflanzen normalerweise nicht vor. Mit entsprechenden pflanzlichen **Promotoren** und **Terminatoren** (siehe Abschn. 2.1.2) versehen kann dieses Gen auch in Pflanzen verwendet werden.

Kritiker weisen auf die Gefahr hin, dass solche Resistenzgene durch horizontalen Gentransfer von Pflanzen auf Krankheitserreger übertragen werden könnten. Wie in Kap. 7 genauer dargestellt, ist eine solche Übertragung jedoch als äußerst unwahrscheinlich anzusehen. Insbesondere ist dabei zu bedenken, dass entsprechende Antibiotikaresistenzgene natürlicherweise in Bodenbakterien vorkommen. Die Wahrscheinlichkeit für den genetischen Austausch zwischen diesen Bodenbakterien ist weit höher als die Wahrscheinlichkeit eines horizontalen Gentransfers von der Pflanze zu einem Bakterium.

Neben der Kanamycinresistenz kommt auch eine Reihe von anderen Selektionssystemen zur Anwendung, die in Tab. 3.3 zusammengefasst sind.

3.2.2   Verwendung von Herbizidresistenzgenen

Eine offensichtliche Alternative zu den Antibiotikaresistenzgenen sind Herbizidresistenzgene, die auch kommerziell genutzt werden. Deren Funktion und Wirkung wird in Kap. 5 beschrieben. Von Bedeutung sind als dominante Resistenzgene insbesondere die **3-Enolpyruvylshikimat-5-Phosphatsynthase** (EPSP-Synthase) oder die Phosphinotricin-Acetyltransferase. Eine weitere Methode basiert auf der Verwendung von Sulfonamiden. Diese Herbizide inhibieren die Biosynthese

Tab. 3.3 Selektions- und Reportergensysteme für Pflanzen

Enzymaktivität	Dominante Selektion	Reportergen
3-Enolpyruvylshikimat-5-phosphat-Synthase	Ja	Nein
2-Desoxyglucose-6-phosphat-Phosphatase	Ja	Nein
ß-D-Glucuronidase	Nein	Ja
Bakterielle Luciferase	Nein	Ja
Bromxynilnitrilase	Ja	Nein
Chloramphenicol-Acetyltransferase	Ja	Ja
D-Aminosäure-Oxidase	Ja	Nein
Gentamycin-Acetyltransferase	Ja	Ja
Green fluorescent protein (GFP)	Nein	Ja
Hygromycin-Phosphotransferase	Ja	Ja
Luciferase von Leuchtkäfern	Nein	Ja
Neomycin-Phosphotransferase (Kanamycin-Kinase)	Ja	Ja
Phosphinothricin-Acetyltransferase	Ja	Ja
Phosphomannose-Isomerase	Ja	Nein

von Folsäure und verhindern so das Wachstum nicht transformierter Zellen. Man hatte lange fälschlich angenommen, dass die Biosynthese von Folsäure in den Plastiden erfolgt, weshalb entsprechende Sufonamid-Vektoren zu schlechten Transformationsergebnissen führten, da die gebildeten Proteine in das falsche Kompartiment transportiert wurden (vgl. Abschn. 3.5.3). Nachdem erkannt wurde, dass der Wirkort die Mitochondrien sind, konnten passende Vektoren erstellt werden, die zu hohen Transformationseffizienzen beim Tabak führen, weil die korrekten mitochondrialen Signalsequenzen verwendet wurden.

3.2.3   Alternative Selektionssysteme

Mittlerweile gibt es eine Reihe von Methoden zur Erzeugung transgener Pflanzen, ohne dabei auf Antibiotika- oder Herbizidresistenzgene zurückgreifen zu müssen.

Eine Methode macht sich ein Gen zunutze, dessen Genprodukt dazu beiträgt, den Cytokininspiegel in der Pflanze zu erhöhen. Das Protein ist eine **Isopentenyl-Transferase** und katalysiert den ersten Schritt der Biosynthese des Phytohormons CytokininNur die mit diesem Gen transformierten Pflanzenzellen sind in der Lage – ohne weitere Zugabe von Cytokininen, wie es sonst bei der Regeneration üblich ist-, spontan Sprosse zu bilden. Dies wurde für Salat und Tabak erfolgreich gezeigt. Allerdings ist die Effizienz der Methode geringer als bei konventionellen Selektionsgenen.

Eine weitere Methode wurde von der Firma Syngenta AG (Basel, Schweiz) entwickelt, die als Positech® bezeichnet wird und in Lizenz genutzt werden kann. Die Methode beruht darauf, dass die meisten Pflanzen, wie z. B. Mais und andere Getreide, Kartoffel und Zuckerrübe, den Zucker Mannose nicht metabolisieren können. Exprimiert man in den Pflanzen aber eine **Phosphomannose-Isomerase,** die vom *E. coli-manA-*Gen kodiert wird, können die entsprechenden Pflanzen Mannose-6-phosphat in Fructose-6-phosphat umwandeln, das dann von den Pflanzen als Kohlenstoffquelle genutzt werden kann. Die selektive Wirkung beruht darauf, dass den transformierten Zellen im Medium nur Mannose als Kohlenstoffquelle angeboten wird (Abb. 3.14a, b). Die Zellen nehmen die Mannose auf und wandeln sie in Mannose-6-phosphat um. Ohne das Phosphomannose-Isomerase-Gen akkumuliert Mannose-6-phosphat in den Zellen, die daraufhin ihr Wachstum einstellen. Entscheidend dabei ist, dass die Phosphomannose-Isomerase für Mensch und Tier ungiftig ist.

Ein drittes Beispiel ist das 2-DOG-System. Die Zuckerart **2-Desoxyglucose (2-DOG)** ist für Pflanzen normalerweise toxisch, denn sie hemmt Atmung und Zellwachstum. In der Bäckerhefe *Saccharomyces cerevisiae* wurde ein Enzym identifiziert, die 2-Desoxyglucose-6-phosphat-Phosphatase, das 2-DOG in einen nichttoxischen Metaboliten umwandelt. Das entsprechende Gen vermittelt somit eine Resistenz gegen 2-DOG und wurde erfolgreich in Kartoffeln getestet.

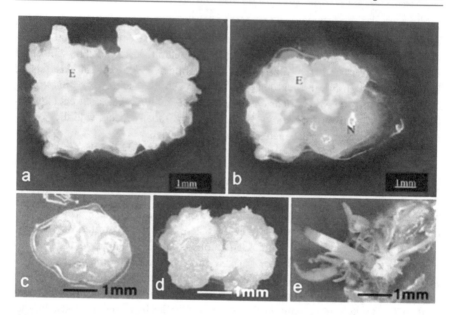

Abb. 3.14 **a–e** Mannose-Selektion **a** embryonaler Mais-Kallus auf Nährmedium vor der Transformation; **b** Mai-Kallus nach biolistischer Transformation auf Mannose-Selektionsmedium, E – embryogener Kallus, N – nekrotisches, nicht-transgenes Gewebe; **c** Weizenembryo auf Nährmedium; **d** Weizenembryo nach biolistischer Transformation auf Mannose-Medium; **e** regenerierender Weizen auf Mannose-Medium. (Abb. Wright et al. 2001)

Als viertes Beispiel soll das DAO-System angeführt werden. Aminosäuren können in zwei **enantiomeren** Formen vorkommen, der L- und D-Form. Normalerweise findet man in allen Lebewesen Aminosäuren in der sogenannten L-Form. Daneben gibt es aber auch D-Aminosäuren, die z. T. sogar toxisch sein können. Das Enzym D-Aminosäure-Oxidase (DAO) erlaubt aber die Verwertung von D-Aminosäuren statt der normalen L-Form, denn das Enzym desaminiert die D-Ami- nosäuren. Ein Selektionssystem beruht daher auf der Verwendung von D-Alanin im Nährmedium, denn nicht transformierte Pflanzen werden durch D-Alanin im Wuchs inhibiert. Transgene Pflanzen, die das Enzym D-Amino-säure-Oxidase bilden, entgiften D-Alanin und können daher auf dem Nährmedium wachsen (Abb. 3.15), während die Wildtyp-Pflanzen absterben. Interessanterweise gilt dies nicht für alle D-Aminosäuren. Bei Verwendung von D-Isoleucin sterben nämlich die transgenen Pflanzen ab und die Wildtyp-Pflanzen überleben. Dies ist bedeutsam für die Erstellung markergenfreier transgener Pflanzen (siehe Abschn. 3.7).

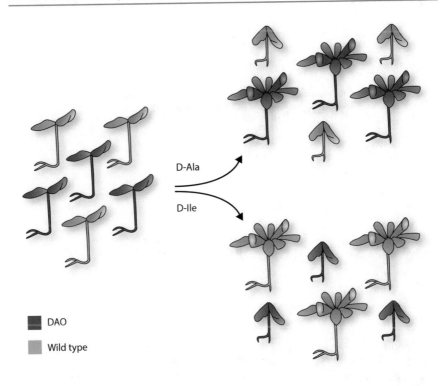

Abb. 3.15 D-Aminosäure-Oxidase-Selektion; Wildtyp hellgrün, transgene Pflanze dunkelgrün dargestellt; D-Ala = D-Alanin, D-Ile = D-Isoleucin, nähere Erläuterung im Text. (Abb. O Mittelsten Scheid 2004)

3.2.4 Reportergene

Neben dominant selektiven Markergenen gibt es noch die Reportergene. Als Reportergene bezeichnet man solche Markergene, die zwar nicht dominant selektiv sind, deren Genprodukte aber leicht durch einfache biochemische, histochemische, mikroskopische oder photometrische Methoden nachweisbar sind. Man kann sie z. B. zum Nachweis der Funktion gewebespezifischer Promotoren bzw. der Transformation bestimmter Zelltypen einsetzen oder um zu überprüfen, ob ein bestimmtes Gen aktiv ist. In Höheren Pflanzen werden insbesondere ß-D-Glucuronidase, Luciferase und vor allem das sogenannte *green fluorescent protein* (GFP) eingesetzt. Bei der ß-D-Glucuronidase und der Luciferase handelt es sich um Enzyme, die jeweils ein spezifisches Substrat umsetzen (Glucuronid bzw. Luciferin; Abb. 3.16) und Detektion des Katalyseproduktes oder von Photonen im Fall der Luciferase. Im Gegensatz dazu kann beim GFP-Protein nach

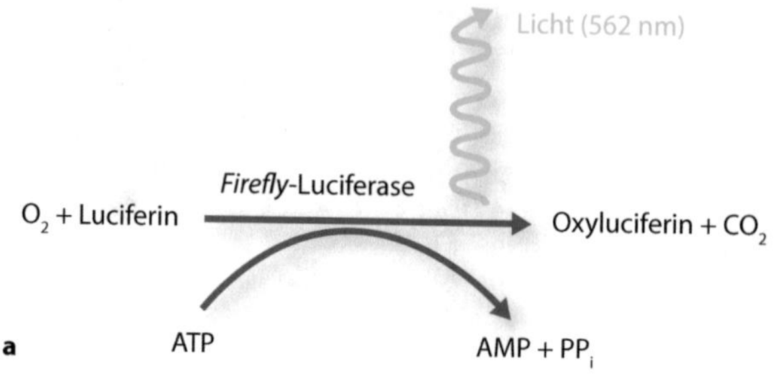

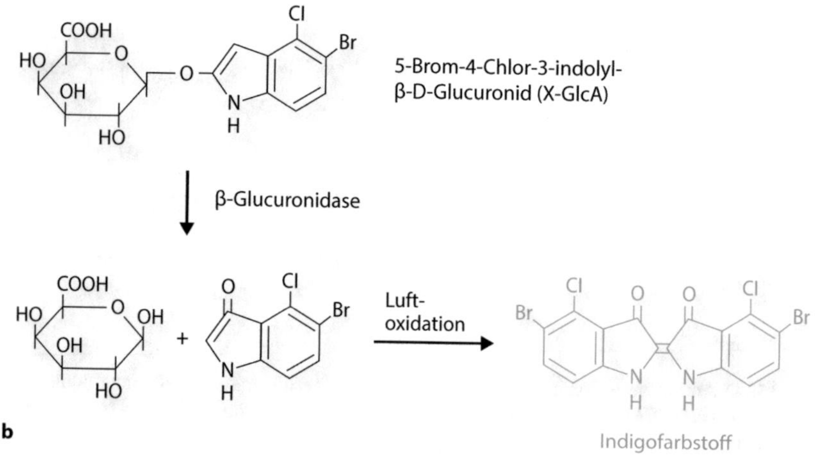

Abb. 3.16 a, b Nachweis von Reportergenaktivität, **a** Nachweis der Aktivität der Luciferase; als Substrat dient Luciferin, die Reaktion ist abhängig von ATP. Das bei der Reaktion gebildete Licht kann mittels eines Lumineszenzmessgerätes quanititativ nachgewiesen werden, **b** Nachweis der ß-D-Glucuronidase-Aktivität. Als künstliches Substrat dient hier 5-Brom-4-Chlor-3-indolyl-ß-D-Glucuronid (X-GlcA), das von der Glucuronidase hydrolysiert wird. Durch Luftoxidation entsteht ein blauer Indigofarbstoff. Statt X-Glc können andere Substrate, deren Hydrolyse zu fluoreszierenden Farbstoffen führt, verwendet werden

Anregung mit Licht geeigneter Wellenlänge die Fluoreszenz des Proteins selbst mikroskopisch nachgewiesen werden (Abb. 3.17). Ein spezifisches Substrat ist also nicht nötig. Dies ist von Vorteil, weil unter Umständen die für ß-D-Glucoronidase und Luciferase notwendigen Substrate nicht in alle Zellen gleichmäßig gelangen und dadurch Resultate verfälschen können. Das GFP und seine Derivate sind heute als Reportergene und in der Zellbiologie unersetzlich geworden.

Abb. 3.17 GFP-Expression in Tabak-BY2-Protoplasten (BY2-Zellen werden in Kap. 5 beschrieben). Das Zytoplasma leuchtet aufgrund der GFP-Expression in grüner Farbe. Die zahlreichen Vakuolen erscheinen schwarz. Die Mitochondrien wurden zusätzlich mit dem Farbstoff Mito-Tracker™ orange angefärbt. Der Strich repräsentiert 5 µm

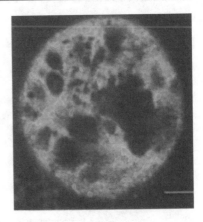

3.3 Regeneration intakter Pflanzen

Gegenüber einzelligen Organismen wie Bakterien, Hefen oder Algen gestaltet sich die Transformation einer Höheren Pflanze ungleich schwieriger, da nicht nur DNA in die Pflanzenzellen eingebracht werden muss, sondern außerdem aus einzelnen Zellen oder isolierten Geweben intakte Pflanzen regeneriert werden müssen, denn mit Ausnahme der Infiltrationsmethode sind es stets einzelne Zellen oder Gewebestücke, die transformiert werden. Dies ist möglich, weil die meisten Pflanzenzellen totipotent sind und so (fast) jede Einzelzelle eine komplette Pflanze regenerieren kann (Abb. 3.18). Da Pflanzen im Gegensatz zu Tieren keine präformierte Keimbahn besitzen, können daher aus normalen somatischen Zellen regenerierte Pflanzen und daraus direkt transgener Samen erhalten werden. Allerdings sind hierfür nicht alle Zell- bzw. Gewebetypen gleich gut geeignet. Daher sind bei Pflanzen oft umfangreiche Untersuchungen nötig, um verwendbares Ausgangsmaterial zu finden. Basis dafür sind geeignete Nährmedien, die die Zellen zur Zellteilung anregen. Neben den anorganischen Nährsalzen, die auch intakte Pflanzen benötigen, sind verschiedene organische Verbindungen erforderlich, insbesondere Saccharose als Kohlenstoff- und Energiequelle sowie verschiedene Phytohormone als Wachstumsregulatoren. Besonders Auxine und Cytokinine sind in der Zell- und Gewebekultur von großer Bedeutung. Gelegentlich fanden auch Aminosäuren oder Nährmedien wie z. B. Kokosmilch Verwendung. Wie auch in der intakten Pflanze ist natürlich die Phytohormonwirkung komplex und funktionell sehr spezifisch. Dennoch kann man als Grundregel angeben, dass hohe Cytokininmengen die Sprossbildung anregen, während hohe Auxinkonzentrationen in Abhängigkeit vom Cytokiningehalt die Kallus- oder Wurzelbildung induzieren. Ein Kallus ist ein oft farbloser Zellhaufen aus undifferenzierten großen und vakuolisierten Zellen. Durch Cytokininzugabe kann an solchen Kalli organisiertes Wachstum, also Spross- und Wurzelbildung, wieder induziert werden. Die exakten Bedingungen für eine erfolgreiche Regeneration müssen von Art zu Art empirisch erarbeitet werden.

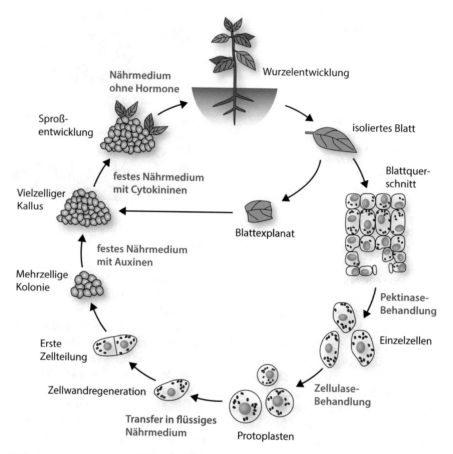

Abb. 3.18 Schematische Darstellung zur Protoplastierung und Regeneration von Pflanzen. (Verändert nach Odenbach 1997)

Für die Kallusbildung und nachfolgende Bildung von Sprossen ist bei Tabakblattstücken beispielsweise die Zugabe von 0,2 mg/L a-Naphtalinessigsaure und 1,0 mg/L 6-Benzylaminopurin notwendig (Abb. 3.19).

Aus Protoplasten kann man intakte Pflanzen regenerieren, wenn es gelingt, die Zellwandbildung und Zellteilungen zu induzieren. Dies ist bei vielen Pflanzen aber nur sehr schwer oder gar nicht möglich. Einschränkend muss allerdings darauf hingewiesen werden, dass bei regenerierten Pflanzen oft eine hohe phänotypische Variabilität besteht, was auf Unregelmäßigkeiten bei der Mitose oder auf Mutationen zurückzuführen ist. Man spricht hier von somaklonaler Variation.

Die somaklonale Variation tritt insbesondere bei der Kallusregeneration auf. Kalli entstehen auch bei der Regeneration von Pflanzen aus Protoplasten als Zwischenstufe. Der Effekt der somaklo-nalen Variation kann aber auch nützlich sein, um beispielsweise neue Genotypen zu selektieren.

Abb. 3.19 a–c a
Sprossbildung an einem
Tabakkallus. Unter
Einfluss von Auxinen und
Cytokininen kommt es zur
Regeneration von Spross
und Blättern an Kalli. Der
weiße Balken entspricht 1 cm
(Aufnahme: K. Stockmeyer);
b regenerierte Tabakpflanzen
(Aufnahme: K. Stockmeyer);
c Regeneration von
Nadelpflanzen *(Pinus
strobus)* an einem
kanamycinresistenten Kallus;
der weiße Balken entsprich
1,2 cm (Tang et al. 2007)

Wie schon angedeutet, lassen sich längst nicht alle Pflanzen leicht aus Protoplasten, Zellen oder Geweben regenerieren. Gut gelingt dies bei Vertretern der
Nachtschattengewächse (Solanaceae), auch die Regeneration von Raps-, Orange-,
Apfel- und Möhrenpflanzen aus Protoplasten ist zufriedenstellend. Bei anderen
Pflanzen ist es nur selten oder nur mit bestimmten Linien gelungen, Pflanzen aus
Protoplasten zu erhalten (zum Beispiel Zuckerrüben). Als besonders schwierig
haben sich die meisten Gräser erwiesen, zu denen alle Getreide zählen, so das man
hier auf embryonales Gewebe angewiesen ist. Abschließend sei noch darauf verwiesen, dass bei der praktischen Durchführung von Transformationsexperimenten
Regeneration und Selektion in der Regel gleichzeitig durchgeführt werden.

3.4   Nachweis der genetischen Veränderung

Allein die Tatsache, dass eine Pflanze nach Transformation auf einem Selektions-
medium wächst, ist noch kein hinreichender Beweis für eine erfolgte Transformation, denn es könnte sich z. B. um eine spontan auftretende Resistenz
handeln, die auf einer Mutation im Erbgut der Pflanze beruht. Diese Gefahr
besteht insbesondere auch deshalb, weil die Transformationsrate, also der Prozentsatz der aus einem Experiment entstandenen transgenen Pflanzen, mitunter
so niedrig ist, dass er im Größenbereich des Auftretens von Spontanmutationen
liegt, die mit einer Frequenz von 10^{-7} bis 10^{-8} vorkommen können. Es bedarf also
immer zusätzlicher Experimente, wie zum Beispiel Southern Blot oder PCR, um
die transformierte DNA tatsächlich nachzuweisen. Unter Umständen ist es auch
sinnvoll, die Genprodukte der transformierten DNA nachzuweisen. Mit dem Southern Blot kann außerdem überprüft werden, ob einzelne oder multiple Kopien des
Transgens in das Genom integriert wurden. Dies ist ein wichtiger Aspekt in Hinsicht auf die Stabilität der Genexpression und die Eignung für die Entwicklung
von Zuchtlinien (siehe Abschn. 3.8).

Außerdem wird oft der Nachweis der Vererbung des Transgens auf die Nachkommenschaft gefordert. Dies ist mitunter problematisch, wenn beispielsweise Pflanzen mit langen
Generationszeiten transformiert wurden. Hierzu zählen insbesondere Bäume und Sträucher. Wie
im Abschn. 3.6 noch erläutert wird, ist diese Forderung allerdings grundsätzlich richtig, denn in
der Nachkommenschaft transgener Pflanzen kann es zur Inaktivierung der Transgene kommen.

Ein anderer bedeutender Aspekt ist das Interesse von Behörden oder Unter-
suchungsämtern zu überprüfen, ob eine bestimmte Pflanze gentechnisch verändert
wurde oder ob in einem Nahrungsmittel gentechnisch veränderte Pflanzenprodukte
enthalten sind. Dieses Kriterium ist wichtig in Bezug auf die in der EU geltende
Kennzeichnungspflicht für Nahrungsmittel mit gentechnisch veränderten Komponenten (siehe Abschn. 6.1).

Gentechnisch veränderte Organismen kann man durch die Analyse veränderter
Inhaltsstoffe, besonderer Eigenschaften (z. B. Resistenz gegen ein bestimmtes
Pathogen), neuer oder veränderter Proteine und durch die transformierte Fremd-
DNA nachweisen.

Für den Nachweis der transformierten DNA in der transgenen Pflanze ste-
hen mit der Hybridisierung nach Southern Blot und der PCR (siehe Kap. 2) zwei
Nachweismethoden zur Verfügung, mit denen auch geringe Mengen an transgener
DNA nachweisbar sind. Bei der Herstellung transgener Pflanzen ist es immer notwendig nachzuweisen, dass diese Pflanzen tatsächlich transformiert wurden. Die
Hybridisierung nach Southern Blot ist weniger anfällig für Verunreinigungen mit
Spuren anderer DNA. Gleichzeitig erhält man Informationen über die Kopie-
zahl der untersuchten DNA, das heißt, über die Anzahl an Vektormolekülen pro
Genom. Zur Durchführung der Methode genügen wenige Mikrogramm DNA
($1\ \mu g = 1/1000$ mg), die man beispielsweise leicht aus einem einzigen Blatt
isolieren kann. Ein Beispiel für den Nachweis von transformierter DNA zeigt
Abb. 3.20.

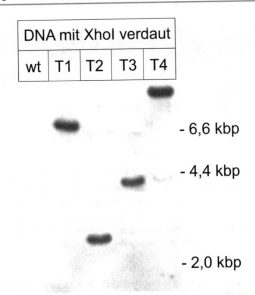

Abb. 3.20 Autoradiogramm einer Southern-Hybridisierung. DNA transgener Organismen wurde mit dem Restriktionsenzym *Xho*I verdaut und auf einem Gel aufgetrennt (nicht gezeigt). Danach wurde ein Southern Blot (siehe Kap. 2) hergestellt und mit radioaktiv markierter Vektor-DNA als Sonde hybridisiert. Die Abbildung zeigt das Autoradiogramm. In der mit wt beschrifteten Spur ist keine Bande zu sehen, da es sich hier um den nicht transformierten Ausgangsorganismus handelt. T1 bis T4 sind gentechnisch verändert und weisen jeweils ein deutlich sichtbares Hybridisierungssignal auf. Die unterschiedliche Größe der hybridisierenden DNA deutet auf unterschiedliche Lokalisation im Genom hin. Zur Orientierung wurden die Größen in kb (Kilobasenpaaren) angegeben

Wenn man sehr viele Proben zu untersuchen hat, oder wenn nur sehr geringe DNA-Mengen vorhanden sind, die man sogar aus modifizierten Nahrungsmitteln wie z. B. Kartoffelchips isolieren kann, ist die PCR-Amplifikation die Methode der Wahl. Sie eignet sich besonders gut für Überwachungszwecke staatlicher Behörden oder zum generellen Nachweis von genetischen Veränderungen an Kulturpflanzen und ggf. auch Nahrungsmitteln. Die mögliche Lokalisation von PCR-Primern zeigt Abb. 3.21.

DNA-Hybridisierung und PCR-Amplifikation setzen bestimmte Kenntnisse über die zur Transformation verwendete DNA voraus, da ja Sonden oder spezifische Oligonukleotide benötigt werden. Allerdings wird in fast allen Vektoren nur eine begrenzte Zahl von Resistenzgenen für die Selektion verwendet (vgl Tab. 3.2), die, da bekannt, für den Nachweis herangezogen werden. Nur wenn für die genetische Veränderung einer Pflanze ein ganz ungewöhnlicher Vektor Verwendung gefunden hätte, wäre die Transformation unter Umständen nicht nachweisbar. Außerdem sind für alle zugelassenen transgenen Pflanzen die Sequenzen der Transgene bekannt und können so in die Analytik einbezogen werden.

Die Zulassung gentechnisch veränderter Pflanzen in der EU erfordert eine spezifische Nachweismöglichkeit für die jeweilige Sorte. Auf diese Weise soll erreicht werden, dass jede transgene

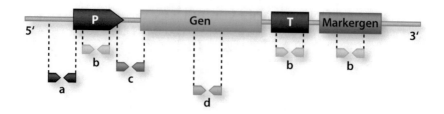

Abb. 3.21 Mögliche Lokalisation von Primern für die PCR zum Nachweis gentechnischer Veränderungen. a Event-spezifischer Nachweis der sich aus dem Integrationsort der transgenen DNA ergibt, b genereller Nachweis gentechnischer Veränderung aufgrund verwendeter Promotoren (P), Terminatoren (T) oder des Markergens (das vereinfacht ohne Promotor und Terminator dargestellt wurde), c konstruktspezifischer Nachweis (bestimmte Kombination von Promotor und einem Gen), d genspezifischer Nachweis. (Verändert nach Broll et al. 2004)

Sorte eindeutig identifiziert werden kann. Daher sind die Hersteller verpflichtet, alle notwendigen Informationen zu liefern. Hierzu liegt auch Referenzmaterial vor.

Auf dem Webserver der OECD (http://www2.oecd.org/biotech/) können z. B. die verschiedenen Transformations-Events abgefragt werden. Dazu wurde ein *Unique Identifier* entwickelt, der einen aus neun alphanumerischen Zeichen bestehenden Kode darstellt. Zwei bis drei der Zeichen definieren das Unternehmen, das die transgene Sorte hergestellt hat, fünf bis sechs Zeichen definieren das jeweilige Transformations-Event und ein Zeichen dient als Prüfnummer.

Die EU-Kommission hat das *European Union Reference Laboratory for GM Food and Feed* (EURL GMFF; http://gmo-crl.jrc.ec.europa.eu) eingerichtet, dessen Hauptaufgabe die Bewertung und Validierung von Nachweisverfahren und einheitlichen Standardmethoden für den EU-weiten Nachweis transgener Nahrungs- und Futtermittel ist. Dabei wird typischerweise die PCR-Methode verwendet. Dieses Verfahren erlaubt zwar auch eine gewisse Quantifizierung der Mengen an transgener DNA, es handelt sich aber nicht um ein exaktes Messverfahren wie bei der chemischen Analyse. Dies ist darauf zurückzuführen, dass die Isolierung der DNA aus Pflanzen oder Pflanzenprodukten nicht immer mit der gleichen Effizienz gelingt. Daher sind erhebliche Abweichungen zwischen den Ergebnissen verschiedener Analyselaboratorien üblich. Aufgrund der Verfügbarkeit und stark gesunkenen Kosten wird auch immer häufiger die Genomsequenzierung eingesetzt. Um sicherzustellen, dass einheitliche, standardisierte und spezifische Nachweismethoden Verwendung finden, hat das EURL GMFF eine Datenbank mit EU-Referenzmethoden angelegt (http://gmo-crl.jrc.ec.europa.eu/gmomethods/), in der qualitative und quantitative Nachweismethoden für zahlreiche transgene Pflanzensorten aufgeführt sind.

Ob der DNA-Nachweis in Pflanzenprodukten gelingt, hängt z. B. von der Herstellungsmethode ab. Während dies sogar bei frittierten Kartoffelprodukten möglich ist, gelingt es z. B. kaum bei Sojaöl, da dieses keine ausreichenden DNA-Mengen mehr enthält.

Nach Untersuchungen der Verbraucherzentralen und Prüfämter in Deutschland wurden in zahlreichen Lebensmitteln gelegentlich Anteile von transgenen Pflanzen entdeckt. Dies geschah zum Teil, obwohl die betreffenden Firmen davon ausgingen, nichttransgene Pflanzenprodukte zu verwenden. Eine wahrscheinliche Erklärung ist die Kontamination konventioneller Pflanzenprodukte mit Resten transgener Pflanzen in Transportbehältern. Dies ist leicht möglich, da z. B. in den USA und Kanada keine Kennzeichnung der transgenen Produkte erfolgt und Kontaminationen oder Vermischung von Saatgut oder Früchten nicht auszuschließen ist. Da z. B. Sojabohnenprodukte in mehr als 20 000 Nahrungsmitteln enthalten sind, muss man davon ausgehen, dass Beimengungen transgener Pflanzenprodukte nicht auszuschließen sind.

Ein Beispiel für die Anwendung der PCR zum Nachweis transgener Pflanzen in Nahrungsmitteln zeigt Abb. 3.22. Aus dem dort gezeigten Experiment können folgende Schlüsse gezogen werden:

- In keinem der Kontrollexperimente ohne DNA („-" in Abb. 3.22) ist ein DNA-Fragment zu sehen. Dies bedeutet, dass experimentell korrekt gearbeitet wurde.
- Das Invertase-Gen *(ivr1)* ist in allen Maissorten natürlicherweise vorhanden und kann sowohl in unverändertem als auch transgenem Mais nachgewiesen werden („M" und „T"). Dies zeigt, dass tatsächlich DNA von beiden Maissorten isoliert wurde.
- Mithilfe von vier verschiedenen Oligonukleotidpaaren, die unterschiedliche Fragmente des Vektors amplifizieren, wurde jeweils nur bei transgenem Mais ein DNA-Fragment erzeugt (nur „T"). Dies zeigt, dass die Oligonukleotidpaare spezifisch für transgene DNA sind und damit die zweifelsfreie Identifizierung der transgenen Maissorte erlauben.

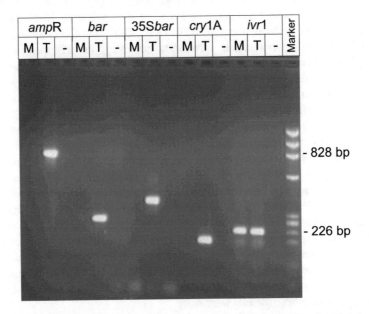

Abb. 3.22 Nachweis genetisch veränderter DNA aus transgenem Mais. Gezeigt wird ein Agarose-Gel mit aufgetrennten DNA-Fragmenten, die durch eine PCR-Amplifikation entstanden sind. Hierfür wurden fünf Oligonukleotidpaare verwendet, die spezifisch für bestimmte Gene oder Sequenzabschnitte sind, die jeweils durch ihre Abkürzungen angegeben sind (ampR – Ampicillinresistenzgen; bar – Herbizidresistenz; 35Sbar – Promotor und Herbizidresistenz, entsprechend c in Abb. 3.21; cryIA – B.-*thuringensis*-Toxingen; ivr1 – Invertasegen des Mais). „M", „T" und „-" bezeichnen die für die PCR verwendete Ausgangs-DNA; M = DNA von unverändertem Mais; T = DNA von transgenem Mais; - = Kontrollexperiment ohne DNA. Außerdem ist ganz rechts noch ein sogenannter Größenmarker zu sehen, dessen zahlreiche Banden definierter Größe es erlauben, die Größen der PCR-Fragmente genau zu bestimmen. Für zwei der Banden ist rechts die exakte Größe in Basenpaaren (bp) angegeben. (Abbildung mit freundlicher Genehmigung des RobertKoch-Instituts, Berlin)

Eine weitere Methode ist die Expression eines Reportergens, dessen Produkt leicht nachgewiesen werden kann. Diese Methode wird aber in aller Regel nur zu Forschungszwecken verwendet. Hierbei benötigt man Vektoren, die z. B. die ß-D-Glucuronidase exprimieren, deren Aktivität wie beschrieben durch Bildung eines blauen Indigofarbstoffes sehr einfach nachzuweisen ist.

Es gibt mittlerweile auch Methoden zum Nachweis von spezifischen Proteinen aus transgenen Pflanzen. Für transgene Sojabohnen wurden von der Firma Strategie Diagnostic Inc. in Kooperation mit dem Monsanto-Konzern der sogenannte GMO Soya Test Kit™ entwickelt, bei dem über spezifische Antikörper (siehe Box 2.4) das spezielle EPSP-Synthase-Protein (siehe Kap. 5) nachgewiesen wird, das aufgrund der gentechnischen Veränderung in der Sojabohne gebildet wird.

3.5   Expression von transformierter DNA

Die Tatsache, dass der genetische Kode degeneriert ist (vgl. Abschn. 2.1), hat für die Expression fremder Sequenzen in Pflanzen eine wichtige Konsequenz. So kodieren z. B. vier Kodone, nämlich GGA, GGC, GGG und GGT, für die Aminosäure Glycin. Viele Organismen verwenden bevorzugt nur ein oder zwei dieser möglichen Kodone. Tab. 3.4 zeigt, dass in der Pflanze *A. thaliana* das Kodon GGA, beim Menschen aber das Kodon GGC, am häufigsten verwendet wird. Bei gentechnischen Arbeiten ist es daher mitunter notwendig, den genetischen Kode anzupassen, um diesem Umstand Rechnung zu tragen. Andernfalls kann es passieren, dass die fremde Sequenz nur schlecht translatiert und das entsprechende Protein nicht oder nur in geringer Menge produziert wird.

Um eine optimale Genexpression zu erzielen, ist es daher sinnvoll, die DNA-Sequenz so zu verändern, dass der für den jeweiligen Organismus optimale Kodongebrauch entsteht. Hierfür stehen in der Molekularbiologie zwei Methoden zur Verfügung: Wenn nur einige wenige Änderungen notwendig sind, kann man durch die sogenannte *in* vitro-Mutagenese diese gezielt verändern. Bei umfangreichen Abweichungen ist es einfacher, Gene vollständig chemisch zu synthetisieren. Hierfür stehen besondere DNA-Synthesizer zur Verfügung, die automatisch beliebige DNA-Sequenzen herstellen können. Mittels solcher Geräte kann man DNA-Moleküle von mehr als 100 bp erzeugen. Längere Gene müssen dann aus Einzelstücken zusammengesetzt werden.

Höhere Pflanzen weisen drei Grundorgane (Wurzel, Spross und Blätter) auf und eine Vielzahl von spezialisierten Geweben wie Abschlussgewebe (z. B. Epidermis), Erhaltungsgewebe (z. B. Meristeme) oder Festigungsgewebe (z. B. Kollenchym). Hierbei sind etwa hundert Zelltypen zu unterscheiden. Es ist nun möglich, ein fremdes Gen in allen Zellen (ektopisch) oder nur in einigen spezialisierten (zell- oder gewebespezifisch) zu exprimieren. Hierzu bedient man sich spezieller Signalsequenzen der Transkription, die man als Promotor bezeichnet. Jedes Gen verfügt über einen Promotor, über den die Expression des Gens reguliert wird (vgl. Abschn. 2.1.2). Während manche Promotoren in fast allen Zellen aktiv sind, weisen andere eine sehr hohe Spezifität für bestimmte Zelltypen auf (Tab. 3.5). Promotoren lassen sich durch die in Kap. 2 beschriebenen Methoden isolieren und charakterisieren.

Tab. 3.4 Kodon-Gebrauch in verschiedenen Organismen. Nicht alle möglichen Kodone werden in einem Organismus auch verwendet. Angegeben ist die Häufigkeit, mit der bestimmte Kodons in den jeweiligen Organismen verwendet werden. Das jeweils häufigst gebrauchte Kodon ist durch Fettdruck hervorgehoben

A. thaliana	N. crassa	H. sapiens	Kodon	Aminosäure	
Höhere Pflanze	Schimmelpilz	Mensch		EBK	DBK
0,017520	0,012059	0,015951	GCA	A	Ala
0,010260	0,036574	0,028547	GCC	A	Ala
0,008798	0,016794	0,007575	GCG	A	Ala
0,028277	0,021498	0,018642	GCU	A	Ala
0,007611	0,007726	0,011468	AGA	R	Arg
0,018829	0,011540	0,011424	AGG	R	Arg
0,019460	0,006734	0,006339	CGA	R	Arg
0,008676	0,017922	0,010914	CGC	R	Arg
0,015177	0,008207	0,011860	CGG	R	Arg
0,013855	0,009276	0,004698	CGU	R	Arg
0,020878	0,027691	0,019460	AAC	N	Asn
0,022591	0,010108	0,016674	AAU	N	Asn
0,017217	0,032514	0,026016	GAC	D	Asp
0,036889	0,023857	0,022286	GAU	D	Asp
0,007098	0,007901	0,012249	UGC	C	Cys
0,010568	0,003248	0,009917	UGU	C	Cys
0,018829	0,016521	0,011802	CAA	Q	Gin
0,010948	0,026408	0,034598	CAG	Q	Gin
0,034490	0,021676	0,029046	GAA	E	Glu
0,032238	0,042851	0,040757	GAG	E	Glu
0,024062	0,013125	0,016348	GGA	G	Gly
0,009064	0,029563	0,022816	GGC	G	Gly
0,010203	0,010438	0,016431	GGG	G	Gly
0,022216	0,019135	0,010834	GGU	G	Gly
0,011205	0,015262	0,014931	CAC	H	His
0,014090	0,009268	0,010446	CAU	H	His
0,015748	0,003821	0,007070	AUA	I	He
0,010287	0,026767	0,021442	AUC	I	Ile
0,017659	0,014116	0,015744	AUU	I	Ile
0,016183	0,005788	0,006944	CUA	L	Leu
0,005293	0,027637	0,019412	CUC	L	Leu
0,008416	0,017815	0,040251	CUG	L	Leu
0,018582	0,014478	0,012757	CUU	L	Leu

(Fortsetzung)

Tab. 3.4 (Fortsetzung)

A. thaliana	N. crassa	H. sapiens	Kodon	Aminosäure	
Höhere Pflanze	Schimmelpilz	Mensch		EBK	DBK
0,012801	0,002570	0,007224	UUA	L	Leu
0,021017	0,014624	0,012560	UUG	L	Leu
0,030905	0,010970	0,023954	AAA	K	Lys
0,032750	0,040950	0,032888	AAG	K	Lys
0,007611	0,021860	0,022308	AUG	M	Met
0,020586	0,022719	0,020436	UUC	F	Phe
0,022173	0,011388	0,016917	UUU	F	Phe
0,012690	0,011936	0,016685	CCA	P	Pro
0,018477	0,022861	0,019995	CCC	P	Pro
0,024463	0,014105	0,007008	CCG	P	Pro
0,021790	0,015296	0,017281	CCU	P	Pro
0,017659	0,017199	0,019358	AGC	S	Ser
0,011205	0,008197	0,011933	AGU	S	Ser
0,018117	0,008809	0,011717	UCA	S	Ser
0,010992	0,020508	0,017439	UCC	S	Ser
0,009082	0,014463	0,004495	UCG	S	Ser
0,024988	0,011941	0,014629	UCU	S	Ser
0,000888	0,000697	0,000720	UAA	*	Stopp
0,000490	0,000510	0,000549	UAG	*	Stopp
0,001039	0,000756	0,001276	UGA	*	Stopp
0,009258	0,010483	0,014789	ACA	T	Thr
0,021992	0,025340	0,019204	ACC	T	Thr
0,015748	0,013111	0,006209	ACG	T	Thr
0,010287	0,011148	0,012847	ACU	T	Thr
0,012531	0,013174	0,012843	UGG	W	Trp
0,013793	0,017948	0,015617	UAC	Y	Tyr
0,014924	0,008261	0,012027	UAU	Y	Tyr
0,010025	0,005264	0,006995	GUA	V	Val
0,012720	0,025550	0,014621	GUC	V	Val
0,017326	0,014981	0,028925	GUG	V	Val
0,027327	0,014064	0,010898	GUU	V	Val

(Modifiziert   nach   http://bioinformatics.weizmann.ac.il/blocks/help/KODEHOP/codon.html);
EBK – „Ein-Buchstaben-Kode", DBK – „Drei-Buchstaben-Kode" für Aminosäuren

Tab. 3.5 Beispiele für Zell- und gewebespezifische Promotoren

Zelltyp oder Gewebe	Promotor-/Genname	Pflanze
Blattphloem und Wurzel	Asus1	Arabidopsis
Blüte und Wurzelspitze	CHS 15	Bohne
Meristem	Cyc07	Arabidopsis
Nebenzellen der Schließzellen	0,3 kb Fragment von AGPase	Kartoffel
Phloem	Fragment von RTBV	Reis
Pollen	PLAT4912	Tabak
Samen	Puroindolin-b	Weizen
Tapetumzellen	TA29	Tabak

Auf zellulärer Ebene sind zahlreiche Kompartimente wie Zellkern, Mitochondrien, Plastiden usw. vorhanden. Mittels geeigneter Signal-Sequenzen können Proteine gezielt in diese Kompartimente importiert werden, um am richtigen Ort ihre Wirkung zu entfalten. Von großer Bedeutung ist die RNAi-Methode, mit deren Hilfe gezielt die Expression einzelner Gene unterdrückt werden kann.

3.5.1 Ektopische Expression

Für die Expression eines Transgens in praktisch allen Gewebe- und Zelltypen wird zumeist der 35S-Promotor aus dem Blumenkohl-Mosaik-Virus (*cauliflower mosaic virus,* abgek. CaMV) verwendet, der konstitutiv, also ungeregelt aktiv ist und aufgrund seiner viralen Herkunft eine effiziente Transkription der nachgeschalteten Gene bewirkt. Der CaMV-35S-Promotor ist besonders gut geeignet für die Expression von Marker- und Reportergenen oder zur Herstellung herbizidresistenter Pflanzen (siehe Kap. 5). Für Eingriffe in metabolische Funktionen der Pflanze ist dieser Promotor jedoch ungeeignet, da die Veränderung bestimmter Stoffwechselwege eine zell- oder gewebespezifische Genexpression bedingt.

3.5.2 Zell- und gewebespezifische Expression

In der Pflanze finden zahlreiche metabolische Prozesse nur an bestimmten Orten statt, die Transporte zwischen produzierenden und verbrauchenden Organen nötig machen. Photosyntheseprodukte entstehen beispielsweise fast ausschließlich in grünen Blättern *(source)* und müssen dann über das Phloem der Leitbündel zu den verbrauchenden Organen wie Blüten oder Wurzeln *(sink)* transportiert werden. Das Beispiel macht die Notwendigkeit zur gezielten Expression eines Transgens klar. In den letzten Jahren wurden zahlreiche Promotoren entdeckt, die dies ermöglichen (Tab. 3.5). Mittlerweile können Transgene spezifisch in Kartoffelknollen, in Blättern oder sogar nur in Einzelzellen wie beispielsweise Pollen exprimiert werden.

Solche speziellen Promotoren werden experimentell dadurch identifiziert, dass man zunächst RNA-Moleküle isoliert, die nur in dem gewünschten Gewebe vorkommen. Hierfür stehen spezielle Methoden zur Verfügung, deren Erläuterung hier zu weit führen würde. In einem zweiten Schritt werden die dazugehörenden Gene und damit die Promotoren identifiziert. Die Spezifität eines Promotors wird dann mittels der bereits vorgestellten Reportergene überprüft. Hierzu wird der Promotor vor das Reportergen kloniert und in die Pflanze transformiert. An der transgenen Pflanze lässt sich dann der Ort der Expression nachweisen. Ein Beispiel zeigt Abb. 3.23.

Durch Genomsequenzierprojekte und Transkriptomanalysen wurden und werden zahlreiche weitere spezifische Promotoren identifiziert, sodass für alle Zell- und Gewebetypen spezielle Promotoren zur Verfügung stehen. Dies erleichtert die gezielte Veränderung von Biosynthesewegen sehr.

3.5.3 Import in spezifische Zellkompartimente

Im Gegensatz zu den einfach aufgebauten Zellen der Bakterien (Prokaryoten) ohne Zellkern oder innerer Kompartimentierung, weisen eukaryotische eine Aufteilung in Zellkern und zahlreiche andere Kompartimente auf. Hierzu zählen z. B. die Mitochondrien und, speziell bei Pflanzen, Vakuolen und Plastiden. Es muss sichergestellt werden, dass Proteine in das für sie korrekte Zellkompartiment gelangen. Hierzu weisen viele Proteine sogenannte **Signal**- oder

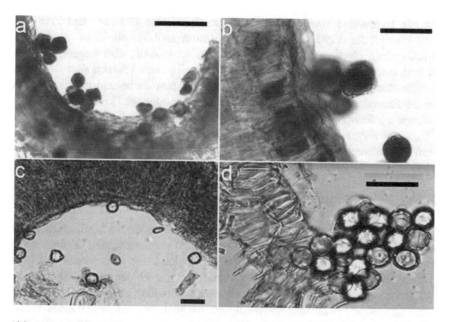

Abb. 3.23 a–d Beispiel für eine Reportergenanalyse. **a, b** Die Genexpression der ß-Glucuronidase erfolgt unter Kontrolle eines pollenspezifischen Promoters in Tabakantheren; **c, d** nicht transformierte Kontrollpflanzen; der schwarze Balken entspricht jeweils 50 µm. (Aufnahme: K. Stockmeyer)

Adresssequenzen auf. Zellkernkodierte Proteine, die im freien Zytoplasma lokalisiert sind, benötigen keine spezielle Signalsequenz für ihren Transport, während für den Transport in Vakuole, Plastiden und Mitochondrien und zur Ausschleusung aus der Zelle jeweils spezielle Signalsequenzen nötig sind (Abb. 3.24). Die Kenntnis des Wirkortes eines Proteins ist für dessen korrekte Positionierung in einem

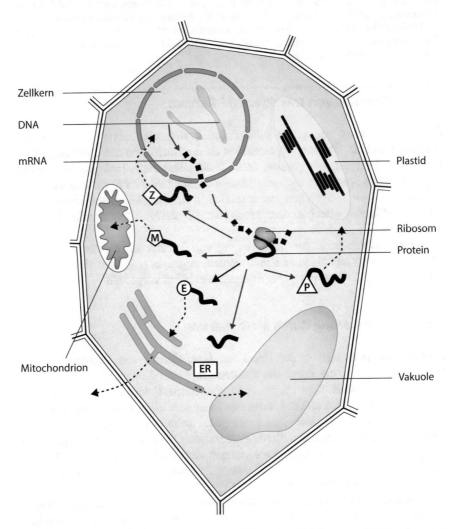

Abb. 3.24 Bedeutung von Signalsequenzen für die korrekte Verteilung von Proteinen in unterschiedlichen Zellkompartimenten. Für jedes Kompartiment (Zellorganell) sind spezifische Signalsequenzen vorhanden, die in der Abb. jeweils mit dem Anfangsbuchstaben des jeweiligen Organells beschriftet sind. („P" für Plastiden, „M" für Mitochondrien usw.); Proteine ohne Signalsequenz verbleiben im Zytoplasma. Die Abbildung zeigt eine stark vereinfachte Wiedergabe der tatsächlichen Vorgänge in der Zelle. So werden z. B. die Proteine, die ins endoplasmatische Reticulum (ER) gelangen sollen, direkt am rauhen ER von dort assoziierten synthetisiert

bestimmten Zellorganell einer transgenen Pflanze also von größter Bedeutung. Für diese Erkenntnis wurde 1999 der Nobelpreis für Medizin an Günter Blobel vergeben.

Die Signalsequenz der Proteine wird von spezifischen und komplex aufgebauten Proteinkomplexen erkannt, die in die Membranen der jeweiligen Kompartimente inseriert sind. Für manche Kompartimente wie beispielsweise Mitochondrien, die über zwei Membranen verfügen, kann das Transportsystem Proteine entweder in eine der beiden Membranen, den dazwischenliegenden Raum oder in das Innere (die Matrix) transportieren. Für weitere Informationen sei auf die Fachliteratur und Lehrbücher verwiesen.

3.6   Stabilität von transgenen Pflanzen

Für die Erzeugung transgener Pflanzenlinien sind die stabile Expression des Transgens und die Übertragung desselben an die Nachkommenschaft von größter Bedeutung. Hier hat sich gezeigt, dass die Stabilität eines Transgens und seiner Expression keineswegs immer sichergestellt ist, sondern dass es zu Veränderungen bis hin zum Ausfall der Transgenexpression in der Nachkommenschaft kommen kann, da Pflanzen offenbar über Mechanismen verfügen, um fremde DNA zu inaktivieren.

Einige Mechanismen der Inaktivierung von Transgenen wurden in der Vergangenheit näher charakterisiert und werden wegen ihrer großen Bedeutung bei der Herstellung stabiler transgener Pflanzen hier näher vorgestellt.

3.6.1   Inaktivierung durch Methylierung

Hierbei handelt es sich in der Regel um Inaktivierung von Transgenen durch Hypermethylierung, die durch die Existenz mehrerer Kopien eines Genes oder Allels ausgelöst wird. Man spricht auch von Transkriptionaler Geninaktivierung oder kurz TGS (nach dem Engl. *transcriptional gene silencing*). Insbesondere die Existenz zahlreicher Kopien eines Fremdgenes nahe beieinander (Clusterbildung oder repetitive Transgene) löst diesen Prozess aus. Offenbar sind viele Organismen in der Lage, derartige gehäufte Anordnungen identischer Sequenzen zu erkennen. Der genaue Mechanismus dieser Erkennung ist bislang nicht bekannt und Gegenstand intensiver Forschungsarbeiten.

Derartige Cluster von repetitiven Transgenen treten insbesondere bei der biolistischen oder Protoplastentransformation auf, nur selten dagegen bei Verwendung der *A.-tumefaciens-Transformation*. Dies ist in den unterschiedlichen Mechanismen der Integration der DNA in das Pflanzengenom begründet.

Die Methylierung der repetitiven DNA erfolgt meist am fünften Ringatom des Cytosins (siehe Abb. 2.1), und zwar bevorzugt bei der Basenabfolge CG oder

CNG, wobei C und G für die Nukleotide Cytosin bzw. Guanin stehen und N eine beliebige Base symbolisiert. Methylierte Sequenzen werden entweder nicht mehr oder seltener transkribiert, wodurch letztlich die Genexpression reduziert oder ganz unterdrückt wird.

Für diesen Vorgang sind zahlreiche Beispiele bekannt. Das bestuntersuchte Beispiel ist das von weißblühenden Petunien, in die das A1-Gen aus dem Mais eingefügt wurde. Dadurch erhielten die Blüten eine lachsrote Färbung (siehe Kap. 5). Unter den erfolgreich transformierten Pflanzen befanden sich auch solche mit weißen oder schwach gefärbten Blütenblättern, die meist zahlreiche Kopien des A1-Gens trugen. Die Inaktivierung wurde hier mit der erhöhten Methylierung des verwendeten CaMV-35S-Promotors in Verbindung gebracht. In Freilandexperimenten mit 30 000 Nachkommen von transgenen lachsroten Petunien mit nur einer Transgenkopie wurden während der Pflanzenentwicklung in Abhängigkeit von Umweltfaktoren (hohe Lichtintensität und Temperatur) ebenfalls Schwankungen der Pigmentierung bis hin zur weißen Blütenfarbe beobachtet, die auf erhöhter Methylierung nur des Transgens beruhten.

Liegen die multiplen Kopien als Cluster an nur einem Genort vor, spricht man von *cis*-Inaktivierung. Daneben gibt es auch die *trans*-Inaktivierung, bei der ein bereits inaktiviertes DNA-Molekül ein anderes, räumlich weit entferntes, in seiner Genexpression negativ beeinflusst.

3.6.2   Posttranskriptionale Geninaktivierung (PTGS)

Nicht immer beruht die Inaktivierung eines Transgens auf der Methylierung der entsprechenden DNA. Oftmals sind daran posttranskriptionale Ereignisse beteiligt, d. h. Prozesse, die der Transkription nachgeordnet sind. Daher spricht man auch von posttranskriptionaler Genabschaltung oder **PTGS** (*posttranscriptional gene silencing*). Dieser Prozess wurde zunächst als Co-Suppression bezeichnet, da er zuerst nach der Transformation zusätzlicher Kopien eines Wildtypgens beobachtet wurde, was die Inaktivierung sowohl der transformierten Genkopien, als auch der endogenen Genkopie zur Folge hatte. Kennzeichnend für die PTGS ist eine Abnahme der RNA-Menge des transkribierten Transgens um das 20- bis 50-Fache. Wie Untersuchungen gezeigt haben, liegt dies nicht etwa an einer reduzierten Transkriptionsaktivität, sondern an einem beschleunigten Abbau der RNA. Außerdem weiß man mittlerweile, dass aufgrund einer PTGS-Reaktion auch Methylierungen der jeweiligen DNA erfolgen können. PTGS und TGS sind also miteinander verknüpft.

Der PTGS-Mechanismus wurde in mehreren Systemen analysiert. Man hat zahlreiche Mutanten identifiziert, die Störungen des PTGS zeigen. Durch die Charakterisierung solcher Mutanten kann man den PTGS-Mechanismus analysieren. Modellvorstellungen gehen davon aus, dass eine RNA-abhängige RNA-Polymerase kleine Bereiche von solchen RNA-Molekülen kopiert, deren Mengen über einem bestimmten Schwellenwert liegen oder bei denen gehäuft unvollständige Transkripte auftreten. Dadurch entstehen doppelsträngige RNA-Moleküle, die von speziellen

RNasen in etwa 21 bp große Fragmente zerlegt werden. Derartige RNA-Moleküle wurden bereits in vielen Organismen nachgewiesen. Die kleinen RNA-Fragmente können an weitere RNA-Moleküle spezifisch binden und damit zu Doppelstrangbereichen führen, die ebenfalls durch RNasen zerlegt werden. Auf diese Weise können letztlich alle RNA-Moleküle zerstört werden, und es kommt zur völligen Geninaktivierung.

Während die PTGS an sich hinderlich in Bezug auf die Herstellung transgener Pflanzen ist, gibt es aber auch eine bedeutsame Nutzanwendung: Dieser Vorgang ist nämlich sehr wahrscheinlich auch für die Entstehung bestimmter virusresistenter transgener Pflanzen verantwortlich (siehe Kap. 5). Tatsächlich geht man heute davon aus, dass der PTGS-Mechanismus als Abwehr gegen eindringende fremde Nukleinsäuren (Viren, Transposonen) entstanden ist. Mittels spezieller Vektoren, die gezielt zur Bildung doppelsträngiger RNA führen, lässt sich die PTGS zur gezielten Geninaktivierung nutzen. Ähnliche Prozesse – die aber nicht ganz identisch sind – findet man auch bei Pilzen und Tieren. Dort spricht man von *Quelling* (Pilze), RNA-Interferenz oder kurz **RNAi** (Tiere). Mittlerweile kann man diesen Mechanismus gezielt nutzen, um die Expression einzelner Gene zu reduzieren oder ganz zu verhindern. Dafür werden spezielle RNAi-Konstrukte erstellt, deren grundsätzlicher Aufbau in Abb. 3.25 gezeigt ist. Dabei wird ein Vektorkonstrukt erstellt, das zwei Kopien eines Exons und ein Intron enthält. Dabei flankieren die beiden Exons in Form eines *inverted repeats* das Intron. Dadurch kann sich die in der Pflanze gebildete RNA zu einer Haarnadelstruktur falten und aktiviert den RNAi- bzw. PTGS-Mechanismus, der dann das endogene Zielgen inaktiviert.

Die RNAi-Methode ist effizienter als die früher übliche Methode der Antisense-RNA-Expression. 1988 gelang es erstmals, bei Pflanzen die Ausprägung eines Merkmals, im speziellen Fall eines Blütenpigments, durch die gezielte Expression mittels einer Antisense-RNA zu verhindern. Die Antisense-Methode beruht auf der Expression eines RNA-Moleküls, das komplementär zum Transkript des zu inaktivierenden Gens ist und selber nicht für ein Protein kodieren kann. Sind nun von einer RNA zwei komplementäre Stränge vorhanden, können sie einen Doppelstrang ausbilden. Solche RNA-Doppelstränge können von bestimmten Enzymen, die der retroviralen RNase H ähneln, sehr effizient abgebaut werden, wodurch die Translation und damit die Bildung eines Proteins verhindert wird. Liegt die künstliche RNA in größerer Menge vor als das normale Transkript, kann auf diese Weise die Genexpression deutlich reduziert oder völlig unterdrückt werden. Eine sehr bekannte Anwendung der Antisense-Methode stellt beispielsweise die Flavr Savr-Tomate dar (siehe Kap. 5). Auch die klassische Antisense-Strategie beruht teilweise auf Komponenten des PTGS-Mechanismus.

In Hinblick auf die Verwendung in Pflanzen, die der Ernährung dienen, ist die Antisense-Methode (wie auch die RNAi-Methode) in Bezug auf Sicherheitsaspekte ein großer Vorteil, da kein zusätzliches Protein in der Zelle gebildet wird, sondern lediglich ein RNA-Molekül. Dies ist *per se* unbedenklich, weil der Mensch täglich sehr große RNA-Mengen mit seiner Nahrung aufnimmt.

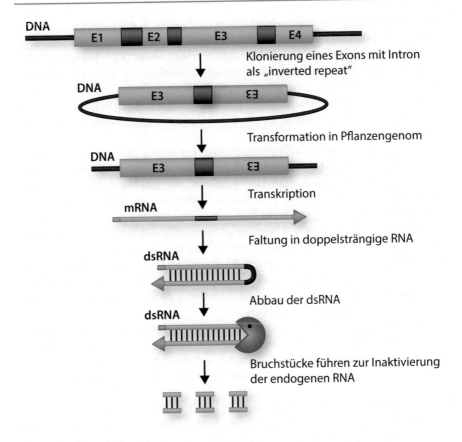

Abb. 3.25 Prinzip der RNAi-Strategie zur Geninaktivierung. DNA: grüne Boxen E1–E4 = Exonen; schwarze Rechtecke = Intronen; RNA: grüne Striche = Exon 3; schwarze Striche = Intron; dsRNA = doppelsträngige RNA

3.7   Entfernung von Resistenzgenen

In der Regel enthalten transgene Nutzpflanzen neben dem Gen, das eine bestimmte Veränderung bewirken soll, auch noch das für die Selektion der transgenen Pflanze notwendige Markergen. Da es sich hierbei ja oft um Antibiotikaresistenzgene handelt, wird von Kritikern der Verdacht angeführt, diese Resistenzgene könnten auf Krankheitserreger übertragen werden oder seien in anderer Weise schädlich (siehe Kap. 7). Obwohl diese Möglichkeit als äußerst unwahrscheinlich einzustufen ist, gibt es Empfehlungen, derartige Markergene vor dem Inverkehrbringen aus den Pflanzen zu entfernen. Manche Empfehlungen gehen sogar soweit, alle nicht für das gewünschte Endprodukt notwendigen Sequenzen zu entfernen. Dies würde z. B. auch Vektorbereiche umfassen, die für die Plasmidvermehrung in *E. coli* zuständig sind und z. B. bei biolistischen Transformationen in Pflanzengenome gelangen können.

Es ist jedoch sehr schwierig, ein in die chromosomale DNA integriertes Gen wieder zu entfernen. Um dieses Ziel dennoch zu erreichen, wurde eine Reihe von Methoden vorgeschlagen, von denen einige im Weiteren vorgestellt werden. Eine optimale und wirtschaftliche Strategie gibt es bislang leider nicht. Insbesondere ist bei einigen Methoden unsicher, ob sie z. B. unter Feldbedingungen effizient funktionieren.

Bei der sogenannten **Co-Transformation** verwendet man zwei, statt einem Vektor (Abb. 3.26). Dabei befinden sich selektives Markergen und das eigentlich interessante Fremdgen auf getrennten Vektoren, die gleichzeitig in die Pflanzen transformiert werden. Obwohl natürlich die Selektion nur über das Markergen erfolgt, wird erfahrungsgemäß ein Teil der transgenen Pflanzen beide Vektoren enthalten. Wenn die beiden Vektoren an unterschiedlichen Bereichen des Genoms integrieren, sollte es möglich sein, durch Kreuzungen zu transgenen Pflanzen zu kommen, die nur das Fremdgen, nicht aber das Markergen enthalten. Für die Durchführbarkeit der Methode muss also die Co-Transformationsrate ausreichend hoch sein und die Vektoren müssen möglichst weit entfernt voneinander integrieren. Dies ist aber nicht immer gegeben.

Als Alternative gilt die Verwendung von **Transposonen.** Transposonen sind mobile genetische Elemente, die ihre Lage im Genom aktiv verändern können. Wie in Kap. 2 erläutert, kann man Transposonen auch gezielt zur Herstellung von Mutanten einsetzen. Dort sind auch nähere Informationen zu Transposonen zu finden.

Die Idee besteht darin, das Markergen in ein Transposon einzubauen und dieses dann zusammen mit dem interessierenden Gen in die Pflanze zu transformieren (Abb. 3.26). In einigen Fällen wird das Transposon mit dem Markergen aus seiner ursprünglichen Genomposition herausspringen (exzisieren). Aufgrund von Untersuchungen an Tomaten konnte gezeigt werden, dass ein Transposon in 10 % aller Exzisionsereignisse entweder ganz verloren ging oder in ein anderes Chromosom gesprungen (reintegriert) war. Im letzteren Fall muss, wie bei der Co-Transformation, noch eine Kreuzung durchgeführt werden.

Obwohl es sich um eine sehr elegante Methode handelt, ist die Praktikabilität bzw. Wirtschaftlichkeit abhängig von der Häufigkeit der Transposition, da man natürlich nur begrenzt viele Pflanzen untersuchen kann.

Eine dritte Methode ist der sogenannte gezielte Genaustausch. Hierbei wird ein in der Pflanze vorhandenes (endogenes) Gen gegen ein Fremdgen in einem gerichteten und sequenzspezifischen (homologen) Rekombinationsprozess ausgetauscht. Das Prinzip dieser Methode ist in Abb. 3.27 dargestellt. Dieser spezielle Rekombinationsmechanismus erfolgt in Pflanzen leider nur sehr selten, sodass das Verfahren keine großen Erfolgsaussichten bietet und extrem arbeitsaufwändig ist, da in der Regel weit mehr als tausend Transformanten untersucht werden müssten.

Auch bakterielle Rekombinationssysteme wurden adaptiert, um Transgene zu entfernen. Ein Beispiel ist das sogenannte *Cre/lox*-System. Hierbei wird das Resistenzgen von kurzen bakteriellen DNA-Sequenzen flankiert, die man *lox*

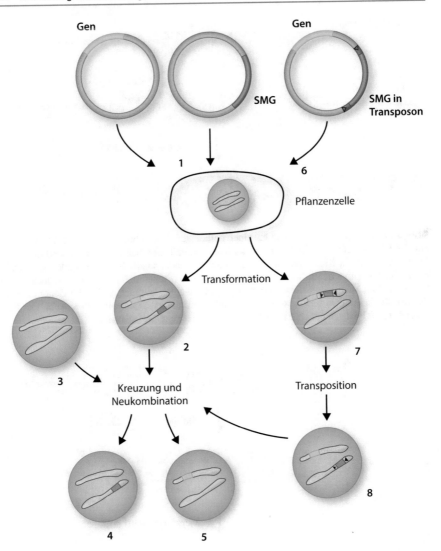

Abb. 3.26 Strategien zum Entfernen von Markergenen aus transgenen Pflanzen. (1) Co-Transformation von zwei Vektoren, mit selektivem Markergen (SMG, rot und neuem Gen (blau); (2) selektive Marker und Gen liegen auf verschiedenen Chromosomen vor. (3) Nach Kreuzung tragen einige transgene Pflanzen nur das selektive Gen (4) oder nur das gewünschte Gen (5). (6) Verwendung eines Transposons, das das selektive Markergen beinhaltet. Nach Transformation (7) sind gewünschtes Gen und Transposon zunächst benachbart. Nach Lageveränderung des Transposons (8) können selektive Marker und gewünschtes Gen, wie unter (3–5) gezeigt, getrennt werden

nennt. Erhaltene transgene Pflanzen exprimieren dann unter Kontrolle eines induzierbaren Promotors das Gen für die bakterielle Rekombinase *Cre*. Das CRE-Protein entfernt die zwischen den *lox* liegenden Sequenzen und damit auch das Resistenzgen (Abb. 3.28). Diese Sequenzen gehen dabei verloren. Weitere

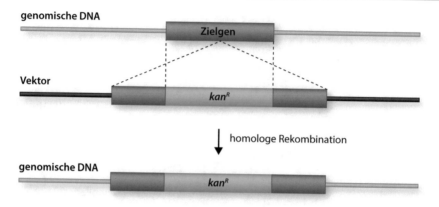

Abb. 3.27 Schematische Darstellung einer homologen Rekombination. In eine Pflanze wird ein Vektor eingebracht, in dem sich das zu inaktivierende Gen befindet. Dieses wird durch ein Markergen (hier ein Kanamycinresistenzgen) unterbrochen, sodass das betreffende Gen inaktiv ist. Zufällig kann es durch homologe Rekombination zwischen den identischen Sequenzen im Genom und im Vektor zum Austausch der beiden Genkopien kommen, sodass im Genom nur die inaktive Kopie erhalten bleibt, während die andere mit dem Vektoranteil verlorengeht. Der Prozess erfolgt in Pflanzen nur sehr ineffektiv. *kan*R – Kanamycinresistenzgen

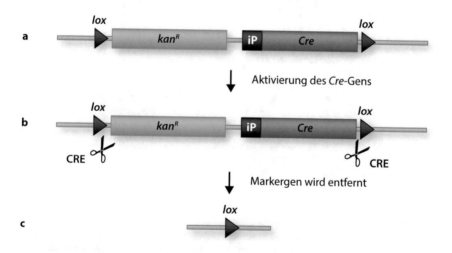

Abb. 3.28 **a–c** Prinzip der *Cre/lox*-Funktion, **a** Resistenzgen (*kan*R; Promotor und Terminator nicht dargestellt) und Gen für CRE-Rekombinase befinden sich zwischen den *lox*-Sequenzen. Das *Cre*-Gen ist mit einem induzierbaren Promotor gekoppelt (Terminator nicht dargestellt). **b** Aktivierung des *Cre*-Gens; die CRE-Rekombinase schneidet die Sequenzen zwischen den *lox*-Sequenzen heraus. **c** Nur ein *lox*-DNA-Fragment verbleibt. Die herausgeschnittenen Sequenzen gehen bei der nächsten Zellteilung verloren und werden nicht an die Tochterzellen vererbt

transformierte Gene, die außerhalb der *lox*- Sequenzen liegen, bleiben im Genom erhalten. Problematisch ist jedoch, dass eine Kopie der *lox*-Sequenz erhalten bleibt, was zu Problemen bei der Regulierung solcher Pflanzen führen kann.

Ein ähnlicher Ansatz sieht die Verwendung der 352 bp großen *att*P-Region des Bakteriophagen Lambda vor. Durch intrachromosomale Rekombination können Bereiche zwischen zwei solchen *att*P-Regionen aus dem Chromosom entfernt werden.

Die in Kap. 4 beschriebenen Verfahren der Genom-Edierung eignen sich ebenfalls dazu, Markergene gezielt zu entfernen. Hierbei verbleiben dann allenfalls Punktmutationen, die regulatorisch unbedeutend sind. Allerdings hat der EUGH am 25.07.2018 entschieden, dass die Genom-Edierungsmethoden rechtlich als gentechnische Veränderungen anzusehen sind.[1]

3.8   Von der Primärtransformante zum Freilandversuch

In den vorangegangenen Abschnitten des Kap. wurde die Vorgehensweise zur Erstellung transgener Pflanzen erläutert und auf die dabei auftretenden Schwierigkeiten verwiesen. Da in Höheren Pflanzen die Integration der transformierten DNA zufällig – also nicht aufgrund homologer Rekombination – erfolgt, unterscheiden sich alle **primären Transformanten** hinsichtlich des Integrationsortes der transformierten DNA.

Vorhersagen über den Integrationsort eines Vektors sind somit nicht möglich. Allerdings kann an einer individuellen Transformante der **Integrationsort** der DNA genau festgestellt werden. Hierzu verwendet man eine modifizierte PCR-Methode, mithilfe derer die den Vektor flankierenden Sequenzen identifiziert werden und dann mit bekannten DNA-Sequenzen verglichen werden können. Auf diese Weise lässt sich zum Beispiel feststellen, ob die Integration des Vektors zu einer ungewollten Inaktivierung eines Gens geführt hat.

Während dies bei der Herstellung von Transformanten für die Pflanzenzüchtung ein Problem darstellt, ist es für die pflanzliche Grundlagenforschung eher nützlich, da man so auch Gene durch Integration transformierter DNA inaktivieren kann (siehe Kap. 2 für Details). Dabei entstehen Mutanten, deren Analyse Rückschlüsse auf die Funktion der inaktivierten Gene zulässt. Für die Modellpflanze *Arabidopsis thaliana* gibt es z. B. spezielle Sammlungen, die für fast jedes Gen Insertionen enthalten (Salk Institute Genomic Analysis Laboratory; http://signal.salk.edu/).

Jede gentechnisch veränderte Primärtransformante wird als **Event** bezeichnet und mit einem bestimmten Kürzel versehen (z. B. MON863). Die verschiedenen *Events* unterscheiden sich nach Zahl der eingeführten Genkopien und der Integrationsstellen.

---

[1]https://curia.europa.eu/jcms/jcms/p1_1217550/en/

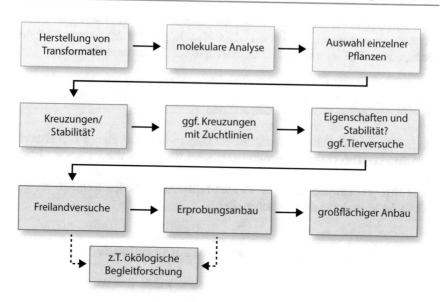

Abb. 3.29 Schrittweises Vorgehen bei der Etablierung von gentechnisch veränderten Pflanzen für die Landwirtschaft (vereinfachte Darstellung). Obere Reihe: Laborphase; mittlere Reihe: Gewächshausphase; untere Reihe: Freilandphase

Außerdem müssen die Primärtransformanten daraufhin überprüft werden, ob das Transgen exprimiert wird und ob das Merkmal stabil vererbt wird. Insofern ist es ausgeschlossen, die primären Transformanten direkt für Freilandexperimente zu verwenden. Daher folgt nun ein mehrstufiger und langwieriger Prozess (siehe Abb. 3.29), der viele Jahre in Anspruch nehmen kann und in der EU streng reguliert ist (siehe Kap. 6). Hierbei werden einzelne Primärtransformanten, die als stabil charakterisiert wurden, in vorhandene Zuchtlinien eingekreuzt und später im Freilandversuch und Erprobungsanbau getestet. Die bisherigen Erfahrungen werden in Kap. 6 erläutert.

Kernaussage

Für die Transformation von Höheren Pflanzen stehen mehrere Methoden zur Verfügung, von denen die *Agrobacterium*- und die biolistische Transformation die größte Verbreitung gefunden haben.

Selektion und Regeneration sind entscheidende Parameter, um zu intakten transgenen Pflanzen zu gelangen. Neue Selektionssysteme kommen ohne Antibiotika- oder Herbizidresistenzgene aus.

Der Nachweis transgener Pflanzen kann durch Southern Blot und Hybridisierung, PCR oder durch Verwendung spezifischer Reportergene erfolgen. Für den Nachweis in Nahrungsmitteln kommt fast ausschließlich die PCR-Methodik zum Einsatz. Probleme bereiten aber quantitative Untersuchungen, die mit hohen Fehlerraten belastet sind.

Aufgrund des komplexen Aufbaus von Pflanzenzellen und -geweben sind oft spezifische Promotor- und Signalsequenzen nötig, um die Genexpression eines fremden Gens am richtigen Ort zu ermöglichen. Auch die Anpassung des Kodon-Gebrauchs kann sinnvoll sein.

Nicht immer gelingt die Expression von Fremd-DNA in transgenen Pflanzen, denn durch Methylierung oder PTGS können transformierte Gene inaktiviert werden. Auch die Methode der Antisense-RNA-Expression, die zu einer Reduktion der Genaktivität führt, beruht wahrscheinlich auf Komponenten der PTGS-Maschinerie. Mittels PTGS kann man die Expression von Genen gezielt reduzieren oder ganz unterdrücken (gebräuchlicheres Synonym: RNAi).

Da die Verwendung von Antibiotikaresistenzgenen im Hinblick auf die Akzeptanz durch die Konsumenten nicht unproblematisch ist, ist zu raten, selektive Marker aus transgenen Pflanzen vor der Kommerzialisierung zu entfernen. Hierbei gab es zunächst noch methodische Schwierigkeiten, die aber mittlerweile überwunden sind. Die gewebespezifische Entfernung von Transgenen lässt sich auch mittels Genom-Edierung erreichen.

Von der Primärtransformante bis zum Erprobungsanbau ist es ein weiter Weg, der umfangreiche Kontrollen und klassische Kreuzungsversuche umfasst. Nur wenige Primärtransformanten werden überhaupt zu Zuchtlinien entwickelt.

Weiterführende Literatur

Adem M, Beyene D, Feyissa T (2017) Recent achievements obtained by chloroplast transformation. Plant Methods 13:30. https://doi.org/10.1186/s13007-017-0179-1

Bandurska K, Berdowska A, Król M (2016) Transformation of medicinal plants using *Agrobacterium tumefaciens*. Postepy Hig Med Dosw (Online) 70:1220–1228

Bock R (2015) Engineering plastid genomes: methods, tools, and applications in basic research and biotechnology. Annu Rev Plant Biol 66:211–241

Broll H, Butschke A, Zagon J (2004) Nachweis von gentechnischen Veränderungen – Möglichkeiten und Grenzen. Laborwelt 5:8–10

Clark DP, Pazdernik NJ (2009) Molekulare Biotechnologie: Grundlagen und Anwendungen. Spektrum, Heidelberg

Daniell H (2002) Molecular strategies for gene containment in transgenic crops. Nat Biotech 20:581–586

Fuentes P, Armarego-Marriott T, Bock R (2018) Plastid transformation and its application in metabolic engineering. Curr Opin Biotechnol 49:10–15

Kausch AP, Nelson-Vasilchik K, Hague J, Mookkan M, Quemada H, Dellaporta S, Fragoso C, Zhang ZJ (2019) Edit at will: genotype independent plant transformation in the era of advanced genomics and genome editing. Plant Sci 281:186–205. https://www.ncbi.nlm.nih.gov/pubmed/30824051

Kempken F, Jung C (Hrsg) (2010) Genetic modification of plants – agriculture, horticulture and forestry. Springer, Berlin (mit zahlreichen Einzelartikeln zu verschiedenen Teilaspekten dieses Kapitels)

Krenek P, Samajova O, Luptovciak I, Doskocilova A, Komis G, Samaj J (2015) Transient plant transformation mediated by Agrobacterium tumefaciens: principles, methods and applications. Biotechnol Adv 33:1024–1042

Kunkel T, Niu QW, Chan YS, Chua NH (1999) Inducible isopentenyl transferase as a high-efficiency marker for plant transformation. Nat Biotechnol 17:916–919

Kyndt T, Quispe D, Zhai H, Jarret R, Ghislain M, Liu Q, Gheysen G, Kreuze JF (2015) The genome of cultivated sweet potato contains Agrobacterium T-DNAs with expressed genes: an example of a naturally transgenic food crop. Proc Natl Acad Sci USA 112:5844–5849

Lloyd A, Plaisier CL, Carroll D, Drews GN (2005) Targeted mutagenesis using zinc finger nucleases in *Arabidopsis*. Proc Natl Acad Sci USA 102:2232–2237

Maliga P (2004) Plastid transformation in higher plants. Annu Rev Plant Biol 55:289–313

Martínez de Alba AE, Elvira-Matelot E, Vaucheret H (2013) Gene silencing in plants: a diversity of pathways. Biochim Biophys Acta 1829:1300–1308. https://doi.org/10.1016/j.bbagrm.2013.10.005

Moon HS, Li Y, Stewart CN (2010) Keeping the genie in the bottle: transgene biocontainment by excision in pollen. Trends Biotechnol 28:1–8

Petino JF, Worden A, Curlee K, Connell J, Strange Moynahan TL, Larsen C, Russell S (2010) Zinc finger nuclease-mediated transgene deletion. Plant Mol Biol 73:617–628

Rajeevkumar S, Anunanthini P, Sathishkumar R (2015) Epigenetic silencing in transgenic plants. Front Plant Sci 6:693. https://doi.org/10.3389/fpls.2015.00693

Rao AQ, Bakhsh A, Kiani S, Shahzad K, Shahid AA, Husnain T, Riazuddin S (2009) The myth of plant transformation. Biotechnol Adv 27:753–763

Scheid OM (2004) Either/or selection markers for plant transformation. Nat Biotechnol 22:398–399

Schröder JA, Jullien PE (2019) The diversity of plant small RNAs silencing mechanisms. Chimia (Aarau) 73:362–367. https://doi.org/10.2533/chimia.2019.362

Schulze M (1999) Nachweis genetischer Veränderungen. Biol Unserer Zeit 29:158–166

Singh RK, Prasad M (2016) Advances in Agrobacterium tumefaciens-mediated genetic transformation of graminaceous crops. Protoplasma 253:691–707

Stewart CN Jr (2008) Plant biotechnology and genetics: principles, techniques, and applications. Wiley, New Jersey

Tabatabaei I, Dal Bosco C, Bednarska M, Ruf S, Meurer J, Bock R (2018) A highly efficient sulfadiazine selection system for the generation of transgenic plants and algae. Plant Biotechnol J 17:638–649. https://doi.org/10.1111/pbi.13004

Tang W, Newton RJ, Weidner DA (2007) Genetic transformation and gene silencing mediated by multiple copies of a transgene in eastern white pine. J Exp Bot 58:545–554

Thieman WJ, Palladino MA (2007) Biotechnologie. Pearson Studium, München

Tzfira T, Citovsky V (2006) Agrobacterium-mediated genetic transformation of plants: biology and biotechnology. Curr Opin Biotechnol 17:147–154

Wright M, Dawson J, Dunder E, Suttie J, Reed J, Kramer C, Chang Y, Novitzky R, Wang H, Artim-Moore L (2001) Efficient biolistic transformation of maize (*Zea mays* L.) and wheat (*Triticum aestivum* L.) using the phosphomannose isomerase gene, *pmi*, as the selectable marker. Plant Cell Rep 20:429–436

Yin Z, Plader W, Malepszy S (2004) Transgene inheritance in plants. J Appl Genet 45:127–144

Zubko E, Scutt C, Meyer P (2000) Intrachromosomal recombination between attP region as a tool to remove selectable marker genes from tobacco transgenes. Nat Biotechnol 18:442–445

Methoden der Genom-Edierung

4

Inhaltsverzeichnis

Die Methoden der Gentechnik erlauben es, beliebige Gene in neue Zielorganismen einzubringen und damit die Eigenschaften von Nutzpflanzen zu verändern. Die so erzeugten Pflanzen unterliegen aber erheblichen rechtlichen Kontrollen, die darüber hinaus in verschiedenen Ländern unterschiedlich gehandhabt werden (siehe Kap. 6). Auch die Akzeptanz gentechnisch veränderter Pflanzen ist unterschiedlich ausgeprägt. Insbesondere in Europa wird der Anbau abgelehnt oder ist sogar verboten. Dabei kann es zu der Situation kommen, dass zwei Pflanzensorten mit der gleichen Eigenschaft, z. B. einer Herbizidresistenz, abhängig von der Entstehung ganz unterschiedlich bewertet und reguliert werden. Nicht selten werden Hochdurchsatzmethoden wie z. B. das „TILLING" genutzt, um Mutationen zu finden, durch die man den Einsatz von gentechnischen Methoden vermeiden kann.

Der Nachteil klassischer Mutageneseprogramme ist aber, dass zunächst Zehntausende bis Hunderttausende von zufälligen Mutationen erzeugt und durchgemustert (gescreent) werden müssen, um eine gewünschte Mutation zu finden. Außerdem besteht dabei die Gefahr (siehe Kap. 1), dass unvermeidliche und unerwünschte zusätzliche Mutationen, die zunächst gar nicht bemerkt werden, für die Pflanzensorten ungewollte oder negative Eigenschaften zur Folge haben. Daher wurden Methoden entwickelt, die die gezielte Veränderung bestimmter DNA-Nukleotide zum Zweck haben, ohne gleichzeitig ungerichtete und unerwünschte Mutationen zu erzeugen. Diese Methoden werden unter dem Oberbegriff Genom-Edierung zusammengefasst. Man unterscheidet hierbei zwischen Oligonukleotid-direktionierter Mutagenese (ODM), künstlichen Zinkfingernukleasen, TALENs, Meganukleasen und CRISPR/Cas. Während sich diese Methoden in der Art und Weise unterscheiden, wie die Spezifität des Ortes der Mutation erreicht wird, nutzen alle diese Methoden DNA-Reparaturenzyme, die natürlicherweise in allen Zellen vorhanden sind.

Genom-edierte Organismen erfahren in den USA und der EU eine sehr unterschiedliche rechtliche Bewertung. Während sie in den USA nicht reguliert werden, sind sie aufgrund einer Entscheidung des EuGH[1] gentechnisch veränderten Organismen gleichgestellt (siehe Kap. 6). Diese Entscheidung ist sehr umstritten, da sich Genom-edierte Pflanzen nachträglich nicht von Pflanzen unterscheiden lassen, in denen es zu einer spontanen Mutation gekommen ist. Lediglich wenn über homologe Rekombination auch fremde DNA eingebracht wurde, sind solche Pflanzen erkennbar. Im Vergleich zu einer zufälligen Mutagenese (siehe Abb. 4.1) zeigt sich, dass dabei eine Vielzahl von Mutationen im Genom auftritt, die unbekannte Effekte haben können. Die gewünschte Mutante muss aus 10 000 oder mehr Individuen herausgesucht werden, während die verschiedenen Verfahren der Genom-Edierung ganz gezielt zu der gewünschten Mutation führen, und zwar (fast) ohne das Auftreten von unerwünschten Mutationen.

4.1 Oligonukleotid-direktionierte Mutagenese (ODM)

Die Vorarbeiten zur Etablierung dieser Methode gehen auf die Siebziger- und Achtzigerjahre des letzten Jahrhunderts zurück, als die Herstellung künstlich hergestellter kleiner DNA-Abschnitte, die man als Oligonukleotide bezeichnet, Routine wurde. Heute können Oligonukleotide jederzeit online bestellt werden. Für viele Anwendungen reichen 15–30 Nukleotide; manche Oligonukleotide können deutlich länger sein. Die technischen Möglichkeiten erlauben zurzeit Synthesenlängen von bis zu 200 Nukleotiden.

Oligonukleotide werden mit Hilfe von Phosphoramiditen an einer festen Phase schrittweise erzeugt. Phosphoramidite sind Nukleotide, zu denen verschiedene Schutzgruppen hinzugefügt wurden, die unerwünschte Nebenreaktionen verhindern. Neben den normalen Nukleotiden können auch chemisch modifizierte Nukleotide in Oligonukleotide eingebaut werden.

Bereits in den 1970er-Jahren gab es erste Versuche zur Oligonukleotid-direktionierten Mutagenese (ODM) bei Hefen, die später optimiert wurden. Für diese Methode ist es von grundsätzlicher Bedeutung, dass die verwendeten Oligonukleotide besondere, chemisch modifizierte Nukleotide an den Enden tragen.

Dies können z. B. Phosphorothioate sein, in denen ein Sauerstoffatom durch ein Schwefelatom ersetzt wurde. Werden solche Phosphorothioate an den Enden eines

---

[1]https://curia.europa.eu/jcms/jcms/p1_1217550/en/

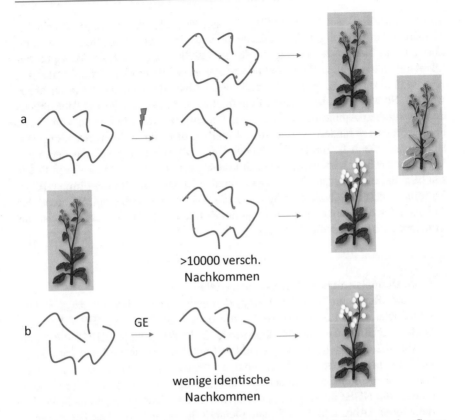

Abb. 4.1 Vergleich der klassischen ungerichteten Mutagenese mit Methoden der Genom-Edierung. **a** Bei der klassischen Mutagenese werden ungerichtet zahlreiche Mutationen erzeugt, indem z. B. Samen mutagenisiert werden (roter Pfeil). Die Nachkommen weisen unterschiedliche Kombinationen von Punktmutationen (rote Punkte) auf, die mehr oder weniger zufällig über die Chromosomen (dunkle Linien) verteilt sind. Nur wenige dieser Mutationen haben Auswirkungen, die direkt beobachtet werden können. Im Regelfall müssen 10 000 und mehr Nachkommen durchmustert werden, um eine Veränderung zu beobachten (hier: Blattfarbe, veränderte Blüten). Versteckte Mutationen können in späteren Generationen negative Folgen haben. **b** Durch Genom-Edierung (GE) wird nur eine spezifische Veränderung vorgenommen, die zum gewünschten Phänotyp führt

Oligonukleotides eingebaut, so ist dieses vor dem Abbau durch Exonukleasen geschützt.

Die Größen der für die OMD verwendeten Oligonukleotide liegen dabei zwischen 40 und 200 Nukleotiden. Diese Oligonukleotide werden in Zellen eingeschleust und binden an die komplementären Bereiche der genomischen DNA. Die Position, die verändert werden soll, weist eine andere Nukleotidsequenz auf. Dadurch kommt es an dieser Stelle zu einer Fehlpaarung *(mismatch)* zwischen Oligonukleotid und genomischer DNA, die durch DNA-Reparaturenzyme korrigiert wird. Dabei kann zufällig die ursprüngliche Wildtypsequenz erhalten bleiben, oder die Oligonukleotidsequenz wird im Genom als Mutation etabliert und an Nachkommen vererbt. In den 1990er-Jahren folgten Versuche zur ODM mit Säugerzellen. Die Methode wurde ebenfalls erfolgreich bei Bakterien eingesetzt. Daher war es naheliegend, diese Methode auch bei Pflanzen anzuwenden. So wurden z. B. einzelne Punktmutationen in Genen für die Biosynthese der essentiellen Aminosäuren Isoleucin, Leucin und Valin mit Hilfe von ODM in Arabidopsis verändert. Vorteilhaft ist hierbei, dass durch die Verwendung von Herbiziden wie z. B. Imidazolinon oder Chlorsulfuron eine Selektion derartiger Mutationen möglich ist. Mittlerweile sind entsprechende Arbeiten an vielen Pflanzen bekannt, u. a. Banane, Mais, Raps, Tabak oder Weizen. Die US-Firma CIBUS hat mittels dieser Methode eine herbizidresistente Rapssorte erzeugt. Während der Aufwand für die Herstellung der Oligonukleotide nicht ins Gewicht fällt, ist die Effizienz der Methode allerdings gering.

Box 4.1

DNA-Doppelstrangbruch-Reparatursystem

Für die Reparatur von DNA-Doppelstrangbrüchen existieren zwei unterschiedliche DNA-Reparatursysteme, die homologe Reparatur (HR oder auch HDR abgekürzt) und die nichthomologe Endverknüpfung (NHEJ), die beide in Abb. 4.2 dargestellt werden. Die NHEJ arbeitet sehr schnell und kann zwei DNA-Fragmente ohne Hilfe homologer Sequenzen zusammenfügen. Dabei werden aber oft einzelne Nukleotide entfernt oder hinzugefügt. Auf diese Weise erzeugt die NHEJ aufgrund ihrer fehlerhaften Arbeitsweise regelmäßig Punktmutationen (Abb. 4.2c-d), die man züchterisch nutzen kann. Die HR dagegen arbeitet sehr präzise, benötigt zur Reparatur aber eine Matrize, die von einem homologen Chromosom stammen kann (siehe Abb. 4.2e-h). Da in einem diploiden Organismus von jedem Chromosom immer zwei vorhanden sind, sieht man von Geschlechtschromosomen einmal ab, sind damit auch homologe Donorsequenzen vorhanden. Allerdings ist die Verfügbarkeit außerhalb der Meiose eingeschränkt, weshalb die NHEJ das dominierende Reparatursystem ist. Wird aber gleichzeitig mit der Erzeugung eines DNA-Doppelstrangbruchs eine künstliche homologe Sequenz verwendet, die neue DNA-Abschnitte enthält, können diese über die HR in das Genom eingebaut werden (Abb. 4.2i-m). Alle in den Abschn. 4.2 bis 4.5 beschriebenen Methoden der Genom-Edierung erzeugen auf die eine oder andere Weise Doppelstrangbrüche und führen entweder über den Reparaturweg NHEJ zu Mutationen oder machen in Kombination mit Plasmid-DNA Gebrauch vom HR-Reparaturweg.

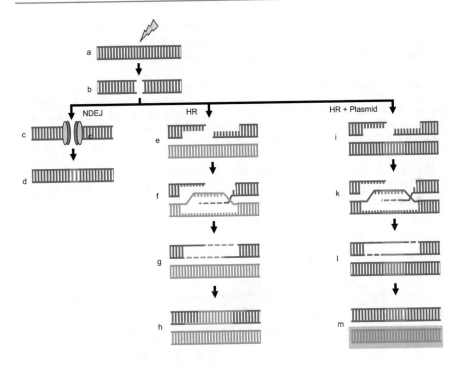

Abb. 4.2 DNA-Reparatur. **a** DNA-Molekül wird mutiert (gelber Blitz); **b** DNA-Doppelstrang-bruch; **c** DNA-Reparaturenzyme katalysieren die nichthomologe Endverknüpfung (NDEJ). **d** Die ungenaue NDEJ-Reparatur führt zur Mutation (rot). **e-g** Homologe Reparatur (HR) basierend auf der Sequenz eines homologen Chromosoms. **h** Vollständig repariertes Chromo-som ohne Mutation. **i-l** Durch die Zugabe eines Plasmides mit der homologen Sequenz, in die ein neues DNA-Fragment eingebaut wurde (rot), kann über den Prozess der homologen Rekombination eine neue DNA-Sequenz präzise in ein Gen eingefügt werden. **m** Das Plasmid geht später verloren

4.2 Zinkfinger-Nukleasen (ZFN)

Hierbei handelt es sich um künstliche Restriktionsenzyme (siehe Abschn. 2.2.1), die erzeugt werden, indem man eine sogenannte Zinkfinger-Domäne, die an eine bestimmte DNA-Sequenz binden kann, mit einer Nuklease-Domäne kop-pelt, die die DNA schneidet. Ein Zinkfinger ist ein Aminosäurenmotiv, das man in manchen DNA-Bindeproteinen findet. Charakteristisch ist eine bestimmte Abfolge der Aminosäuren Cystein und Histidin, die die Bindung eines Zinkatoms erlauben. Typischerweise findet man drei bis sechs solcher Motive in einem Zink-finger-Bindeprotein. Jeder Zinkfinger erkennt eine drei Basen lange Nukleotid-sequenz. Man hat eine ganze Reihe von Methoden entwickelt, um Zinkfinger herzustellen, die an eine bestimmte DNA-Sequenz binden. Am einfachsten ist

dabei die Verwendung von Zinkfingern mit bekannter Spezifität. Leider beeinflussen benachbarte Zinkfinger jedoch die Spezifität der Bindung, was zusätzliche
Selektionsstrategien erfordert und den Einsatz der Methode erschwert.

Die Nukleasedomäne basiert typischerweise auf dem Restriktionsenzym *FokI*, das nur dann aktiv
ist, wenn es als Dimer vorliegt. Daher werden für die Anwendung als molekulares Werkzeug
immer zwei unterschiedlich gebaute ZFN-Monomere benötigt (siehe Abb. 4.1), die an die beiden
Stränge eines DNA-Moleküls in direkter Nachbarschaft binden können. Häufig finden künstliche
Varianten des Restriktionsenzyms *FokI* Verwendung.

Wie Abb. 4.3 zeigt, führt der Einsatz eines ZFN-Dimers zunächst zur Ausbildung
eines DNA-Doppelstrangbruchs, der mit Hilfe von zellulären DNA-Reparatur-
enzymen repariert wird. Der Prozess der DNA-Reparatur wird in Box 4.1 erläutert.

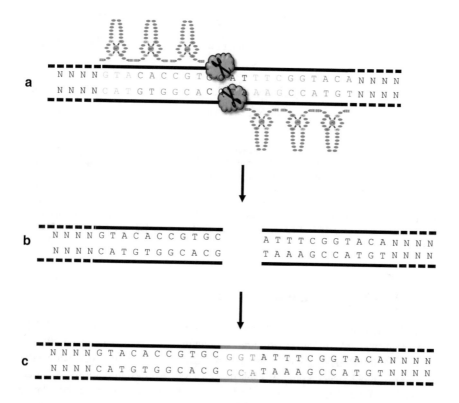

Abb. 4.3 Genom-Edierung mit einer Zinkfinger-Nuklease. **a** Beispiel einer Zinkfinger-Nuklease
mit drei Zinkfingern, die jeweils an drei Nukleotide binden. Zwischen den beiden Bindemotiven
befinden sich einige Nukleotide, an denen sich ein Nukleasedimer (Schere) ausbildet. **b** Ausbildung eines DNA-Doppelstrangbruchs. **c** Eine ungenaue DNA-Reparatur kann zum Einfügen
(rot) oder Entfernen einiger Nukleotide führen. Dadurch entsteht eine Mutation

4.3 Transcription Activator-like Effector Nucleasen (TALEN)

Transcription Activator-like Effector Nucleasen sind künstliche sequenzspezifische Restriktionsenzyme, bei denen eine DNA-Bindedomäne aus einem phytopathogenen Bakterium mit einer Endonuklease fusioniert wurde. Das Bakterium Xanthomonas kodiert sogenannte *Tal*-Effektoren, die sekretiert werden, an Promotoren ihrer Wirte binden und die Genexpression manipulieren. Solche *Tal*-Effektoren sind also DNA-Bindeproteine, die mehrere sogenannte *Tal*-Domänen enthalten. Eine einzelne *Tal*-Domäne umfasst eine konservierte Sequenz von 33 oder 34 Aminosäuren, wobei die Positionen 12 und 13 variabel sind. Diese sind für die spezifische Erkennung jeweils eines DNA-Nukleotids verantwortlich. Durch die Kombination mehrerer *Tal*-Domänen hintereinander können spezifische DNA-Sequenzen erkannt werden. Da man den dahinter liegenden Code entschlüsseln konnte, ist es möglich, künstliche Gene herzustellen, die jeweils spezifische DNA-Bindeproteine generieren.

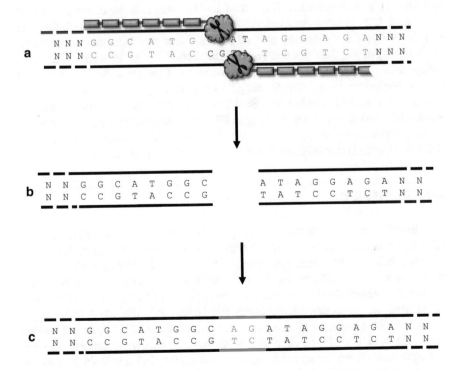

Abb. 4.4 Genom-Edierung mit TALENs. **a** Jede *Tal*-Domäne (ockerfarbenes Rechteck) bindet spezifisch an ein Nukleotid. Für jede Schnittstelle werden zwei TALEN benötigt, da die verwendete Nuklease (Schere) nur als Dimer aktiv ist. **b** Ausbildung eines DNA-Doppelstrangbruchs. **c** Eine ungenaue DNA-Reparatur kann zum Einfügen (rot) oder Entfernen einiger Nukleotide führen. Dadurch entsteht eine Mutation

Hierbei wurde experimental nachgewiesen, dass die Aminosäuren Asparagin und Isoleucin an Position 12 und 13 der *Tal*-Domäne eine Bindung an das Nukleotid Adenin ermöglichen, während Histidin und Asparaginsäure eine Bindung an Cytosin erlauben. Das Aminosäurepaar Asparagin und Glycin bindet an Thymin und zwei Asparagine an Guanin oder Adenin, während das Paar Asparagin und Serin an jedes Nukleotid binden kann. Asparagin und Lysin können spezifisch Guanin binden, aber Enzyme, die dieses Paar enthalten, sind oft weniger effizient.

Wie bei den oben beschriebenen ZFN basiert die Nucleasedomäne auf dem Restriktionsenzym *Fok*I. Es werden dementsprechend immer zwei TALEN für die Erzeugung eines Doppelstrangbruchs benötigt (Abb. 4.4), und die Einführung von Mutationen beruht auf den Reparatursystemen NHEJ und HR.

4.4   Meganukleasen

Hierbei handelt es sich um modifizierte *Homing*-Endonukleasen. Man findet diese Gruppe von Endonukleasen bei Bakterien, Archaeen, Protisten und in den Zellorganellen von Pflanzen und Pilzen. Die Gene dieser Enzyme werden dabei meistens von mobilen genetischen Elementen kodiert, wie z. B. besonderen Intronen (Abschn. 2.1.3). *Homing*-Endonukleasen erkennen eine bestimmte DNA-Sequenz von 20–30 bp, die sie binden und schneiden. Über zelluläre Reparaturenzyme bewerkstelligen sie, dass das kodierende genetische Element in solche Allele eingefügt wird, die bislang kein mobiles genetisches Element enthielten. Im Zuge des Proteindesigns lassen sich *Homing*-Endonukleasen gezielt verändern, um die Erkennungssequenzen anzupassen. So können sie auch für die Genom-Edierung verwendet werden. Aufgrund der langen DNA-Erkennungssequenz, die meist nur einmalig oder natürlicherweise gar nicht in einem Genom vorkommt, zeichnen sich die *Homing*-Endonukleasen durch eine sehr hohe Spezifität aus.

4.5   CRISPR/Cas

Grundsätzlich weisen praktisch alle Organismen unterschiedliche Mechanismen auf, um die unkontrollierte Aufnahme fremder DNA oder deren Expression (siehe Abschn. 3.6.2) zu verhindern. Die ersten Hinweise auf ein Abwehrsystem fremder DNA-Sequenzen in Bakterien und Archaeen stammen aus den späten 1980er-Jahren. Die entsprechenden Systeme beruhen auf genomischen *Clustern* identischer, meist palindromischer Sequenzwiederholungen (engl. *Repeats*), die von gleich langen variablen DNA-Sequenzen *(Spacer)* flankiert werden und CRISPR genannt werden (siehe Abb. 4.5). CRISPR ist dabei eine Abkürzung für *clustered regularly interspaced short palindromic repeats*. Die *Spacer* sind Relikte früherer DNA-Invasionen, stammen z. B. von Bakteriophagen-Genomen und bilden eine Art Archiv. In einem bakteriellen Genom können mehrere solche *Cluster,* die auch als *Array* bezeichnet werden und bis zu 200 *Spacer-Repeat*-Einheiten umfassen, vorkommen. Die *Spacer-Repeat*-Einheiten werden als Vorläufermolekül gemeinsam transkribiert und

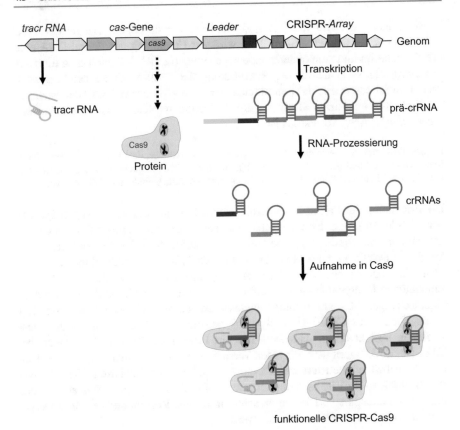

Abb. 4.5 Organisation bakterieller CRISPR-*Arrays*. Im bakteriellen Genom befinden sich die *cas*-Gene in unmittelbarer Nähe zum CRISPR-*Array*. Nur das *cas9*-Gen wurde beschriftet. Es kodiert für das Cas9-Protein, das zwei Endonukleasedomänen (Scheren) besitzt und einen DNA-Doppelstrangbruch hervorrufen kann. Die grauen Fünfecke markieren identische *Repeats* und die bunten Quadrate die verschiedenen *Spacer*-Sequenzen. Die *Leader*-Sequenz wird für die Transkription benötigt. Zunächst wird eine prä-crRNA gebildet, die dann von *cas*-Proteinen zu den einzelnen crRNAs prozessiert wird. Jedes Cas9-Protein kann eine crRNA aufnehmen. Dafür wird zusätzlich eine tracrRNA benötigt

danach zu einzelnen sogenannten crRNAs prozessiert (Abb. 4.5). Das CRISPR-System enthält als weitere Komponente Gene, die CRISPR-assoziierte Proteine (*cas*-Gene, Abkürzung für **CRISPR-*associated***) kodieren. Anordnung und Struktur der CRISPR-Elemente zeigt Abb. 4.5. Die verschiedenen Cas-Proteine haben unterschiedliche Aufgaben. Einige dienen der Erkennung und Fragmentierung erstmalig auftretender Fremd-DNA oder der Integration der Fremd-DNA-Fragmente in einen der CRISPR-*Array*s. Andere Cas-Proteine sind für die Prozessierung der prä-crRNA notwendig oder für die Erkennung und Zerstörung invasiver DNA mit Hilfe der in der crRNA enthaltenen Erkennungssequenz.

Besonders gut charakterisiert sind die Genom-Edierungen, die als CRISPR/ Cas9-System bezeichnet werden. Hier wird zur Erkennung der Fremd-DNA eine crRNA benötigt und zum anderen eine sogenannte tracrRNA (Abkürzung für *trans activating* **cr**RNA), die für die Rekrutierung der Cas9-Nuklease benötigt wird. Weiterhin ist essentiell, dass unmittelbar stromabwärts der crRNA-Bindestelle in der Ziel-DNA ein kurzes Motiv aus drei Nukleotiden (NGG), das *protospacer-adjacent motif* (PAM), vorhanden ist.

Da das PAM des Cas9-Proteins reich an Guaninen ist, können damit bevorzugt kodierende Regionen erkannt und geschnitten werden. Für A/T-reiche DNA-Sequenzen steht als Alternative z. B. das Cas12 zur Verfügung, dessen PAM sich stromaufwärts befindet und A/T-reich ist.

Die Erkennung der Fremd-DNA erfolgt durch Bindung des 20 bp langen *Spacers* der crRNA. Aufgrund der vergleichsweise langen *Spacer*-Sequenz findet sich statistisch nur eine Bindestelle innerhalb von 1099,512 Mrd. Nukleotidpaaren. Zum Vergleich: Das Genom des Menschen enthält ca. 3,27 Mrd. Nukleotidpaare.

In einer bahnbrechenden Arbeit aus dem Jahre 2012 wurde unter Leitung von Emmanuelle Charpentier und Jennifer Doudna die tracrRNA und die crRNA in einem einzigen Molekül zusammengefasst, das als sgRNA bezeichnet wird. Der große Vorteil des CRISPR/Cas-Systems gegenüber anderen Genom-Edierungsverfahren besteht darin, dass stets nur ein Protein benötigt wird, während bei TALENs, Zinkfingern usw. für jeden Versuch neue DNA-Sequenzen für zwei Proteine künstlich synthetisiert werden müssen. Bei dem modifizierten CRISPR-System (siehe Abb. 4.6) ist es lediglich notwendig, die 20 bp lange *Spacer*-Sequenz der sgRNA anzupassen. Dies verursacht nur geringe Kosten, und es können sogar mehrere sgRNAs parallel verwendet werden.

Während zunächst das *cas9*-Gen und ein synthetisches Gen für die sgRNA in die verwendeten Pflanzen transformiert wurden, sind mittlerweile Protokolle vorhanden, um das Cas9-Protein und sgRNA außerhalb der Zelle zu mischen und dann die Protein-RNA-Partikel in die Zellen zu schleusen. Da hierbei keine genetische Information übertragen wird, sind die Nachkommen von natürlichen Mutationen nicht zu unterscheiden. Das Cas9-Enzym arbeitet sehr effizient. Daher weisen viele der behandelten Zellen die gewünschten Veränderungen auf und können so leicht identifiziert werden. Durch die Verwendung modifizierter Cas9-Proteine konnte die Spezifität zusätzlich gesteigert werden, wodurch unerwünschte Mutationen selten oder gar nicht auftreten.

Das CRISPR/Cas-System ist ein Universalwerkzeug, das bereits in vielen Nutzpflanzen Anwendung gefunden hat. Darunter Tomaten, Sojabohnen, Zitrusfrüchte, Mais, Reis, Weizen oder Kartoffeln. Beim Mais wurde der natürliche Promoter des *argo88*-Gens durch einen anderen ausgetauscht. Dadurch änderte sich die Genexpression, und die Pflanzen wurden unempfindlicher gegen Trockenstress. Seinen Wert beweist das CRISPR-System im hexaploiden Weizen, wo aufgrund des sechsfachen Chromosomensatzes von jedem Allel drei Kopien vorhanden sind, die mit den bisherigen Methoden kaum alle gleichzeitig verändert werden konnten. Durch die gleichzeitige Genom-Edierung aller drei homologen *mlo1*-Gene des Weizens gelang es nun, Mehltau-resistenten Weizen zu erzeugen.

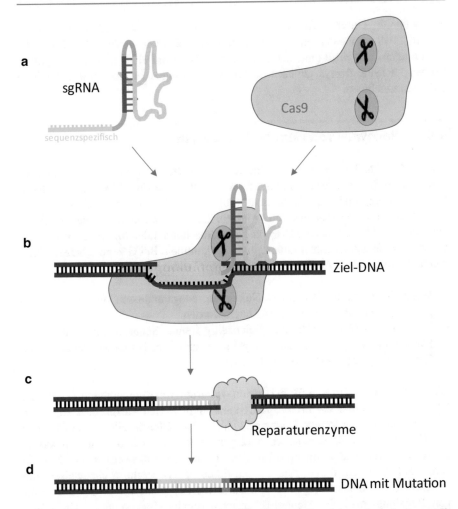

Abb. 4.6 Genom-Edierung mit CRISPR-Cas9. **a** Die sgRNA wird synthetisch hergestellt oder *in vivo* transkribiert. Nur die gelb markierten 20 bp am Anfang der Sequenz variieren in Abhängigkeit von der Bindestelle. Das Cas9-Protein weist zwei Endonukleasen-Domänen (Scheren) auf. **b** Der Cas9/sgRNA-Komplex bindet sequenzspezifisch. Das stromabwärts nötige PAM wird in der Abbildung nicht gezeigt. **c** Der entstandene Doppelstrangbruch wird repariert. **d** Eine ungenaue DNA-Reparatur kann zum Einfügen (rot) oder Entfernen einiger Nukleotide führen. Dadurch entsteht eine Mutation

Schon jetzt zeichnen sich viele neue Möglichkeiten unter Verwendung von modifizierten Cas-Proteinen ab. So hat man Mutationen gefunden, die das Cas9 in ein DNA-Bindeprotein umwandeln, indem die DNA-Schneideaktivität unterbunden wird. Man spricht in dem Zusammenhang von *dead*-Cas9 oder dCas9. Durch die Fusion mit transkriptionellen Regulatoren kann dCas9 z. B. zur Manipulation der Genexpression verwendet werden. Mittlerweile kann man auch gezielt einzelne DNA-Basen edieren, indem Deaminasen an dCas9 angefügt werden, die die enzymatische Konversion von Cytosin zu Thymidin katalysieren. So lassen sich in einigen Fällen punktgenau Basen verändern, ohne die DNA schneiden zu müssen.

Ein weiterer Durchbruch bei der Anwendung von CRISPR/Cas wurde im August 2019 vermeldet. Einer Gruppe um Randall Platt an der ETH Zürich ist es gelungen, mit Hilfe eines modifizierten Cas12a und eines komplexen synthetischen CRISPR-Arrays gleichzeitig 25 Veränderungen in einer (menschlichen) Zelle vorzunehmen.

4.6   Nachweis von Genom-Edierungen

Wie in Abschn. 3.4 beschrieben, gibt es mehrere Möglichkeiten des Nachweises von genetisch veränderten Pflanzen, wie z. B. PCR-Amplifikation, Southern Hybridisierung, und man kann heute sogar schnell und unkompliziert ganze pflanzliche Genome sequenzieren (Abschn. 2.2.5). In all diesen Fällen wird der Nachweis durch die Existenz längerer DNA-Abschnitte erleichtert, die natürlicherweise in der entsprechenden Pflanze nicht vorkommen. Bei Genom-edierten Pflanzen findet man solche Abschnitte aber nur unter bestimmten Umständen:

- Wenn die Gene für Zinkfinger-Nukleasen, Meganukleasen oder Cas in den jeweiligen Zielorganismus transformiert wurden.
- Wenn bei der Genom-Edierung gleichzeitig fremde Sequenzen über homologe Flankenregionen in die Pflanze eingebracht und über homologe Reparatur ins Genom eingefügt wurden (siehe Box 4.1)

Da es möglich ist, Enzyme für die Genom-Edierung transient zu exprimieren oder CRISPR-Cas9 direkt als Protein-RNA-Partikel in Zellen einzuschleusen, ist in solchen Fällen keine fremde DNA nachweisbar. Das Gleiche gilt bei der Methode der Oligonukleotid-direktionierten Mutagenese (ODM), bei der nur ein kurzes DNA-Stück verwendet wird, das hinterher nicht mehr nachweisbar ist. Dementsprechend schwierig ist es, eine Genom-Edierung als solche nachzuweisen, um z. B. Genom-ediertes Saatgut zu identifizieren. Aufgrund der in der EU gültigen Regelung, nach der Genom-Edierungen regulatorisch gentechnischen Veränderungen gleichgestellt sind, wäre der Nachweis jedoch notwendig, um im Zweifelsfall eine Genom-Edierung erkennen zu können. Typischerweise sind Genom-Edierungen durch minimale Veränderungen gekennzeichnet, wie z. B. Substitutionen, Insertionen oder Deletionen, die jeweils nur einzelne Nukleotide betreffen.

Derartige Veränderungen können auch natürlicherweise durch Mutagenese auftreten. Es gibt Schätzungen, dass auf einem Hektar großen Weizenfeld bis zu 20 Mrd. Mutationen auftreten: Eine andere Möglichkeit ist die radioaktive Bestrahlung von Pflanzen, die in der Vergangenheit häufig durchgeführt wurde. Hierzu gibt es Studien, bei denen z. B. Reispflanzen sequenziert wurden, deren Vorfahren radioaktiv bestrahlt wurden. Ähnliche Studien wurden auch mit Arabidopsis durchgeführt. Dabei wurden Deletionen häufiger beobachtet als Insertionen. Die maximale Länge von Insertionen waren 26 Basenpaare, während in 15 % der Fälle auch längere Deletionen beobachtet wurden.

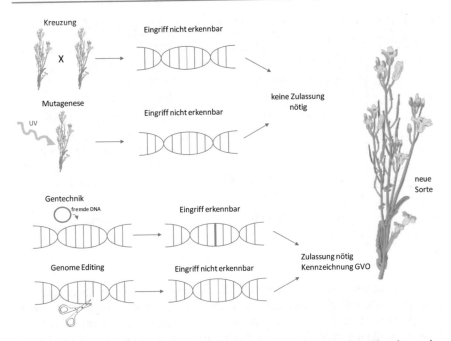

Abb. 4.7 Regulation von Pflanzensorten in Abhängigkeit von der verwendeten Vorgehensweise. Klassische Kreuzungen und generelle Mutagenese (hier UV-Strahlung) gelten nicht als gentechnische Verfahren. Genom-Edierung wird dagegen der Gentechnik gleichgesetzt und reguliert, obwohl das Endprodukt nicht unterscheidbar ist von dem der generellen Mutagenese

Da derartige minimale Veränderungen in einer Pflanzenart zufällig auftreten können, kann man Genom-Edierungen als solche nicht von natürlichen Mutationen unterscheiden, selbst wenn man mittels Genom-Sequenzierung das komplette Erbgut einer Pflanze analysiert. Allenfalls könnte man feststellen, dass eine bestimmte Sequenz, die die Folge einer beschriebenen Genom-Edierung ist, vorhanden ist. Daraus folgt, dass die Veränderungen bei einer Genom-Edierung, ohne die Verwendung fremder DNA-Sequenzen, von natürlichen Mutationen nicht zu unterscheiden sind. Umso merkwürdiger mutet es an, dass Genom-Edierungen unter die Regulation des Gentechnik-Gesetzes fallen, Sorten die durch radioaktive Bestrahlung entstanden sind, aber nicht (siehe Abb. 4.7).

4.7 Anwendung von Genom-Edierungen in der Pflanzenzüchtung

Die Möglichkeit zur Genom-Edierung wurde sehr schnell für Kulturpflanzen adaptiert. Wegen der Notwendigkeit der Synthese der Zinkfinger-Nukleasen, Meganukleasen und TALEN war die Vorgehensweise zwar vergleichsweise aufwändig,

Tab. 4.1 Beispiele von Genom-edierten Kulturpflanzen. (Aus Zhang et al. 2018)

Kulturpflanze	Methode	Zielgen	Veränderte Eigenschaft
Grapefruit	CRISPR/Cas9	CsLOB1 Promotor	Zitruskrebsresistenz
Gurke	CRISPR/Cas9	EIF4E	Virusresistenz
Mais	CRISPR/Cas9	ARGOS8	Trockenstressresistenz
Mais	CRISPR/Cas9	TMS5	Thermosensitive männliche Sterilität
Mais	ZFN	ZmIPK1	Herbizidresistenz & Phytat reduziert
Sojabohne	TALEN	FAD2-1A, FAD2-1B	Erhöhter Gehalt an Ölsäure
Raps	ODM	AHAS	Herbizidresistenz
Reis	CRISPR/Cas9	SBEIIb	Hoher Amylosegehalt
Weizen	TALEN	TaMLO	Mehltauresistenz

führte aber dennoch zu neuen Sorten. Sofern keine fremden DNA-Sequenzen eingefügt wurden, entfiel in manchen Ländern auch eine Notwendigkeit der Regulierung (siehe Kap. 6). Mit der Einführung der CRISPR/Cas-Technik hat sich diese Entwicklung zusätzlich beschleunigt. Eine kleine Auswahl entsprechender Genom-edierter Kulturpflanzen zeigt Tab. 4.1. Eine Besonderheit ist die Oligonukleotid-gerichtete Mutagenese (ODM), die ohne eine Proteinkomponente auskommt. Damit wurde eine sogenannte Clearfield®-Raps-Sorte erzeugt, die eine Resistenz gegen das Herbizid Imidazol aufweist.

Zu den Imidazolherbiziden gehören Wirkstoffe wie Imazapyr, Imazamox oder Imazaquin, die das pflanzliche Enzym Acetohydroxysäuresynthase (AHAS) hemmen, das auch als Acetolactatsynthase bezeichnet wird. AHAS ist essentiell für die Biosynthese der verzweigtkettigen Aminosäuren Valin, Leucin und Isoleucin. Diese gehören zu den für Menschen und Tiere essentiellen Aminosäuren. Pflanzen sind in der Lage, diese verzweigtkettigen Aminosäuren selbst zu bilden. Schon vor Jahrzehnten wurden durch Mutation und Selektion Varianten der AGAS isoliert, die eine Toleranz oder Resistenz gegen Imidazole ermöglichen. Daraus wurden Imidaziol-resistente Mais, Raps, Reis, Weizen und Sonnenblumen gezüchtet. Diese durch konventionelle Züchtung entstandenen Sorten wurden seit 1992 unter der Bezeichnung Clearfield® vermarktet.

Kernaussage

Die Genom-Edierung erlaubt die zielgerichtete und präzise Mutation eines oder mehrerer Gene in einem Genom.

Hierfür stehen verschiedene Methoden wie Oligonukleotid-gerichtete Mutation, die Verwendung artifizieller Nukleasen (Zinkfinger-, Mega-, TALEN) und das CRISPR/Cas-System zur Verfügung.

Die Oligonukleotid-gerichtete Mutation beruht auf der Verwendung von kurzen Nukleotidketten ohne Zugabe von Enzymen.

Artifizielle Nukleasen müssen künstlich synthetisiert und an die Zielsequenzen angepasst werden. Für jede Schnittstelle sind zwei Enzyme aufwändig zu designen.

Das CRISPR/Cas-System verwendet ein Enzym, das gentechnisch hergestellt werden kann und universell einsetzbar ist. Die Spezifität beruht auf einer 20 Nukleotide langen RNA-Sequenz, die für jeden Ansatz synthetisiert wird. Es ist möglich, mehrere Schnittstellen durch die Verwendung multipler RNA-Sequenzen parallel zu schneiden.

Die eigentliche Mutation wird bei allen enzymatischen Genom-Edierungen durch die nachgelagerte Reparatur des DNA-Doppelstranges ausgelöst. Hierbei führt die nichthomologe Endverknüpfung (NHEJ) zu unterschiedlichen Punktmutationen, während die homologe Reparatur (HR oder HDR) für den Austausch von DNA-Fragmenten oder Genen genutzt werden kann.

Genom-Edierungen sind bereits für zahlreiche Kulturpflanzen beschrieben, und erste Sorten werden 2019 bereits kommerziell genutzt.

Weiterführende Literatur

Campa CC, Weisbach NR, Santinha AJ, Incarnato D, Platt RJ (2019) Multiplexed genome engineering by CAs12a and CRISPR arrays encoded on single transcripts. Nat Methods. https://doi.org/10.1038/s41529-019-0508-6

Grohmann L, Keilwagen J, Duensing N, Dagand E, Hartung F, Wilhelm R, Bendiek J, Sprink T (2019) Detection and identification of genome editing in plants: challenges and opportunities. Front Plant Sci 10:236. https://doi.org/10.3389/fpls.2019.00236

Jinek M, Chylinski K, Fonfara I, Hauer M, Doudna JA, Charpentier E (2012) A programmable dual-RNA-guided DNA endonuclease in adaptive bacterial immunity. Science 337:816–821

Kamthan A, Chaudhuri A, Kamthan M, Datta A (2016) Genetically modified (GM) crops: milestones and new advances in crop improvement. Theor Appl Genet 129:1639–1655

Kausch AP, Nelson-Vasilchik K, Hague J, Mookkan M, Quemada H, Dellaporta S, Fragoso C, Zhang ZJ (2019) Edit at will: genotype independent plant transformation in the era of advanced genomics and genome editing. Plant Sci 281:186–205. https://www.ncbi.nlm.nih.gov/pubmed/30824051

Khurshid H, Jan SA, Shinwari ZK, Jamal M, Shah SH (2018) An era of CRISPR/ Cas9 mediated plant genome editing. Curr Issues Mol Biol 26:47–54

Metje-Sprink J, Menz J, Modrzejewski D, Sprink T (2019) DNA-free genome editing: past, present and future. Front Plant Sci 9:1–9

Pabo CO, Peisach E, Grant RA (2001) Design and selection of novel Cys2His2 zinc finger proteins. Annu Rev Biochem 70:313–340

Sauer NJ, Mozoruk J, Miller RB, Warburg ZJ, Walker KA, Beetham PR, Schöpke CR, Gocal GFW (2015) Oligonucleotide-directed mutagenesis for precision gene editing. Plant Biotech J 14:496–502

Schindele P, Wolter F, Puchta H (2018) Das CRISPR/Cas-Sstem. BiuZ 48:100–105

Stoddard BL (1993) Homing endonucleases: From microbial genetic invaders to reagents for targeted DNA modification. Structure 19:7–15

Tan S, Evans RR, Dahmer ML, Singh BK, Shaner DL (2005) Imidazolinone-tolerant crops: history, current status and future. Pest Manag Sci 61:246–257

Wagner R, Ümit P (2004) Mikrobielles „Immunsystem": Abwehr gegen Fremd-DNA durch das bakterielle CRISPR/Cas-System. BIOspektrum 17:393–395

Zhang Y, Massel K, Godwin ID, Gao C (2018) Applications and potential of genome editing in crop improvement. Genome Biol 19:210; https://doi.org/10.1186/s13059-018-1586-y

Neue Eigenschaften transgener Pflanzen

5

Inhaltsverzeichnis

Wie schon der kurze historische Überblick in Kap. 1 gezeigt hat, gibt es mittlerweile eine große Zahl von Anwendungen für transgene Nutzpflanzen mit verbesserten bzw. veränderten Eigenschaften. Alle Möglichkeiten hier aufzuführen,

© Springer-Verlag GmbH Deutschland, ein Teil von Springer Nature 2020
F. Kempken, *Gentechnik bei Pflanzen*, https://doi.org/10.1007/978-3-662-60744-2_5

würde den Rahmen dieses Buches bei Weitem sprengen. Daher war es nötig, eine Auswahl zu treffen, und auch bei den einzelnen Unterpunkten konnte nicht jeder Aspekt Berücksichtigung finden. Dennoch werden die wichtigsten Entwicklungen gewürdigt und auch Arbeiten im Planungsstadium berücksichtigt. Angaben zu Freisetzungen und kommerzieller Verwendung sind, sofern nicht anders angegeben, in Kap. 6 zu finden. Eine Beurteilung transgener Pflanzen hinsichtlich potenzieller oder tatsächlicher Risiken ist Kap. 7 zu entnehmen.

5.1   Erhöhte Resistenz und verbesserte Anpassungen an Umweltbedingungen

Nach wie vor entstehen jährlich erhebliche Ernteeinbußen durch Pflanzen-parasiten, Schädlinge, Wildkrautwuchs sowie durch unerwünschte klimatische Einwirkungen und andere abiotische Faktoren. Eine grafische Darstellung zeigt Abb. 5.1. Diese Zahlen belegen die große agrarwirtschaftliche Bedeutung dieser Einbußen.

Um überhaupt wirtschaftlich sinnvoll Nutzpflanzen anbauen zu können, sind bei den üblichen Monokulturen bislang erhebliche Mengen an **Pflanzenschutz-mitteln** notwendig, die wiederum zu Umweltschäden führen. Gerade in diesem Bereich bietet Gentechnik und Genom-Edierung sehr effiziente Methoden, die es ermöglichen, weniger und vor allem umweltverträglichere Pflanzenschutzmittel zu verwenden oder sogar ganz darauf zu verzichten.

Der ökologische Landbau, der als naturverträgliche Alternative zur konventionellen Agrartechnik angesehen wird, erscheint in der gegenwärtigen Form kaum als echte Alternative für die lang-fristige Ernährung einer Bevölkerung von bald sieben Milliarden Menschen, da die Produktivität

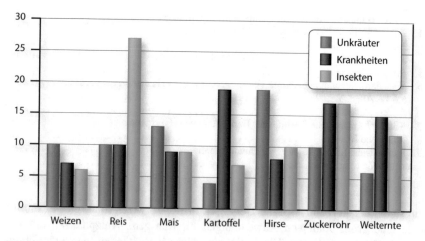

Abb. 5.1 Ernteeinbußen durch Unkrautkonkurrenz, Krankheiten und Schädlinge. Angaben in Prozent

pro Hektar geringer ist als bei der konventionellen Agrartechnik. Somit wären wesentlich größere Anbauflächen notwendig, die aber nicht ohne Weiteres zur Verfügung stehen. Dazu kommt der Umstand, dass der Anbau von Pflanzen für die Energiegewinnung zusätzlich Anbauflächen beansprucht und somit in Konkurrenz mit der Erzeugung von Nahrungsmitteln tritt.

In den nachfolgenden Abschnitten werden einige wichtige Teilgebiete näher erläutert. Um auch hier den Umfang des Buches nicht zu sprengen, wurde auf die Darstellung einiger Bereiche (z. B. Resistenz gegen Nematoden) weitgehend verzichtet. Von besonderer Bedeutung, auch im Hinblick auf die öffentliche Debatte, sind transgene Pflanzen mit Herbizidresistenz oder Schutz vor Schadinsekten. Diese Themen werden daher an den Anfang gestellt.

5.1.1   Herbizidresistenz

Künstliche Herbizidresistenz ist das häufigste Merkmal der bislang kommerziell verwendeten transgenen Nutzpflanzen. Dies hat mehrere Gründe: Zum einen ist es relativ einfach, derartige transgene Pflanzen herzustellen, und zum anderen stellt Wildkrautwuchs ein großes Problem in der Landwirtschaft dar. Dadurch bedingt kommt es weltweit zu Ernteeinbußen von 10 bis 15 % des Ertrages.

Hinzu kommt als weiteres Problem noch die Bodenerosion, die sich durch das notwendige tiefe Umpflügen ergibt. Durch das Umpflügen soll das Nachwachsen von Wildkräutern erschwert werden.

Schließlich ist ein weiterer Grund für die Verwendung transgener, herbizidresistenter Pflanzen, dass die prophylaktische Verwendung großer Mengen von Herbiziden, wie sie in der konventionellen Landwirtschaft üblich ist, nicht nur sehr teuer, sondern auch wenig umweltfreundlich ist.

   Grundsätzlich ist zwischen selektiven und **Totalherbiziden** zu unterscheiden. **Selektive Herbizide** wirken bei Einhaltung bestimmter Dosierungsmengen nur auf Pflanzen mit bestimmten morphologischen oder physiologischen Eigenschaften. Hierzu zählen zum Beispiel Atrazin, Bromoxynil, 2,4-D oder Sulfonylharnstoffe, deren Wirkweise in Box 5.1 erläutert wird.

Einige selektive Herbizide sind aufgrund ihrer langen Persistenz im Boden, durch Kontamination des Grundwassers oder durch die Selektion resistenter Wildkräuter recht problematisch. Ein Beispiel hierfür ist das im Maisanbau häufig verwendete Atrazin, dessen Anwendung in Deutschland deshalb nicht mehr zulässig ist.

Im Gegensatz dazu sind Totalherbizide wie Glyphosat oder Phosphinothricin (PPT auch als L-Glufosinat bezeichnet) für alle Pflanzen giftig (Box 5.1). Vorteilhaft bei diesen beiden Herbiziden ist ihr schneller Abbau im Boden in harmlose Bestandteile und ihre sehr geringe oder fehlende Toxizität gegenüber Tieren und dem Menschen.

So beträgt die Halbwertzeit für PPT im Boden nur zehn Tage und für Glyphosat zwischen drei und 60 Tagen. Unter Halbwertzeit versteht man die Zeitspanne, in der 50 % einer Substanz abgebaut oder umgesetzt werden. Probleme treten nur bei ungewöhnlich hohem Grundwasserspiegel auf, bei dem es vorkommen kann, dass ein unvollständiger Abbau stattfindet. In der EU ist die Zulassung für PTT 2017 ausgelaufen. Eine Verlängerung der Zulassung zum Inverkehrbringen wurde nicht beantragt.

Glyphosat ist allerdings mittlerweile wegen einer angeblichen krebsauslösenden Wirkung sehr umstritten. Verschiedene Behörden kommen zu unterschiedlichen Bewertungen, auf die hier nicht eingegangen wird. Glufosinate werden vom Bundesministerium für Ernährung und Landwirtschaft als reproduktionstoxisch eingestuft. In Deutschland ist die Zulassung zum Inverkehrbringen für das Mittel „Basta" 2015 ausgelaufen; eine Verlängerung der Zulassung zum Inverkehrbringen wurde nicht beantragt.

Um transgene herbizidresistente Pflanzen herzustellen, benötigt man Resistenzgene, die für Proteine kodieren, die entweder das Herbizid inaktivieren oder die Angriffsstelle *(target)* des Herbizides in der Zelle so modifizieren, dass das Herbizid keinen Schaden mehr anrichten kann. Wegen ihrer großen Bedeutung soll dies für die Totalherbizide Basta® und Round up® beispielhaft erläutert werden.

Auch für die genannten selektiven Herbizide gibt es spezifische Resistenzgene, die für die Herstellung von transgenen Pflanzen genutzt werden. Um den Umfang dieses Buches in Grenzen zu halten, wurde aber auf eine Darstellung hier verzichtet.

Box 5.1

Wirkungsweise von Herbiziden
Atrazin: Inhibierung des Elektronentransports im Photosystem II der Plastiden (für die Photosynthese der Pflanzen essenziell); Maispflanzen sind gegen Atrazin unempfindlich. Bromoxynil: Inhibierung des Elektronentransports im Photosystem II der Plastiden; empfindliche dikotyle (zweikeimblättrige) Pflanzen sterben ab. Glyphosat (Round up®): inhibiert das Enzym EPSP-Synthase und hemmt dadurch die Bildung aromatischer Aminosäuren. Phosphinothricin (PPT): PPT ist ein L-Isomer des razemischen Syntheseproduktes Glufosinat und wird als Ammonium-Salz unter verschiedenen Handelsnahmen vertrieben (Basta®, Ignite®). Bei PPT handelt es sich um ein Strukturanalogon der Glutaminsäure, das irreversibel an das Enzym Glutaminsäuresynthase bindet. Bewirkt wird dadurch die toxische Anhäufung von Ammonium bei gleichzeitigem Mangel an Glutamin und anderen Aminosäuren. Sulfonylharnstoffe: Hemmung des Enzyms Acetolactatsynthase; dadurch können keine verzweigten Aminosäuren mehr synthetisiert werden. 2,4-D: dieses synthetische Auxin stört die normale Entwicklung zweikeimblättriger Pflanzen, während einkeimblättrige meist unempfindlich sind (Abb. 5.2a,b).

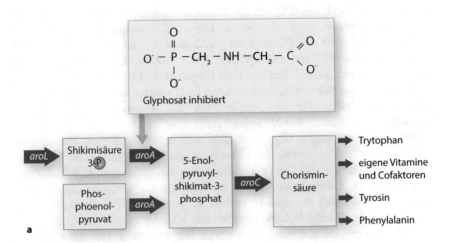

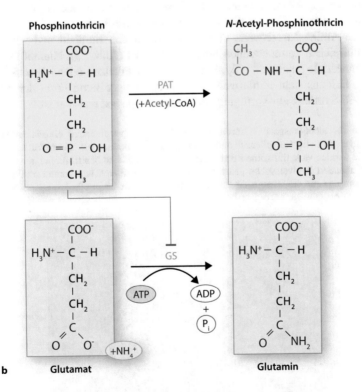

Abb. 5.2 a,b. Wirkmechanismus von Herbiziden. **a** Wirkung von Glyphosat; aroA = EPSP-Synthase; aroC = Chorismat-Synthase; aroL = Shikimat-Kinase; **b** Wirkung von Phosphinothricin. GS = Glutaminsäuresynthase; PAT = Phosphinothricin-Acetyltransferase. (Abb. verändert nach Clark und Pazdernik 2009 und Weiler und Nover 2008)

Das Herbizid Glyphosat inhibiert spezifisch das Enzym 5-Enolpyruvylshikimat-3-phosphat-Synthase (EPSP-Synthase). Die EPSP-Synthase ist ein essenzielles Enzym und wird von Pflanzen zur Synthese von aromatischen Aminosäuren (Phenylalanin, Tryptophan und Tyrosin) sowie von bestimmten Vitaminen und sekundären Pflanzenstoffen benötigt. Das Enzym kommt bei Menschen und Tieren nicht vor. Dies ist bedeutsam, denn dadurch ist Glyphosat für den Menschen nicht toxisch. Glyphosat wird in der Regel im Boden von Mikroorganismen zersetzt und hinterlässt keine schädlichen Abbauprodukte.

Eine Resistenz gegen Glyphosat kann auf unterschiedlichen Mechanismen beruhen. Möglich ist erstens die Überexpression einer pflanzlichen EPSP-Synthase unter Kontrolle des CaMV-35S-Promotors bei gleichzeitiger Bildung einer bakteriellen **Oxidoreduktase.** Dank der Oxidoreduktase wird das Herbizid inaktiviert, und durch die größere Menge an gebildeter EPSP-Synthase können Restmengen des Herbizids keine schädigende Wirkung für die transgene Pflanze entwickeln. Hier sind also zwei Gene notwendig, von denen allerdings eines, die Oxidoreduktase, nicht pflanzlichen Ursprungs ist. Eine zweite Möglichkeit ist die Verwendung einer bakteriellen EPSP-Synthase. So ist die aus *Agrobacterium tumefaciens,* Stamm CP4, isolierte bakterielle EPSP-Synthase aufgrund einer veränderten Aminosäuresequenz unempfindlich für das Herbizid und wird deshalb in zahlreichen kommerziellen Sorten verwendet (Abb. 5.3). Hierauf beruhen viele kommerziell erhältliche Glyphosat-resistente Pflanzen (siehe Box 5.2 und Abb. 5.4). Drittens steht mittlerweile auch eine mutagenisierte Form der pflanzlichen EPSP-Synthase zur Verfügung, die gegen Glyphosat resistent ist.

PPT konnte für nichttransgene Pflanzen als Totalherbizid aber nur sehr eingeschränkt verwendet werden, da es für Nutzpflanzen und unerwünschte Wildkräuter gleichermaßen toxisch ist. Mittlerweile wurden viele transgene Pflanzenlinien erzeugt und sind bereits umfangreich in weit mehr als einhundert Feldversuchen getestet worden. Viele werden schon kommerziell genutzt. Die Resistenzgene für die transgenen Pflanzen stammen entweder aus Mikroorganismen oder

Abb. 5.3 Wirkung von Glyphosat auf Pflanzen. Transgene herbizidresistente (rechts) und normale (links) Pflanzen wurden mit Round up® besprüht. Nur die transgenen Pflanzen überleben. (Bild freigegeben von Monsanto. http://www.monsanto.com)

Abb. 5.4 Glyphosat resistente Sojabohnen. (Bild freigegeben von Monsanto. http://www.monsanto.com)

wurden aus spontanresistenten Pflanzen isoliert. Aus der Luzerne *(Medicago sativa)* gelang es, ein Basta®-tolerantes Gen zu identifizieren, und aus den Bodenbakterien *Streptomyces hygroscopicus* und *S. viridochromogenes* wurden das bar- und das pat-Gen isoliert, die für eine Phosphinothricin-Acetyltransferase kodieren. Dieses Enzym bewirkt eine Detoxifizierung des Herbizids durch Acetylierung, also das Anhängen eines Acetyl-(Essigsäure-)Restes (siehe Box 5.2). Zur Verwendung in Pflanzen wurden die bakteriellen Gene in ihrem Kodon-Gebrauch verändert und unter die Kontrolle des CaMV-35S-Promotors gebracht, wodurch eine ständige Expression in fast allen Geweben erzielt wird.

Herbizid-Resistenzen werden bereits vielfach in transgenen Pflanzen genutzt. So wurden im Jahre 2006 Flächen von ca. 100 Mio. ha mit herbizidresistenten Pflanzen bestellt. Zurzeit (2011) werden insbesondere herbizidresistente Baumwolle, Sojabohne, Raps und Mais angebaut. Sojabohnen (Abb. 5.3) machen alleine ca. 80 % des Anbaus an herbizidresistenten Pflanzen aus.

Durch die Verwendung derartiger herbizidresistenter Pflanzen konnte auf den entsprechenden Anbauflächen die verwendete Herbizidmenge zunächst reduziert werden, da die Herbizide nur bedarfsweise und in geringerem Umfang ausgebracht werden müssen. Auch war die Bodenerosion reduziert. Zu den ökologischen Vorteilen transgener Pflanzen kursieren unterschiedliche Studien mit zum Teil sich widersprechenden Aussagen. Die unterschiedlichen Einschätzungen und Ergebnisse der Studien sind möglicherweise durch die unterschiedliche Qualität der Böden, Witterungseinflüsse und Pflanzensorten zu erklären.

2005 wurde von der ISAAA eine Zusammenfassung der Daten der Jahre 1996 bis 2004 publiziert, die einerseits die finanziellen Vorteile beleuchtet, d. h. die Gewinne von Landwirten durch die Verwendung von transgenen Pflanzen, und andererseits die ökologischen Vorteile. Neuere Daten sehen jedoch einen Anstieg der Menge an Herbiziden. Der großflächige und dauerhafte Einsatz von Herbiziden stellt einen erheblichen Selektionsdruck dar und führte zur Entstehung von herbizidresistenten Unkräutern und veränderten Unkrautpopulationen. Hierbei ist im Wesentlichen die dauerhafte Anwendung des Herbizides problematisch und weniger die direkte Übertragung des Herbizidresistenzgenes zum Beispiel über Pollenflug.

Um die Übertragung von Transgenen über den Pollen zu vermeiden, wurden transgene Pflanzen hergestellt, bei denen die Herbizidresistenz auf Veränderungen in den Plastiden beruht (siehe Tab. 3.2). Die EPSP-Synthase ist in den Plastiden aktiv. Das Gen für dieses Enzym befindet sich aber im Zellkern. Das Protein wird im Zytoplasma an den Ribosomen translatiert und aufgrund einer plastidären Zielsequenz in die Plastiden importiert. Nun wurden bereits Glyphosat-resistente Tabakpflanzen hergestellt, bei denen das EPSP-Synthasegen aus der Petunie in die Tabakplastiden transformiert wurde. Dort integriert dieses Gen dann in die plastidäre DNA. Da Plastiden über eigene Ribosomen verfügen, kann die EPSP-Synthase dort direkt synthetisiert werden. Da Plastiden bei fast allen Nutzpflanzen nur mütterlich vererbt werden, können plastidär lokalisierte Herbizidresistenzen nicht über den Pollen übertragen werden. Die Plastidentransformation ist aber bislang – trotz erheblicher Bemühungen – auf sehr wenige Pflanzenarten beschränkt. Daher wird man wohl eher auf die in Kap. 3 beschriebenen Methoden zur Entfernung von Markergenen zurückgreifen müssen, um die Herbizidresistenzgene aus dem Pollen fernzuhalten.

Resistenzen gegen Herbizide können durch Mutationen entstehen, die die Angriffsstelle des Herbizides in der Pflanze verändern. Möglich ist auch eine Metabolisierung, also ein Abbau des Herbizides oder der Transport des Herbizides in zelluläre Kompartimente, in denen es der Pflanze nicht schaden kann. Schon vor der Einführung transgener Pflanzen waren Unkräuter bekannt, in denen derartige Mechanismen wirksam sind. Dieses Problem wird aber durch ständigen Herbizideinsatz verschärft. Als Antwort auf dieses Problem werden u. a. veränderte Herbizid-Management-Methoden diskutiert, sowie multiresistente transgene Pflanzen, die gleichzeitig gegen verschiedene Herbizide resistent sind.

5.1.2 Schutz vor Schadinsekten

Insekten können Pflanzen in zweierlei Hinsicht schädigen: zum einen indirekt durch die Übertragung anderer Krankheitserreger wie z. B. Viren, Bakterien oder

Pilze und zum anderen direkt durch fraßbedingten, mechanischen Schaden und Gewebeverlust. Daher werden Insekten im Pflanzenbau mit geeigneten Pestiziden bekämpft. Die Verwendung von Pestiziden ist aus ökologischer Sicht bedenklich, da einerseits Rückstände verbleiben, die sich unter Umständen in der Nahrungskette anreichern, und andererseits Pestizide unspezifisch für viele Tiere toxisch wirken können. Insofern hat die Entwicklung transgener, insektenresistenter Pflanzen eine große Bedeutung.

Für die Entwicklung transgener Pflanzen griff man auf natürliche Toxine zurück, die von verschiedenen Stämmen des Bakteriums *Bacillus thuringensis* gebildet werden und die sich durch eine hohe Spezifität für bestimmte Insekten auszeichnen. Für alle anderen Tiere und den Menschen ist die Substanz nicht giftig. Diese Toxine werden meist kurz als **Bt-Toxine** bezeichnet. Es gibt sogar eine Anwendung im ökologischen Landbau, bei der Felder direkt mit dem *B.-thuringensis*- Bakterium besprüht werden (vgl. Kap. 7).

B. thuringensis ist ein Sporen bildendes Bodenbakterium. Bei dem Sporulationsprozess entstehen kristalline Einschlüsse, die die sogenannten ö-Endotoxine enthalten. In unterschiedlichen *B.-thuringensis*-Subspezies hat man über 400 verschiedene Toxine identifiziert, bei denen es sich um Proteine mit einem Molekulargewicht von ca. 130 kDa handelt. Im Insektendarm werden die δ-Endotoxine in die aktive Form umgewandelt und binden an Glykoprotein-Rezeptoren in der Zellmembran der Darmepithelzellen. Dadurch kommt es zur irreversiblen Einlagerung in die Membran und Bildung von Poren. Diese führen zur osmotischen Lyse der Darmepithelzellen, und die betroffenen Insekten sterben ab.

Man unterscheidet verschiedene Gruppen von δ-Endotoxinen (Cry-Proteine) mit unterschiedlicher Wirkung. Die Proteine Cry1A, 1B, 1C, 1H und 2A wirken gegen Lepidopteren (Schmetterlinge), die Proteine Cry3A und 6A gegen Coleoptera (Käfer), die Proteine CrylOA und 11A gegen Diptera (Zweiflügler, wie Fliegen und Mücken) und die Proteine Cry 3A, 6A, 12A und 13A gegen Nematoden. Letztere gehören zwar zu den niederen Würmern, sollen aber hier zumindest Erwähnung finden. Die Toxine sind also jeweils für bestimmte systematische Gruppen giftig, nicht für bestimmte Arten. Hierbei können also ungewollt auch andere Insekten der gleichen systematischen Gruppe vom Toxin betroffen sein (veg. Kap. 7). Dennoch ist die Spezifität bei Weitem höher als bei den bislang üblichen Pestiziden.

Modifizierte Gene für Bt-Toxine, mit an Pflanzen angepassten Promotoren, Prozessierungssignalen und Kodon-Gebrauch (vgl. Kap. 3), wurden in mehr als zwanzig Kulturpflanzen bzw. Kulturpflanzenvarietäten (z. B. Baumwolle, Kartoffel, Mais, Tomate) eingebracht und verleihen diesen Resistenz gegen bestimmte Schadinsekten (Beispiele siehe Abb. 5.5 und 5.6).

Nach umfangreichen Feldversuchen werden Bt-Pflanzen (Bt für *Bacillus-Toxin*) kommerziell mit gutem Erfolg angebaut. Durch die Verwendung von insektenresistentem Bt-Mais gelang es beispielsweise 1996 und 1997, die in den USA eingesetzte Insektizidmenge im Maisanbau um 10 % zu senken. Gleichzeitig stieg der Ertrag um 9 %. Für transgene Baumwolle mit Bt-Toxin wurde eine Ertragssteigerung von 7 % erzielt. 60 % der Landwirte konnten dabei auf zusätzliche Pestizide ganz verzichten.

Abb. 5.5 Transgene Bt- Baumwollpflanze mit Cry1A- Protein gegen *Helicoverpa armigera* (Baumwollkapselwurm), einem gefährlichen Schädling. (Bild freigegeben von Monsanto. http:// www.monsanto.com)

Kleinbauern in Entwicklungsländern mit tropischem oder subtropischem Klima können vom Anbau von Bt-Baumwolle ganz besonders profitieren, denn in tropischen und subtropischen Regionen sind die Erträge transgener Baumwollpflanzen um bis zu 80 % höher als bei Verwendung herkömmlicher Sorten. Dies ist wahrscheinlich darauf zurückzuführen, dass in den Tropen viel mehr Schadinsekten vorkommen. So belaufen sich Ertragseinbußen bei Baumwolle durch Schadinsekten in den USA auf 12 %, in Indien aber auf 60 %. Die Untersuchungen zeigten, dass nur ein Drittel der bei Verwendung konventioneller Baumwollpflanzen üblichen Pestizide eingesetzt werden musste. Trotz der höheren Kosten des transgenen Saatgutes konnten die Kleinbauern ihre Einnahmen aus dem Baumwollanbau zum Teil erheblich steigern.

Ein interessanter Nebeneffekt der Bt-Maispflanzen ist ihr reduzierter Gehalt an **Mykotoxinen.** Durch die Fraßaktivität der Larven des Maiszünslers werden die

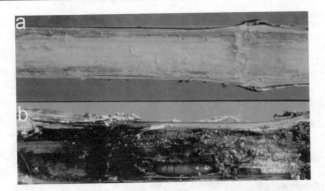

Abb. 5.6 Die Abbildung zeigt eine Bt-Maispflanze, die das Cry1B-Protein bildet (oben) und eine konventionelle Pflanze mit Befall durch *Ostrinia nubilalis* (Maiszünsler) (unten). Das Cry1B- Protein ist beispielsweise in den Events MON810 und Bt176 enthalten. (Bild freigegeben von Monsanto; http://www.monsanto.com)

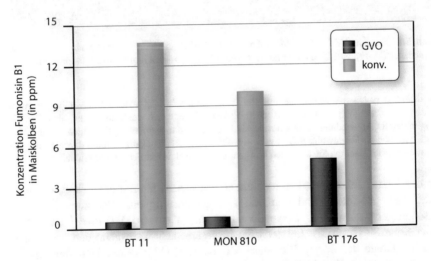

Abb. 5.7 Mykotoxingehalt von transgenen Bt-Maissorten (GVO) und konventionellen (konv.) Maissorten. (Quelle: http://www.transgen.de)

Stängel der Maispflanzen regelrecht ausgehöhlt. Abgesehen davon, dass dies die Standfestigkeit reduziert, werden die Bohrgänge und Fraßspuren von opportunistischen Schimmelpilzen besiedelt, die giftige Stoffwechselprodukte, die sogenannten Mykotoxine bilden. Bt-Maissorten weisen geringere Mengen an Mykotoxinen auf (Abb. 5.7) als konventionelle Sorten, da sich der Maiszünsler in den Pflanzen nicht etablieren kann und daher auch keine Fraßspuren hinterlässt, in denen sich Mikroorganismen ansiedeln könnten.

Abb. 5.8 YieldGard VT ProTM-Mais, der zwei Bt-Toxine (eines davon besteht aus Domänen verschiedener Cry-Proteine) kodiert. (Bild freigegeben von Monsanto; http://www.monsanto.com)

Resistenzen gegen die verschiedenen Bt-Toxine wurden bislang unter Feldbedingungen nicht beobachtet. Lediglich in Laborversuchen wurden Resistenzen beobachtet, die aber für die kommerzielle Anwendung nicht relevant sind. Zu den Management-Bedingungen bei der Verwendung von Bt-Baumwolle gehört z. B. die Schaffung von Rückzugsräumen durch Felder mit konventioneller Baumwolle, um einen konstant hohen Selektionsdruck zu vermeiden.

In den letzten Jahren werden zunehmend transgene Pflanzen entwickelt, die zwei oder mehr Bt-Toxine kodieren und z. T. gleichzeitig ein oder zwei Herbizid-resistenzgene aufweisen. Beispiele dafür sind Yieldgard VT Pro™ (Abb. 5.8) oder SmartStax™ Mais. Letzter trägt insgesamt acht Transgene und kombiniert die Merkmale der Sorten Yieldgard VT Triple™ (Monsanto), Herculex Xtra™ (Dow), Round up Ready 2™ (Monsanto), and Liberty Link™ (Dow). Dadurch wird Resistenz gegen zwei Herbizide verliehen, und die verschiedenen Bt-Toxine wirken gegen unterschiedliche Schadinsekten. Entsprechende, gentechnisch veränderte Baumwollpflanzen und Sojabohnen sind angekündigt. SmartStax™ hat u. a. den Vorteil, dass eine geringere Rückzugsraumfläche (5 % statt 20 %) benötigt wird. Hinsichtlich der Bedeutung ist anzumerken, dass alleine der Westliche Maiswurzelbohrer *(Diabrotica virgifera),* ein Käfer aus der Familie der Blattkäfer, nach Schätzungen des *U. S. Department of Agriculture* (USDA) in den USA Einkommensverluste für Landwirte in Höhe von 1 Mrd. US$ verursacht.

Bt-Toxine sind einerseits nicht für alle Schadinsekten toxisch und andererseits besteht die Möglichkeit, dass dagegen resistente Insekten auftreten. Daher werden noch weitere Strategien verfolgt, um insektenresistente Pflanzenlinien zu erzeugen. Besonders erfolgversprechend sind beispielsweise bestimmte Serin-Proteinase-Inhibitoren, die wichtige Verdauungsenzyme von Schadinsekten hemmen können. Pflanzen, die ein solches Protein in größeren Mengen enthalten, wären vor Insektenfraß weitgehend geschützt. Beispielsweise wurde die Baumwoll-Linie sGK erzeugt, die neben dem Bt-Toxin zusätzlich einen Trypsin-Inhibitor aus der Kuhbohne *(Vigna unguiculata)* exprimiert. Diese Baumwoll-Linie wird in China kommerziell angebaut.

Daneben werden noch zahlreiche andere Strategien geprüft, die hier nicht im Detail aufgeführt werden können. Dazu gehört die Verwendung von Lektinen, α-Amylase-Inhibitoren oder Chitinasen. Im Prinzip beruhen diese Verfahren auf der Verwendung natürlich vorkommender Proteine, die spezifisch nur für Insekten schädlich sind. Dies ist insbesondere bei der Verwendung in Nahrungs- und Futterpflanzen von entscheidender Bedeutung, da diese natürlich keine für Mensch oder Nutztier toxischen Substanzen enthalten dürfen.

5.1.3 Schutz vor pflanzenpathogenen Viren

Wie bei Bakterien, Tieren und dem Menschen kommt auch bei Pflanzen eine Vielzahl von **Viren** vor. Außerdem sind bei Pflanzen noch sogenannte **Viroide** bekannt. Viren besitzen eine Proteinhülle und gelegentlich auch eine zusätzliche Lipidmembran. Als Erbmaterial kann DNA oder RNA vorliegen. Viroide besitzen keine Proteine und keine spezielle Membran und bestehen aus einem kleinen ringförmigen RNA-Molekül. Für ihre Vermehrung sind Viroide und Viren völlig auf den Stoffwechsel ihres Wirtes angewiesen. Aufgrund einer internationalen Konvention werden Pflanzenviren nach der Pflanze benannt, bei der sie zuerst beschrieben wurden, gefolgt von den zuerst beschriebenen Symptomen und dem Wort Virus (z. B. Tabak-Mosaik-Virus). Pflanzenviren benötigen für ihre Übertragung von Pflanze zu Pflanze die Hilfe anderer Organismen. Hierbei handelt es sich meist um Insekten, die, wenn sie Viren übertragen, auch als Vektoren bezeichnet werden.

Viren haben generell den Ruf, gefährliche Krankheitserreger zu sein. Tatsächlich ist diese Einstufung aber nicht ganz richtig, denn die teilweise Sequenzanalyse pflanzlicher Genome hat gezeigt, dass in Kultur- und Wildpflanzen eine sehr große Anzahl von Viren vorkommt, von denen die meisten offenbar keinen Schaden verursachen. Sehr beruhigend ist außerdem die Tatsache, dass pflanzliche Viren grundsätzlich weder human-noch tierpathogen sind. Dennoch können einige Viren erhebliche Ernteeinbußen verursachen. So führt die durch Viren verursachte Wurzelbärtigkeit der Zuckerrübe in einigen Regionen Deutschlands dazu, dass bis zu 75 % der angebauten Zuckerrüben geschädigt werden. Die Einschätzung der Folgen einer pflanzlichen Virusinfektion ist unter Umständen auch abhängig vom jeweiligen Nutzen. Flammtulpen, die mit einem Potyvirus befallen sind, gelten beispielsweise als besonders schön. Auch marmorierte Blätter der Zimmerpflanze Abutilon, die durch Infektion mit dem Abutilon-Mosaik-Virus hervorgerufen werden, werden gemeinhin als attraktiv angesehen.

Die Symptome nach einer Infektion mit Viren (Farbveränderungen, Formveränderungen und Absterbeerscheinungen) sind bei Pflanzen außergewöhnlich vielfältig und auch von Umweltfaktoren abhängig. Demgegenüber sind die

Pflanzenviren selbst eher einfach aufgebaut, denn sie bestehen meist aus einer einfachen Proteinhülle und der darin befindlichen Nukleinsäure, die verschiedene Gene trägt.

Die meisten Viren besitzen Gene für die Bildung der Virushüllproteine, für die Replikation (Vermehrung) ihrer Erbinformation, die aus DNA oder RNA bestehen kann, und ein Gen für den Zell- zu-Zell-Transport (Mobilität) innerhalb der Pflanze.

Häufig kommen nahe verwandte Virenstämme mit unterschiedlicher **Virulenz** vor. Unter Virulenz versteht man den Grad der Pathogenität. Stämme, die kaum Symptome verursachen, besitzen beispielsweise eine geringe Virulenz, während aggressive Stämme, die starke Schadsymptome auslösen können, als hochvirulent bezeichnet werden. Schon länger war bekannt, dass die vorherige Inokulation mit einem schwach virulenten Virenstamm einer Pflanze bei einer späteren Inokulation mit einem stärker virulenten verwandten Stamm Schutz verleiht. Dessen Vermehrung unterbleibt dann oft oder ist stark reduziert (Abb. 5.9).

Diesen Effekt hat man sich bei der Herstellung transgener virusresistenter Pflanzen zunutze gemacht. Dabei wurden zunächst Gene für die Hüllproteine der Viren in Pflanzen eingebracht und unter Kontrolle des CaMV-35S-Promotors exprimiert. Tatsächlich zeigten derartige Pflanzen nach Infektion mit Viren keine Symptome (Abb. 5.8). Mittels dieses Mechanismus können prinzipiell Resistenzen gegen sehr viele verschiedene Viren erzeugt werden.

Man nahm zunächst an, dieser Effekt beruhe darauf, dass die in großer Menge produzierten Hüllproteine verhindern, dass die in die Zelle eingedrungenen Viren ihre eigenen Hüllproteine abwerfen und sich daher nicht vermehren können. Deshalb sprach man zunächst von *cross protection*. Dies ist aber nach heutigem Kenntnisstand nicht korrekt, denn auch andere Virengene können zur *cross protection* führen. Man geht daher heute davon aus, dass der Mechanismus der *cross protection* auf dem Prozess der PTGS beruht, der bereits in Kap. 3 beschrieben wurde.

Eine weitere Strategie zur Erzeugung resistenter Pflanzenlinien beruht auf der Verwendung von in einigen Pflanzen natürlich vorkommenden **Resistenzgenen** (R-Gene). Derartige **R-Gene** sind im Verlauf der Evolution in manchen Pflanzenlinien entstanden und verleihen jeweils Resistenz gegen ein spezifisches Pathogen.

Überträgt man ein solches R-Gen in eine andere Pflanze, wird auch diese resistent gegen das spezifische Pathogen. Diese Strategie ist nicht nur gegen Viren wirksam – man kennt mittlerweile auch R-Gene, die gegen Bakterien, Pilze oder Nematoden wirken. In der Zukunft ist es vielleicht sogar möglich, R-Gene mit definierter Spezifität herzustellen.

Man kann sich die R-Gene als Rezeptoren oder Erkennungsstellen für Pathogene vorstellen. Erkennt der Rezeptor ein Pathogen, so wird in der Pflanze ein Abwehrprogramm ausgelöst, und das Pathogen kann die Pflanze nicht infizieren. Dass die R-Gene austauschbar sind, zeigt übrigens auch, dass die nachgeschalteten Abwehrprogramme in allen Pflanzen ähnlich gesteuert werden.

Obwohl zahlreiche Forschungsprojekte zu virusresistenten Pflanzen existieren, gibt es nur wenige kommerzielle Anwendung. Seit 1998 werden in den

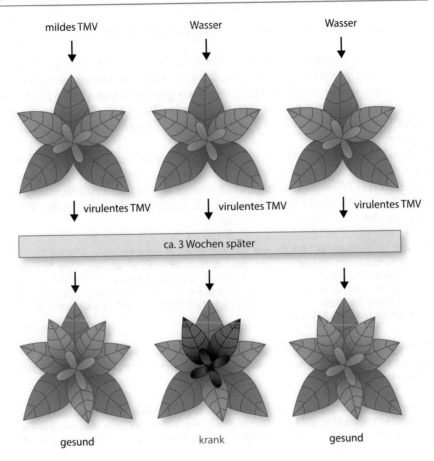

Abb. 5.9 Experiment zur Virusresistenz. Links: Werden Tabakpflanzen zunächst mit einem milden, d. h. kaum pathogenen Tabak-Mosaik-Virus (TMV) behandelt, wird eine nachfolgende Infektion mit einem virulenten, d. h. pathogenen TMV-Stamm verhindert, und die Pflanzen bleiben gesund. Mitte: Ohne die Vorbehandlung mit dem milden TMV entwickeln Tabakpflanzen nach Infektion mit einem virulenten TMV-Stamm Krankheitssymptome. Rechts: Transgene Pflanzen, in denen virale Gene, z. B. das TMV-Hüllprotein, überexprimiert werden, sind ebenfalls vor einer Infektion geschützt. (Verändert nach Westhoff et al. 1996)

USA (Hawaii) gentechnisch veränderte Papayas mit einer Resistenz gegen Papaya-Ringspot-Viren angebaut. Diese Viren können zu erheblichen Ernteeinbußen führen. 2017 betrug die Anbaufläche transgener Papayas auf Hawaii ca. 400 ha. Dies entspricht einem Anteil von 77 % an der dortigen Gesamtproduktion. In China wurden 2017 gentechnisch veränderte Papayas auf mehr als 7 100 ha angebaut. Gentechnisch veränderte Zuckerrüben, die resistent gegen das Adernvergilbungsvirus sind, stellen ein weiteres Beispiel dar. Die Zuckerrüben sind so gegen Rhizomania oder Wurzelbärtigkeit geschützt.

5.1.4   Schutz vor pathogenen Bakterien und Pilzen

Bakterien sind prokaryotische Mikroorganismen. Wie auch die Viren gelten Bakterien in der Öffentlichkeit meist als gefährliche Krankheitserreger, obwohl auch hier nur eine sehr geringe Zahl tatsächlich pathogen ist. Gerade einmal 200 Arten sind bekannt, die Pflanzenkrankheiten auslösen (Tab. 5.1). Dies ist, gemessen an der geschätzten Artenzahl von mehr als einer Million, nur ein verschwindend geringer Anteil.

Pilze zählen zu den eukaryotischen Mikroorganismen und viele Arten weisen makroskopisch deutlich sichtbare Fruchtkörper auf. Die meisten der bekannten etwa 100 000 Pilzarten sind ungefährlich, doch können die verbleibenden ca. 8 000 pflanzenpathogenen Arten (Tab. 5.1) erhebliche Schäden hervorrufen. Einige wichtige phytopathogene Pilze zeigt Abb. 5.10.

Ein sehr einschneidendes Ereignis war beispielsweise die Vernichtung der irischen Kartoffelernte 1845 und in den Folgejahren durch den Pilz *Phytophtora infestans*. Dies führte zu einer der schlimmsten Hungersnöte und der millionenfachen Auswanderung von Iren in die USA. Noch heute hat die irische Bevölkerungszahl nicht den Stand von vor 1845 erreicht. Genau genommen ist *P. infestans* allerdings kein echter Pilz. Er gehört vielmehr zu den Oomyceten, die stammesgeschichtlich farblosen Algen nahestehen.

Ernteausfälle durch Bakterien und Pilze stellen immer noch ein großes Problem dar, weshalb beispielsweise die Verwendung von Fungiziden in der Landwirtschaft nahezu unumgänglich ist.

Ein weiteres Problem ist die Kontamination von Nahrungsmitteln durch von Pilzen ausgeschiedene Mykotoxine, die besonders dann auftreten, wenn pflanzliche Nahrungsmittel nicht mit Fungiziden behandelt werden. Mykotoxine sind chemisch sehr vielfältig und können bei

Tab. 5.1 Beispiel für pflanzenpathogene Bakterien und Pilze

Erreger	Wirtspflanze	Krankheitsbezeichnung
Bakterien		
Agrobacterium tumefaciens	Dikotyle Pflanzen	Tumorbildung
Erwinia amylovora	Birne/Apfel	Feuerbrand
Pseudomonas syringae pv. lachrymans	Gurke	Eckige Blattflecken
Streptomyces scabies	Kartoffel	Schorf
Xanthomonas oryzae pv. oryzae	Reis	Weißblättrigkeit
Pilze		
Ophiostoma novo-ulmi	Ulme	Ulmensterben
Phytophtora infestans	Kartoffel	Kraut- und Knollenfäule
Pseudoperonospora cucumerinum	Gurke	Falscher Mehltau
Puccinia graminis	Weizen	Schwarzrost
Taphrina deformans	Pfirsich	Kräuselkrankheit

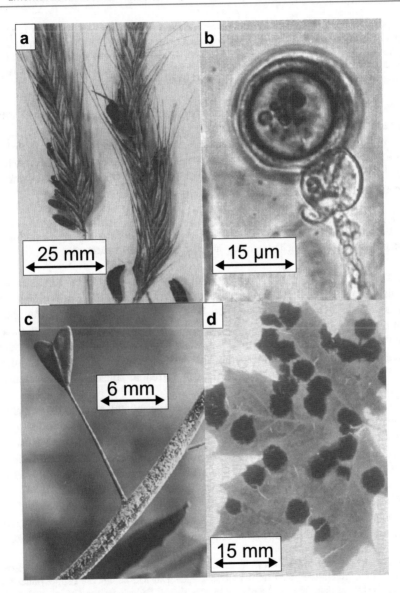

Abb. 5.10   a-d. Phytopathogene Pilze und ihre Schadensbilder. **a** *Claviceps purpurea*, Mutter-körner an Getreide; **b** *Phytophtora infestans*, mikroskopisches Bild eines Fortpflanzungs-stadiums; **c** falscher Mehltau *(Peronospora parasitica)* auf Capsella; **d** *Rhytisma acerinum* auf Ahornblatt. (Aus Esser 2000)

Menschen und Tieren ernsthafte akute Erkrankungen und zum Teil, bei langfristiger Aufnahme, Karzinome auslösen. Ihr genaues Gefahrenpotenzial ist bislang noch nicht hinreichend unter-sucht. Dies ist aber auch im Hinblick auf den zunehmenden Verzehr von Pflanzenprodukten aus dem sogenannten ökologischen Anbau dringend geraten, da Pilzbefall dort aufgrund des Verzichts auf chemische Behandlungen wahrscheinlicher ist. So haben Toxine von *Claviceps purpurea,* einem Getreideparasiten, der zur Bildung sogenannter Mutterkörner führt, in früheren Zeiten zu regelrechten Massenvergiftungen geführt. Nachdem diesen Vergiftungen vorgebeugt wurde (z. B. Aussieben der Mutterkörner vor dem Mahlen), verlor der Pilz seinen Schrecken. Im Zuge des ökologischen Landbaus traten gelegentlich wieder einzelne Vergiftungen auf.

Da die Strategien zur Etablierung transgener bakterien- und pilzresistenter Pflanzen zum Teil sehr ähnlich sind, werden diese hier gemeinsam besprochen.

Auf die Verwendung von Resistenzgenen in transgenen Pflanzen wurde ja bereits im vorhergehenden Abschnitt verwiesen. Über die eigentlichen Resistenzgene hinaus sind aber auch die nachgeordneten Gene für die Resistenzabwehr von Bedeutung und werden zum Teil bereits in transgenen Pflanzen getestet.

Die eigentlichen Resistenzgene kodieren für Rezeptoren. Diese induzieren über Signaltransduktionsketten vielfältige Reaktionen, wie beispielsweise die Bildung von Abwehrstoffen. Die beteiligten Gene sind natürlich von großem Interesse für die Pflanzenzüchtung.

Die Produktion von antimikrobiellen Substanzen in transgenen Pflanzen wird bereits seit mehreren Jahren getestet, aber die Ergebnisse, die damit erzielt wurden, sind sehr heterogen. So hat man beispielsweise **Chitinasen** in transgenen Pflanzen exprimiert, da die Zellwände der meisten Pilze Chitin enthalten, das durch die Chitinase angegriffen wird. Tatsächlich wurden damit bei Verwendung einiger Pflanzenlinien und Pilzpathogene positive Resultate erzielt. Allerdings galt dies nicht für alle untersuchten Pflanzen. Offenbar spielen also artspezifische Unterschiede hier eine Rolle.

Daneben wurden auch zahlreiche andere transgene Pflanzen mit unterschiedlichen antimikrobiellen Proteinen erzeugt. Auch hier erhielt man widersprüchliche Daten. Während α-Thionin aus Gerste transgenen Tabakpflanzen Resistenz gegen das Bakterium *Pseudomonas syringae* und ein künstlich stark exprimiertes endogenes Thionin aus *Arabidopsis* Resistenz gegen *Fusarium oxysporum* verlieh, scheiterten ähnliche Versuche mit anderen Pflanzen und Pathogenen.

Viele Pathogene bilden für Pflanzen toxische Substanzen. Umgekehrt stellen auch Pflanzen Toxine her, um Pathogene abzuwehren. Hierin liegt ein großes Potenzial, das unter Umständen der Entwicklung transgener Pflanzen dienen kann.

1999 wurden transgene Weinreben freigesetzt, die neben einem Chitinase-Gen ein ribosomeninaktivierendes-Protein(RIP)-Gen aus der Gerste trugen. Das RIP hemmt die Peptidsynthese von Pilzen und soll vor dem falschen Mehltau schützen, dessen Zellwände kein Chitin, sondern Zellulose enthalten. Durch die Verwendung transgener Reben verspricht man sich langfristig eine deutliche Reduktion der eingesetzten Fungizidmenge.

Auch für andere Kulturpflanzen gibt es vergleichbare Projekte, so werden Obst- und Kochbananen von dem *Black Sigatoka-Pilz* oder dem Bakterium *Xanthomonas campestris* bedroht. 2010 gab es in Uganda Freisetzungsversuche mit einer transgenen Bananensorte, die ein Chitinase-Gen aus dem Reis trägt und gegen phytopathogene Pilze wie z. B. *Sigatoka* resistent ist.

Gleichfalls gab es dort Freisetzungsexperimente mit Bananen, die Gene aus der grünen Paprika tragen und resistent gegen *X. campestris* sein sollen.

Bei einem Projekt in Wageningen (DuRPH) wurden mehrere Resistenzgene gegen *Phytophtora infestans* aus Wildkartoffeln in Kultursorten übertragen. Dadurch konnte man in kurzer Zeit erhebliche Züchtungserfolge erzielen, die bei konventioneller Züchtung mehr als 20 Jahre erfordert hätten. Da alle Sequenzen aus Kartoffeln und nicht aus fremden Arten stammten, spricht man hier auch von cisgenen statt transgenen Pflanzen. Rechtlich gesehen handelt es sich jedoch um GVOs. In Freilandversuchen zeigte sich, dass die neuen Sorten resistenter gegen *Phytophtora infestans* waren als bisherige Kultursorten. Außerdem konnten 80 % der sonst üblichen Fungizide eingespart werden.

Ganz aktuell und hochproblematisch ist die Bedrohung der Bananenplantagen durch den pathogenen Pilz *Fusarium oxysporium f. sp. cubense* TR4, dem Erreger der Panamakrankheit, Der Pilz, gegen den es kein Gegenmittel gibt, dringt über die Wurzeln in die Bananenpflanzen ein und bringt sie zum verwelken. Da sich die fast ausschließlich verwendeten *Cavendish*-Bananenstauden nur vegetativ durch die Ausbildung von Schösslingen, die mit der Mutterpflanze genetisch identisch sind, vermehren, können sie natürliche Resistenzen gegen die Pilze nicht ausbilden. Es gibt aber Erfolg versprechende Ansätze, transgene Bananen zu entwickeln, die zu einem sogenannten Wirt-induzierten Gene-Silencing in dem pathogenen Pilz führen und damit eine Infektion verhindern.

Beim Wirt-induzierten Gene-Silencing werden von der Pflanze kleine RNAs gebildet (miRNA/siRNA), die vom Pathogen aufgenommen werden und dort zur Inaktivierung von Genen führen, die für den Infektionsvorgang essentiell sind. Dadurch kommt es nicht zu einer Infektion, oder diese tritt nur lokal beschränkt auf.

5.1.5   Resistenz gegen umweltbedingte Stressfaktoren

Pflanzen sind an ihren Standort gebunden und haben daher Mechanismen entwickelt, um sich gegen umweltbedingten (abiotischen) Stress zu schützen. Hierzu zählen unter anderem Hitze, Kälte und Trockenheit, hoher Salzgehalt, Mineralmangel, hohe Konzentration von Metallen, Einflüsse durch Umweltverschmutzung und UV-B-Strahlung. Natürlich treten nie alle diese Faktoren an einem Standort gleichzeitig auf, und außerdem haben diese Faktoren oft pflanzenspezifisch unterschiedliche Wirkungen. Pflanzen, die eine erhöhte Resistenz gegen solche **Stressfaktoren** aufweisen, wären besonders gut für den Anbau in agrarwirtschaftlichen Problemzonen geeignet.

Die Verwendung von stressresistenten Pflanzen ist wichtig, weil die bisherigen Anbauflächen langfristig nicht ausreichend sind, um eine weiterhin wachsende Weltbevölkerung zu ernähren. Das heißt, man wird gezwungen sein, auch Anbauflächen in Gebieten zu nutzen, die zumindest zeitweise zu trocken, zu heiß oder zu kalt für den Anbau mancher Kulturpflanzen sind. Dies gilt insbesondere für Entwicklungsländer mit hohem Bevölkerungszuwachs und klimatischen Problemzonen.

Eine erhöhte Resistenz von Pflanzen gegen Trockenheit ist ein wichtiges Ziel der Pflanzenzucht, da Trockenheit als einer der wichtigsten abiotischen Faktoren gilt. Selbst in produktiven Anbaugebieten können kurze Perioden von Trockenheit zu signifikanten Ertragsreduktionen führen. Trockenheit führt bei Pflanzen zu vergleichbaren Reaktionen wie erhöhte Salzkonzentration oder niedrige Temperaturen. Letztlich haben alle drei Umweltbedingungen zellulären Wassermangel und osmotischen Stress zur Folge. In der Pflanzenzüchtung hat man bislang verschiedene Wege verfolgt, um **Trockenheitstoleranz** zu erzielen, so z. B. durch Selektion auf maximalen Ertrag unter speziellen Umweltbedingungen. Hierbei wird die generelle Strategie verfolgt, Gene, deren Genprodukte zur Trockenheitstoleranz beitragen, aus beliebigen Pflanzen in Kulturpflanzen zu übertragen. Als Modellorganismen hat man hierbei die Modellpflanze *A. thaliana* und die Wiederauferstehungspflanze *Craterostigma plantagineum* verwendet (Abb. 5.11). Als problematisch erweist sich dabei, dass es sich um einen komplexen Vorgang handelt, in den zahlreiche Gene involviert sind. Als erfolgreich für die Erstellung gentechnisch veränderter trockentoleranter Pflanzen haben sich insbesondere Gene für regulatorische Funktionen erwiesen oder solche, die für Enzyme kodieren, die Veränderung der zellulären Metabolite bewirken. Beispiele sind Tab. 5.2 zu entnehmen.

Die Expression derartiger Gene darf aber nicht mit anderen Stoffwechselwegen interferieren, da ansonsten die Gefahr besteht, dass in den transgenen Pflanzen die Biomasse und damit der Ertrag reduziert werden. Bedeutsam für die Stresstoleranz sind insbesondere sogenannte **compatible solutes.** Hierbei handelt es sich um nichttoxische, kleine organische Moleküle, die normalerweise nicht mit anderen zellulären Metaboliten reagieren. Sie akkumulieren in Chloroplasten und Zytoplasma als Reaktion auf Dehydrierung oder Akkumulation von anorganischen Salzen. Zu diesen *compatible solutes* zählen Raffinose, Trehalose, Glycinbetain u.v.m. Der Syntheseweg für Trehalose ist beispielhaft in Abb. 5.12 gezeigt und in transgenen Reispflanzen verwirklicht (vgl. Tab. 5.2).

Abb. 5.11 a Wiederauferstehungspflanze *Craterostigma plantagineum*; **b** vertrocknete Pflanze; **c** gleiche Pflanze nach erneuter Wasseraufnahme. (Fotos Prof. D. Bartels, Bonn)

Tab. 5.2 Transgene Pflanzen mit erhöhter Trockenheitstoleranz. (Verändert nach Bartels und Phillips 2010)

Transgene Pflanzen	Ursprungsart	Gen	Phänotyp
Beta vulgaris	Bacillus subtilis	Levansucrase	Trockenheitstoleranz erhöht
Oryza sativa	E. coli	Trehalose-6-phosphat-Synthase	Trockenheits-, Salz- u. Kältetoleranz erhöht
Oryza sativa	Oryza sativa	NAC[a]	Trockenheits-, u. Salztoleranz erhöht
Oryza sativa	A. thaliana	ERF/AP2[a]	Trockenheits-, u. Salztoleranz erhöht
Solanum lycopersicum	Arthrobacter globiformis	Cholin-Oxygenase	Erhöhte Toleranz gegen verschiedene Stressoren
Triticum aestivum	E. coli	Mannitol-1-phosphat-Dehydrogenase	Trockenheits-, u. Salztoleranz erhöht
Zea mays	Nicotiana tabacum	MAPKKK[a]	Trockenheitstoleranz erhöht, Photosyntheserate sinkt nicht bei Trockenheit
Zea mays	Bacillus subtilis	Kälteschockprotein B	Trockenheitstoleranz

[a]Gene für regulatorische Faktoren oder Komponenten der Signaltransduktion

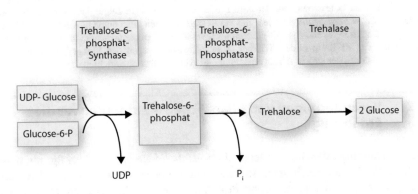

Abb. 5.12 Biosynthese von Trehalose; die Metabolite sind unten aufgeführt und die beteiligten Enzyme oben. (Verändert nach Clark und Pazderni 2009)

Dementsprechend kann die Erhöhung der Mengen an *compatible solutes* in transgenen Pflanzen zur gewünschten Trockenheitstoleranz führen. So ist es gelungen, transgene Tomatenpflanzen herzustellen, die eine Cholin-Oxygenase aus dem Bakterium *Arthrobacter globiformis* tragen. Die Pflanzen akkumulieren daraufhin **Glycinbetaine** und weisen eine erhöhte Salztoleranz auf. In anderen Versuchen genügte das Aufsprühen von Glycinbetainen auf normalen Mais und

Mohrenhirse *(Sorghum bicolor)*, um eine verbesserte Trockenheitsresistenz und höhere Ernteerträge zu erhalten. Bei vielen Pflanzen akkumuliert Mannitol als Schutz gegen Trockenheitsstress sowie Stress durch zu hohe Salzkonzentration. Das Gen für eine Mannitol-Dehydrogenase aus *E. coli* wurde in Weizen exprimiert. Durch Mannitolakkumulation kam eine erhöhte Resistenz gegen oxidativen Stress zustande (vgl. Tab. 5.2).

Während die erste Generation transgener Pflanzen mit erhöhter Trockenheit unerwünschte Nebeneffekte zeigte, wie z. B. schlechten Ertrag, wenn keine Trockenheit vorlag, sind diese Nachteile bei der zweiten Generation überwunden worden.

Der trockenheitstolerante MON87460-Mais trägt das Kälteschockprotein B (*csp*B) aus *Bacillus subtilis,* auch als *DroughtGuard* bezeichnet. Diese Maissorte ist in den USA, Kanada, Japan und anderen Ländern zum Anbau zugelassen. Trockenheitstolerante Mais-Sorten spielen in den USA eine immer größere Rolle. 2016 wiesen bereits 25 % aller Maissorten solche Eigenschaften auf. Allerdings macht MON87460 nur einen Marktanteil von 20 % aus. Für die EU wurde 2015 der Import als Lebens- und Futtermittel zugelassen.

In Uganda werden seit 2010 Freilandversuche mit gentechnisch verändertem trockenheitstolerantem Mais durchgeführt, die zu neuen kommerziell nutzbaren Maissorten führen sollen, die bei Trockenheit einen 25 % höheren Ertrag aufweisen. Diese Versuche sind Teil des WEMA-Projektes *(Water Efficient Maize for Africa),* an dem das internationale Agrarforschungszentrum für Mais und Weizen sowie Forschungseinrichtungen verschiedener afrikanischer Länder und der Konzern Monsanto beteiligt sind. Das Projekt wurde mit 47 Mio. US$ von den Stiftungen Bill und Melinda Gates sowie von Howard Buffet unterstützt. 2014 folgte das *Drought Tolerant Maize for Africa Seed Scaling-Projekt* mit vergleichbaren Zielen. In einigen afrikanischen Ländern gab es auch Feldversuche mit gentechnisch veränderten trockenresistenten Maissorten, die gleichzeitig das Bt-Toxin bilden. Hierbei besteht Resistenz gegen den Stängelbohrer und den Herbst-Heerwurm, der sich in Afrika ausbreitet und großen Schaden anrichtet.

5.2   Veränderungen von pflanzlichen Metaboliten für die Ernährung

Die Veränderung pflanzlicher Metabolite *(metabolic engineering)* erfolgt mit dem Ziel, die Produktion bestimmter Stoffe zu erhöhen oder zu erniedrigen. Dabei werden genetische und regulatorische Prozesse optimiert, die dann zu veränderten Produkten führen. Derartige qualitative Veränderungen sind seit langem Ziel der Pflanzenzüchtung. Ein sehr bekanntes Beispiel aus der klassischen Pflanzenzüchtung sind Rapssorten („Doppel-Null"-Raps) mit einem sehr geringen Anteil an bitter schmeckender Erucasäure und Senfölglykosiden. Da diese giftig sind, war vor der Einführung der neuen Sorten in den 1970er-Jahren eine Verwendung als Lebens- oder Futtermittel praktisch ausgeschlossen. Mit den Methoden der Gentechnik sind Veränderungen der Metabolitzusammensetzung schneller und z. T. gezielter zu erreichen. Gewünscht wird hierbei entweder bestimmte Metabolite unter ökonomisch vorteilhafteren Bedingungen zu gewinnen oder ein höherer Ertrag bestimmter Metabolite.

Dies kann für Lebens- oder Futtermitteln mit verbesserten Eigenschaften genutzt werden. Hierbei unterscheiden sich die Probleme in Entwicklungs- und Industrieländern: In vielen Entwicklungsländern herrschen Unterernährung und Mangelerscheinungen. In den Industrieländern des Westens ist dagegen eine abwechslungsreiche und ausgewogene Ernährung für jedermann zumindest möglich. Allerdings bestehen gerade in diesen Ländern Probleme in Bezug auf **Allergien** oder Unverträglichkeiten gegenüber manchen Nahrungsmittelbestandteilen, die die Lebensqualität zum Teil deutlich beeinflussen. Schließlich sollte man die Probleme beim Transport von Nahrungsmitteln nicht übersehen, die zum Teil über weite Entfernungen zu den Konsumenten gelangen. Zum Beispiel werden häufig unreife Früchte geerntet, die erst während des Transports, oft künstlich induziert, reifen. Dies ist nicht unbedingt geschmacksförderlich. Aus diesen Überlegungen ergeben sich zahlreiche Möglichkeiten, Pflanzen in Bezug auf ihre Inhaltsstoffe zu verändern. Dies wird in den folgenden Abschnitten ausführlich erläutert. Eine andere Nutzung liegt bei Pflanzen, die z. B. Rohstoffe für die chemische Industrie produzieren und daher von großem Wert sind. Transgene Pflanzen, die Biopolymere, Alkaloide oder Pharmazeutika produzieren, werden in getrennten Abschnitten behandelt.

5.2.1   Kohlenhydrate und Fettsäuren

Kohlenhydrate

Kohlenhydrate oder Zucker spielen eine wichtige und vielfältige Rolle für die Funktion von Pflanzen und für die menschliche Ernährung. Alles Leben auf diesem Planeten beruht letztlich auf der Fähigkeit der grünen Pflanzen zur Photosynthese, bei der aus Wasser und Kohlendioxid (CO_2) unter Verwendung von Lichtenergie **Glukose** (Traubenzucker) und Sauerstoff erzeugt werden. Dieser Prozess findet in den grünen Chloroplasten statt.

Alle Kohlenstoffatome unseres Körpers, unserer Kleidung, der fossilen Rohstoffe usw. haben mindestens zweimal eine Plastidenmembran überquert. Einmal beim Import von CO_2 und dann als neusynthetisiertes Zuckermolekül, das aus den Chloroplasten exportiert wird. Bezüglich der komplexen Vorgänge bei der Photosynthese sei auf einschlägige Lehrbücher verwiesen.

Kompliziert werden die Vorgänge der Kohlenhydratbildung in Pflanzen noch dadurch, dass die Orte der Zuckerbildung (meist Blätter, als *source* bezeichnet) und die Orte der Zuckerlagerung oder des Zuckerverbrauchs (z. B. Blüten, Speicherknollen usw., als *sink* bezeichnet) gewöhnlich getrennt sind, und daher die hergestellten Zuckerverbindungen meist in Form von **Saccharose** (Rohrzucker) über nicht unerhebliche Entfernungen in der Pflanze transportiert werden müssen. Die Speicherung der Kohlenhydrate erfolgt meist in Form von **Stärke,** die in einer speziellen Plastidenform, den **Amyloplasten,** gebildet wird. Stärke besteht chemisch gesehen aus Ketten von Glukosemolekülen und setzt sich aus zwei Glukosepolymeren zusammen: Aus unverzweigten Ketten, die man **Amylose** (Abb. 5.13b)

Abb. 5.13   **a–c** Struktur von **a** Zellulose, **b** Amylose (unverzweigte Stärke) und **c** Amylopectin (verzweigte Stärke). Die Zahlen bezeichnen die Position der Kohlenstoffatome

nennt, und aus verzweigten Ketten, die **Amylopektin** (siehe Abb. 5.13) heißen. Stärke hat eine große Bedeutung für die Herstellung von Nahrungsmitteln (Backwaren, Gelier- und Quellmittel usw.) und als industrieller Rohstoff. Für den Einsatz von Stärke für verschiedene Anwendungen spielen insbesondere die Verzweigungen des Amylopektins, aber auch die Größe und Organisation der Stärkekörner eine Rolle. Zurzeit werden die unterschiedlichen Bedürfnisse durch die

Verwendung von Stärken aus verschiedenen Pflanzen abgedeckt (Getreidearten, Kartoffeln usw.). Die Grundsätze der Biosynthese von Stärke sind verstanden und die beteiligten Gene großteils kloniert worden.

Chemisch sehr ähnlich zu Stärke ist **Zellulose,** ein **Polysaccharid,** aus dem die pflanzlichen Zellwände überwiegend bestehen. Der Unterschied zwischen Zellulose und Stärke (siehe Abb. 5.13a) liegt in der Art, wie die Glukosemoleküle miteinander verbunden sind. Außerdem sind Zelluloseketten immer unverzweigt. Zellulose spielt in der menschlichen Ernährung als Ballaststoff eine große Rolle, denn sie kann vom menschlichen Metabolismus nicht verdaut werden. Auch für das Backverhalten von Mehlen ist die Zellulose zusammen mit Zellwandproteinen sehr wichtig. Zellulose wird außerdem industriell in großen Mengen für die Papierherstellung benötigt. Ein Schwerpunkt der Forschung besteht in der Reduktion des Ligningehaltes in Pflanzen, aus denen Zellulose gewonnen wird (siehe Abschn. 5.8).

Es ist so möglich geworden, durch Expression neuer Gene oder Inaktivierung vorhandener Gene die Kohlenhydratzusammensetzung einer Pflanze zu ändern. Durch Übertragung einer veränderten **AGPase** (ADP-Glucose-Phosphorylase) aus dem Darmbakterium E. coli gelang es beispielsweise, die Stärkeakkumulation in Kartoffeln zu erhöhen. Durch **Antisense**-Expression wurde dagegen die **Stärkesynthetase** in den Stärkekörnern inhibiert. Dadurch wurden Kartoffeln erzeugt, die nur noch Amylopektin, aber keine Amylose mehr enthielten. Das kommerzielle Ergebnis ist die Amflora-Kartoffel der BASF (Abb. 5.14a), die ausschließlich Amylopektin bildet und als Industrierohstoff dienen soll. Bislang musste die Amylose für industrielle Nutzungen von Kartoffeln z. B. für die Papier- und Textilstoffindustrie sowie bei der Kleb- und Baustoffherstellung aufwendig entfernt werden. Dies ist bei der Amflora-Kartoffel nicht mehr notwendig. Als einzige transgene Pflanze ist diese Kartoffel zurzeit in Deutschland zum Anbau zugelassen. Aus Sicherheitsgründen wurde die Amflora-Kartoffel auch als Lebens- und Futtermittel zugelassen, um Probleme bei versehentlicher Vermischung mit konventionellen Kartoffeln zu vermeiden.

Abb. 5.14 a,b transgene Kartoffeln. **a** Ernte von Amflora-Kartoffeln (Bildquelle: BASF). **b** *Innate*-Kartoffel (links) im Vergleich zu konventioneller Kartoffel (rechts). (Bildquelle J.R. Simplot Company)

Nicht immer sind derartige transgene Pflanzen aber kommerziell interessant, denn solche Veränderungen können z. B. sehr unterschiedliche Knollengrößen zur Folge haben oder den Ertrag senken. In Zukunft wird es nötig sein, die komplex verknüpften metabolischen Funktionen der Pflanze weiter zu analysieren, um derartige Nebeneffekte zu vermeiden.

Mittlerweile wurden transgene Kartoffeln und Zuckerrüben erzeugt, die neben Stärke auch Inulin produzieren, einen Stoff der zu den Fruktanen gehört. Hierbei handelt es sich um Ballaststoffe, die natürlicherweise z. B. in Artischocken oder Chicoree vorkommen und denen man gesundheitsförderliche Wirkung zuschreibt. Fruktane sind Kohlenhydrate, deren Grundelement der Fruchtzucker (Fructose) ist, der im Molekül lange Ketten bildet. Die Bindungen zwischen den Fruktan-Einheiten können menschliche Verdauungsenzyme nicht aufspalten.

Im Darm regen die Fruktane das Wachstum förderlicher Bakterien an. Dies soll zu einer verbesserten Aufnahme mancher Mineralien und einer guten Verdauung führen. Manche Studien deuten auch auf verbesserte Blutfettwerte und ein geringeres Darmkrebsrisiko hin. Fruktane findet man als Nahrungsmittelzusatz in manchen Joghurtsorten.

Die Bildung von **Fruktanen** wurde durch die Expression zweier Gene erreicht. Zum einen wurde das Gen für 1-Saccharose:Saccharose-Fructosyl-Transferase (1-SST) aus Topinambur *(Helianthus tuberosus)* und zum anderen das Gen für Fruktan:Fruktan 1-Fructosyl-Transferase 1 (1-FFT) aus der Artischocke *(Cynara scolymus)* in die Kartoffel bzw. Zuckerrübe eingebracht. In Kartoffelknollen wurden bis zu 5 % des Trockengewichts an Inulin erzeugt.

In den USA wurde die *Innate*-Kartoffel (Abb. 5.14b) entwickelt, die mehrere neue Eigenschaften in sich vereinigt: Sie entwickelt weniger schwarz-graue Flecken bei Transport und Lagerung, nach dem Schälen verfärbt sie sich nicht so schnell, und beim Frittieren entstehen weniger Acrylamide. Dies wurde durch entsprechende RNAi-Strategien (siehe Kap. 2) erreicht, die in den Knollen die Bildung der Aminosäure Asparagin, einiger Zucker und bestimmter Enzyme deutlich reduziert. Außerdem sind diese Kartoffeln resistenter gegen eine Infektion von *Phytophthora infestans,* was auf der Übertragung des Resistenzgens *Rpi-vnt1* aus Wildkartoffeln beruht. 2017 wurden diese Kartoffeln auf ca. 1 600 ha in den USA angebaut.

Fettsäuren

Fette sind esterartige Verbindungen von Glyzerin mit **Fettsäuren.** Fettsäuren bestehen aus einer langen **Kohlenwasserstoffkette** und einer endständigen **Carboxylgruppe.** Die Biosynthese von Fettsäuren in Pflanzen wird in Box 5.2 erläutert. Fettsäuren unterscheiden sich in der Länge der Kohlenwasserstoffkette und dem **Sättigungsgrad,** das heißt der Anzahl der vorhandenen Doppelbindungen. Diese Merkmale beeinflussen die chemischen Eigenschaften der Fettsäuren. Hinsichtlich der Veränderung der Fette und Fettsäuren in der pflanzlichen Nahrung gibt es relativ geringen Handlungsbedarf, denn viele in der pflanzlichen Nahrung enthaltene Fette gelten bereits als wertvoller als tierische Fette. Dennoch gibt es zwei mögliche Ansatzpunkte: Zum einen die Veränderung des Verhältnisses von gesättigten zu mehrfach ungesättigten und zum anderen die Produktion besonders langer, ungesättigter Fettsäuren, da diese als für die Ernährung vorteilhaft angesehen werden.

Box 5.2
Biosynthese von Fettsäuren und Fetten
Man kennt etwa 210 Typen von Pflanzenfettsäuren. Ihre Bildung erfolgt in den Chloroplasten und auch in den Proplastiden nichtgrüner Pflanzenteile. Die Verlängerung bereits bestehender Fettsäureketten ist auch im Zytoplasma oder in den Mitochondrien möglich. Bei der Neusynthese in den Plastiden dient Acetyl-CoA (aktivierte Essigsäure) als Startmolekül. Hieran werden sukzessiv kurze Ketten von zwei Kohlenstoffatomen (C_2-Bruchstücke) angeheftet. Diese stammen von dem Molekül Malonyl-CoA. Die Fettsäuresynthetase bildet nun mit Acetyl-CoA als Startmolekül und Malonylsäure-CoA zur Kettenverlängerung die Fettsäuren. Für die Synthese der C_{16}-Fettsäure Palmitinsäure gilt z. B. folgende vereinfachte Reaktionsgleichung:

Acetyl-CoA + 7Malonyl-CoA $\rightarrow$ $CH_3(CH_2)_{14}COOH$ + $7CO_2$ + $6H_2O$ + 8CoA

Noch während der Biosynthese oder auch danach können Desaturasen schrittweise eine oder mehrere Doppelbindungen in die Fettsäuren einfügen. Für weitere Details sei auf entsprechende Fachliteratur verwiesen. Die meisten der an diesen Vorgängen beteiligten Enzyme sind bei der Pflanze *Arabidopsis thaliana* kloniert worden.
   Zur Bildung von Neutralfetten und Strukturlipiden wird die Fettsäure auf a-Glycerinphosphat übertragen. Dadurch entstehen Phosphatidsäuren, die entweder direkt oder nach Umwandlung in Diglyceride die Ausgangssubstanz für die Bildung der Neutralfette und Strukturlipide bilden.

So wurde zum Beispiel in Raps ein Gen für eine Thioesterase aus *Umbellularia californica* eingebracht. Dadurch erhöhte sich der Anteil an **Laurat** [$CH_3(CH_2)_{10}COO^-$]. Dies ist vorteilhaft für die Herstellung von Margarine und anderen Aufstrichen. In den USA wurden transgene Sojabohnen, die einen geringeren Anteil an Linolsäure aufweisen, entwickelt. Dies wurde durch die Antisense-Technik erreicht, indem die Bildung des Enzyms D12-Desaturase reduziert wurde. So enthält das Öl dieser transgenen Sojabohnen weniger Linolsäure und stattdessen mehr Ölsäure. Diese *high oleic acid*-Sojabohnen werden in den USA angebaut.
   Ein weiteres Projekt mit dem Markennamen *Vistive* beruht auf einem konventionellen Züchtungsprogramm und wurde später in herbizidresistente, transgene Sojabohnen eingekreuzt. Bei diesem Öl entfällt die Notwendigkeit der Härtung. Das Härten von Ölen steht im Verdacht, zu gesundheitlich möglicherweise bedenklichen Trans-Fettsäuren zu führen.
   In den USA wurden gentechnisch veränderte Sojabohnen in Freilandversuchen getestet, deren Öl zusätzlich **Omega-3-Fettsäuren** enthält. Solche mehrfach ungesättigten Fettsäuren sollen eine vorbeugende Wirkung bei Herz-Kreislauf-Erkrankungen haben. Durch entsprechende transgene Sojabohnen soll in Zukunft

eine ausreichende Versorgung der Bevölkerung mit mehrfach ungesättigten Fettsäuren ermöglicht werden. Die US-Lebensmittelbehörde FDA hat dieses Öl bereits als unbedenklich eingestuft.

Fette und Öle sind wichtige industrielle Rohstoffe. Bislang spielen hierbei pflanzlich erzeugte Fette und Öle eine untergeordnete Rolle. Während zum Beispiel 80 % der pflanzlich erzeugten Fette und Öle (ca. 75 Mio. Tonnen pro Jahr) in der Nahrungsmittelherstellung Verwendung finden, werden nur 15 Mio. Tonnen jährlich für industrielle Nutzungen verwendet. Ein Grund dafür ist der im Vergleich mit fossilen Ölen mehr als doppelt so hohe Preis.

Hinsichtlich der Fettzusammensetzung für industrielle Nutzungen gibt es verschiedene Projekte. So wird z. B. daran gedacht, Fettsäuren des Rapses zu entsättigen. Dies könnte man durch Antisense-Strategien erreichen oder durch Verwendung von Genen aus Umbelliferen zur Bildung von Petroselinsäure. Dies wäre für die Herstellung von Polymeren oder Detergenzien von Interesse. Eine Verlängerung der Fettsäureketten ist für die Verwendung als Schmiermittel, Weichmacher und ähnlichem interessant. Dies ist z. B. durch eine Expression eines Gens aus *Limnanthes douglasii* in Raps gelungen. Zweifellos werden sich in der Zukunft noch sehr viel mehr derartige industrielle Anwendungen ergeben. Pflanzen könnten dann einen wichtigen Beitrag zur Rohstoffversorgung leisten.

5.2.2 Proteingehalt und essenzielle Aminosäuren

Der Gehalt an Proteinen und die Zusammensetzung der Aminosäuren variiert sehr stark in pflanzlichen Nahrungsmitteln. Abgesehen von der Menge an Protein ist insbesondere der Gehalt an essenziellen Aminosäuren, die mit der Nahrung aufgenommen werden müssen und nicht selbst synthetisiert werden können, für die menschliche Ernährung, aber auch für die Tiermast entscheidend. Insbesondere bei Futtermitteln, basierend auf Sojabohnen oder Mais, werden fermentativ hergestellte Aminosäuren wie Lysin, Methionin, Threonin und Tryptophan zugesetzt. In der Zukunft wäre dies nicht mehr nötig, wenn es gelänge, den Gehalt dieser Aminosäuren in den Pflanzen zu erhöhen. Dies wäre z. B. dadurch möglich, dass Gene in Sojabohne oder Mais kloniert würden, die für Proteine kodieren, die reich an solchen Aminosäuren sind. Wie aber das Beispiel des **2S-Albumins** aus der Paranuss zeigt (siehe Kap. 7), muss bei solchen Vorhaben das Einbringen allergener Proteine vermieden werden. Anfang 2006 wurde in der EU ein Zulassungsantrag für eine gentechnisch veränderte Maissorte (LY038) mit erhöhter Lysinkonzentration gestellt. Die Verwendung einer solchen Sorte würde die heute übliche Zufütterung von Lysin ganz oder teilweise ersetzen.

5.2.3 Vitamine, Mineralien und Spurenelemente

Vitamine, Mineralien und Spurenelemente sind für die menschliche Gesundheit essenziell und müssen mit der Nahrung aufgenommen werden. Während dies in den Industrieländern leicht möglich ist, sind in vielen Entwicklungsländern sehr große Defizienzen zu beklagen. So leben jährlich etwa 250 Mio. Kinder mit dem Risiko einer Unterversorgung an Vitamin A, und 250 000 bis 500 000 Kinder erblinden deshalb pro Jahr irreversibel. Zwei Milliarden Menschen, also ein Drittel der Menschheit, lebt ,permanent mit Eisenmangel, was durch eine Haupternährung mit Reis noch begünstigt wird. Diese Zahlen belegen dramatisch, dass akuter Handlungsbedarf besteht, um die Ernährung weiter Teile der Menschheit sicherzustellen. Die primäre Quelle für Vitamine, Mineralien und Spurenelemente ist pflanzliche Nahrung, die diese Stoffe alle liefern kann. Eine Ausnahme stellen nur die Vitamine B_{12} und D dar, die in Pflanzen nicht synthetisiert werden. Allerdings sind Vitamine und Mineralien in verschiedenen Pflanzen in unterschiedlicher Menge enthalten. So enthält z. B. Reis, der für einen Großteil der Menschheit das Hauptnahrungsmittel darstellt, kaum Vitamin A. Auch die Zubereitung der pflanzlichen Nahrung, z. B. roh oder gekocht, ist selbstverständlich von Bedeutung für die Vitaminversorgung, da die meisten Vitamine nicht hitzestabil sind. Weiterhin haben Untersuchungen gezeigt, dass viele konventionell gezüchtete Pflanzensorten einer Art sich sehr stark in ihrem Gehalt an Vitaminen usw. unterscheiden können. Dies ist darauf zurückzuführen, dass früher die Erhöhung der Ausbeute höchste Priorität hatte und der Gehalt an Vitaminen in den Zuchtlinien nicht immer überprüft wurde. Ziel der modernen Pflanzenzüchtung muss es sein, den Gehalt an Vitaminen, Mineralien und Spurenelementen oder deren Zugänglichkeit zu verbessern.

Der Gesamtgehalt an Mineralien usw. ist nicht immer ein guter Indikator, denn es ist möglich, dass diese in einer für den Menschen ungeeigneten Form vorliegen. So ist z. B. Eisen in manchen Pflanzen nur zu etwa 5 % für den menschlichen Metabolismus verfügbar.

Provitamin-A-Biosynthese

Dass es sich hierbei um komplexe Strategien handelt, soll am Beispiel des Provitamins A bzw. ß-Carotins gezeigt werden. Hier gelang es, gentechnisch Reispflanzen zu erzeugen, die größere Mengen an ß-Carotin produzieren, das im menschlichen Körper leicht in Vitamin A umgewandelt werden kann.

Um diese Verbesserungen zu erreichen, mussten verschiedene Gene in den Reis eingebracht werden. Reiskörner enthalten kein ß-Carotin, aber man findet dort **Geranylgeranylpyrophosphat,** das durch eine Abfolge von vier enzymatischen Reaktionen in ß-Carotin umgewandelt werden kann. Carotine sind **Tetraterpene,** also C_{40}-Einheiten, die aus acht **Isoprenresten** bestehen. Für die Umwandlung aus Geranylgeranylpyrophosphat sind vier pflanzliche Enzyme notwendig, die in Abb. 5.15 gezeigt sind. Durch die Verwendung der Phytoendesaturase aus dem Bakterium *Erwinia* lässt sich die Zahl der benötigten Enzyme auf drei reduzieren, da das bakterielle Enzym die katalytischen Eigenschaften der beiden pflanzlichen Enzyme Phytoendesaturase und ξ-Carotindesaturase in sich vereinigt (vergl. Abb. 5.14). Die notwendigen Gene wurden daher aus Bakterien und Pflanzen isoliert und dann mittels *A.-tumefaciens*-Transformation in den Reis übertragen.

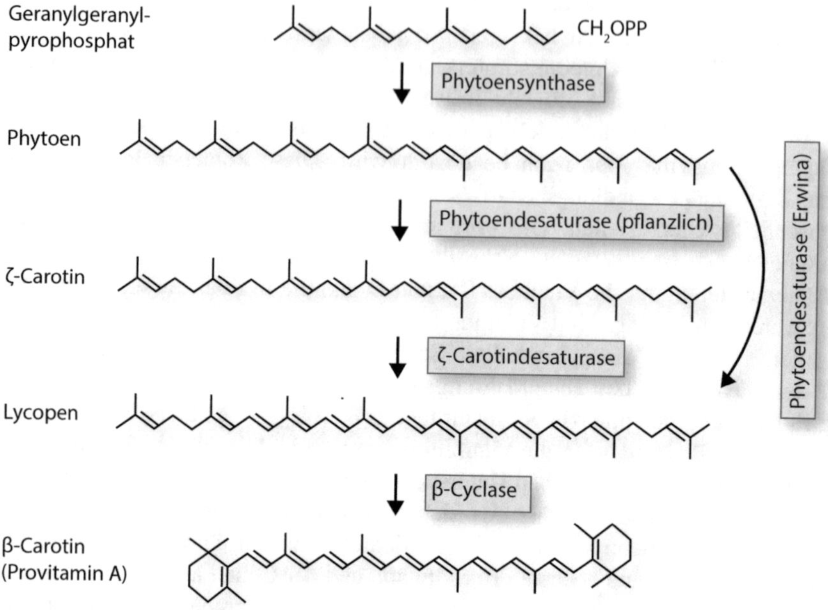

Abb. 5.15 Biosynthese von β-Carotin aus Geranylgeranylpyrophosphat

Dabei wurden die Phytoensynthase und die β-Cyclase unter der Kontrolle des endospermspezifischen Glutelin-Promotors exprimiert. Die *Erwinia*-Phytoendesaturase wurde mit einer plastidären Signalsequenz versehen und unter der Kontrolle des Blumenkohlmosaik-Promotors exprimiert. Erstaunlicherweise zeigten die Experimente, dass auch ohne die β-Cyclase große Mengen von β-Carotin gebildet wurden. Dies deutet daraufhin, dass im Reis-Endosperm dieses Enzym natürlicherweise vorhanden ist.

Der transgene Reis enthielt in seiner Ursprungsform etwa 1,6 µg Carotin je Gramm Reis (Abb. 5.16b). Diese geringe Menge reicht bei Weitem nicht für die notwendige Tagesdosis aus. In der Zwischenzeit hat man neue Sorten erstellt, die eine weitaus höhere Menge an β-Carotin (6 µg/g Reis, Abb. 5.16c) enthalten. Dies war möglich durch die Verwendung von Promotoren, die aus dem Weizen stammen und daher den Reis-Promotoren ähnlicher sind, als die der Narzisse. In der Öffentlichkeit ist diese Reissorte unter dem Namen *Goldener Reis* bekannt geworden. Besonders hervorzuheben ist, dass es sich bei dem *Goldenen Reis* um die erste transgene Nahrungspflanze handelt, die nur für den Endverbraucher von Vorteil ist. Möglicherweise finden diese Pflanzen in Zukunft eine größere Akzeptanz, als die bislang üblichen herbizid- oder insektenresistenten transgenen Pflanzen.

Diese Merkmale wurden in verschiedene, in Asien gebräuchliche Reissorten eingekreuzt, da die ursprünglichen Arbeiten mit einer Laborlinie durchgeführt wurden, die für den landwirtschaftlichen Anbau ungeeignet ist. Bis heute wurden

Abb. 5.16 a–c. Biosynthese von β-Carotin in Reis. **a** normaler Reis; **b** transgener Reis mit geringer β-Carotin-Bildung; **c** transgener Reis mit hoher β-Carotin-Bildung. (Golden Rice Humanitarian Board)

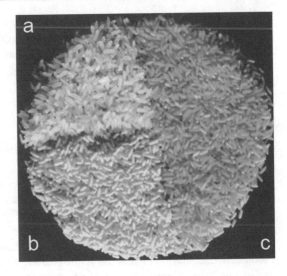

allerdings keine Anbaugenehmigungen erteilt. Darüber hinaus wurde 2009 ein *Goldener Mais* vorgestellt, der ebenfalls hohe Mengen an β-Carotin enthält.

Auf den Philippinen und in Bangladesch ist die Anbauzulassung für eine neue Goldener Reis-Variante *GR2E* beantragt. Der Agrarminister in Bangladesch erklärte Anfang 2019, dass mit einer Zulassung in Kürze zu rechnen sei. Die Behörden in Australien und Neuseeland haben nach einer wissenschaftlichen Bewertung die Einfuhr des *Goldenen Reis* als Lebensmittel genehmigt. Im Frühjahr 2018 folgten auch Kanada und die USA.

Vitamin-E-Biosynthese

Vitamin E ist chemisch gesehen ein Gemisch verschiedener **Tocopherole** und Tocotrienol-Derivate, von denen insbesondere die a-Tocopherole positive Effekte für die menschliche Gesundheit aufweisen. Hierbei ist insbesondere die antioxidative Wirkung zu nennen.

Bei Vitamin E handelt es sich um acht natürliche Vitamin-Verbindungen: α-, β-, γ- und δ-Tocopherol sowie α-, β-, γ- und δ-Tocotrienol. Die größte biologische Aktivität besitzt im menschlichen Organismus ein Stereoisomer des α-Tocopherols, das RRR-α-Tocopherol (δ-α-Tocopherol). α-Tocopherole aus natürlichen Quellen enthalten nur dieses eine Stereoisomer, während es sich bei synthetisch hergestelltem α-Tocopherol um racemische Gemische aus acht verschiedenen Stereoisomeren handelt (all-rac-α-Tocopherol).

Durch die Aufklärung des Biosyntheseweges der Vitamin-E-Biosynthese und der Identifizierung der beteiligten Enzyme war ein erster Schritt zur Veränderung des Vitamin-E-Gehaltes und der Zusammensetzung mittels sogenannter *metabolic engineerings* möglich geworden. Allerdings müssen dazu auch die beteiligten Gene kloniert werden. Dies hat sich als schwierig erwiesen, da die Isolierung der Enzyme nicht einfach ist, denn es handelt sich zumeist um membrangebundene

Proteine. Deshalb wurden andere Strategien entwickelt, und in *Arabidopsis thaliana* und dem Cyanobakterium *Synechocystis* mittels Bioinformatik und Geninaktivierungsexperimenten die ersten Gene identifiziert, die für Enzyme der Vitamin-E-Biosynthese kodieren. Damit konnten bereits erfolgreich transgene Pflanzen erstellt werden, die veränderte Vitamin-E-Mengen oder -Zusammensetzungen aufweisen.

5.2.4   Reduktion von Allergie auslösenden Stoffen

Allergien stellen in der modernen Zivilisation ein zunehmendes Problem dar, dessen Ursachen weiterhin wissenschaftlich umstritten sind. Häufig richten sich Allergien auch gegen Nahrungsmittel oder Bestandteile davon. Besonders häufig sind Allergien gegen Nüsse, Kiwi oder Soja, um nur einige zu nennen. Gerade Nüsse und Soja sind aber problematisch, weil Bestandteile davon in einer Vielzahl von Produkten enthalten sind und sie beim Genuss zum Teil lebensbedrohliche Allergien auslösen können. Man schätzt, dass etwa 20 000 Lebensmittelprodukte Sojabestandteile enthalten. Außerdem treten auch vererbte Nahrungsmittelunverträglichkeiten in der Bevölkerung auf. Ein Beispiel ist die Zöliakie, eine Nahrungsmittelunverträglichkeit gegen **Gluten,** die nach Schätzungen bis zu 0,5 % der deutschen Bevölkerung betrifft. Gluten ist ein Protein, das vor allem in Weizen, Roggen, Gerste und Hafer enthalten ist. Zöliakie-Patienten müssen lebenslang eine strenge glutenfreie Diät einhalten, was mit einer drastischen Einschränkung der Lebensqualität einhergeht. Dies ist besonders im Hinblick auf die zahlreichen Lebensmittel, die „verstecktes" Gluten enthalten, schwierig. Bislang ist als einzige Maßnahme gegen Allergien und andere Unverträglichkeiten die Vermeidung der Aufnahme der betreffenden Nahrungsmittel gegeben. Dies kann wie erwähnt mit einer deutlichen Einschränkung der Lebensqualität verbunden sein. Da meist nur einzelne Stoffe in der Nahrung zu Problemen führen, könnte die Beseitigung solcher Stoffe eine elegante Lösung sein. Dazu ist es nötig, die Proteine oder sonstigen Verbindungen, die Allergien oder ähnliches auslösen, zu identifizieren und ihre Biosynthese in der Pflanze aufzuklären. Danach kann man dann mit gentechnischen Mitteln Enzyme modifizieren oder ganz ausschalten und so zu modifizierten Pflanzen mit geringerem allergenen Potenzial kommen.

Mithilfe der RNAi-Methode wurden Weizenpflanzen erzeugt, die bis zu 85 % weniger Gluten enthalten. In einem anderen Projekt gelang es, den Anteil an Gliadin, dem Zöliakie auslösenden Bestandteil des Glutens, um 97 % zu senken. Mittlerweile wird auch die CRISPR/Cas-Methode eingesetzt, um die Glutenmenge zu reduzieren.

Erdnussallergien können lebensbedrohliche Nahrungsmittelallergien auslösen. Da Spuren von Erdnüssen in zahlreichen Lebensmitteln enthalten sein können, ist dies ein erhebliches Problem für betroffene Konsumenten. Mittels einer RNAi-Strategie (Kap. 3) gelang es, eines der wichtigsten allergieauslösenden Erdnuss Proteine in transgenen Erdnüssen mengenmäßig zu reduzieren. Das allergene Potenzial dieser transgenen Erdnüsse wurde mittels ELISA (Kap. 2) analysiert. Dabei wurde eine signifikante Reduzierung des allergenen Potenzials festgestellt.

In einem anderen Projekt wurden zum Beispiel aus Reispflanzen Proteine mit allergenem Potenzial isoliert und mit molekulargenetischen Methoden die dazu gehörenden Gene identifiziert. Es zeigte sich, dass es sich um Proteine handelte, die Ähnlichkeit mit a-**Amylase/Trypsin-Inhibitoren** aus Weizen und Gerste aufweisen. Diese Inhibitoren wurden auch als Auslöser des sogenannten Bäcker-asthmas identifiziert. Durch eine Antisense-RNA-Strategie (Kap. 3) wurde die Menge des allergenen Proteins im Reis reduziert.

Ein erfolgreicher Test mit menschlichen Probanden wurde mit gentechnisch veränderten Elstar-Äpfeln durchgeführt, bei denen das Haupt-Apfel-Allergen, Mal d 1, durch RNAi herunterreguliert wurde. Dies führte zu einer deutlichen Reduktion der Menge des Allergens in der Frucht.

5.2.5 Lagerungsfähigkeit, Aussehen und Geschmack

In den Industrieländern steht eine sehr große Auswahl an Früchten, Gemüsen und Salaten praktisch zu jeder Jahreszeit zur Verfügung. Im Gegensatz zu früheren Zeiten ist dadurch unabhängig von der Jahreszeit die Versorgung der Bevölkerung mit Vitaminen usw. gesichert. Dies bedingt aber, dass die Nahrungsmittel zum Teil über sehr große Entfernungen transportiert werden müssen. Da dies zu langen Transportzeiten führt, ergibt sich das Problem der Haltbarkeit bzw. Lagerungsfähigkeit von Pflanzenprodukten, weil reife Früchte schnell weich und unansehnlich werden. Das geschieht z. B. bei Bananen oder Tomaten in recht kurzer Zeit. Daher werden diese Früchte (Tomaten sind botanisch gesehen Früchte) im unreifen Zustand geerntet und reifen während des Lagerungs- und Transportvorganges. Häufig wird die Reifung erst kurz vor Auslieferung z. B. durch Ethylenbegasung erzielt.

Ethylen ist ein natürliches Pflanzenhormon, das vielfältige Wirkungen zeigt. Bedeutsam in diesem Zusammenhang ist die Eigenschaft von Ethylen, die Fruchtreifung zu induzieren.

Unter Umständen leidet aber dadurch der Geschmack der Früchte. Tomaten schmecken beispielsweise besser, wenn sie erst zur Zeit der Fruchtreife geerntet werden. Dem steht aber die geringe Lagerungsfähigkeit der reifen Frucht entgegen. Deshalb hat es schon früh Bestrebungen gegeben, mittels gentechnischer Methoden die Lagerungsfähigkeit von Früchten zu verlängern.

Die natürliche Funktion einer Tomate ist es, zu verrotten, um die Samen freizusetzen. Dazu produziert die Pflanze Enzyme, die die Zellwände abbauen, wodurch letztlich die Frucht „matschig" wird. Unter diesen Enzymen befindet sich auch Polygalacturonase. Mittels der **Antisense**-Technik konnte die **Polygalacturonase** ausgeschaltet werden, indem man ein entsprechendes Antisense-Polygalacturonasegen in die Tomate klonierte. Dadurch hält sich die Frucht um einiges länger.

**Abb. 5.17** Flavr Savr-
Tomaten. (Foto: California
Agriculture)

Dennoch wird auch hier die Tomate später „matschig", da noch andere Enzyme vorhanden sind, die die Zellwände abbauen können. Diese Tomaten wurden unter der Bezeichnung Flavr Savr ab 1994 vermarktet (Abb. 5.17), aber bereits 1997 wieder vom Markt genommen.

Der Vorteil für den Produzenten lag in der einfacheren Ernte und der verlängerten Lagerungsfähigkeit, der für den Verbraucher in der besseren Geschmacksqualität. Sonstige Inhaltsstoffe wie z. B. Vitamine usw. sind nach bisherigen Analysen unverändert. Zusätzlich war in dieser Tomate auch noch ein Kanamycinresistenzgen vorhanden. Wegen produktionstechnischer Gründe und aufgrund ihres hohen Preises hat sich die Flavr Savr-Tomate aber am Markt nicht durchsetzen können.

2017 wurde in den USA eine transgene Apfelsorte *(Arctic)* zugelassen, die nach dem Aufschneiden nicht mehr braun anläuft. Mittels RNAi (siehe Kap. 2) wurde in Äpfeln der Sorten *Golden Delicious* und *Granny Smith* das Gen für das Enzym Polyphenol-Oxidase abgeschaltet, so dass der Prozess des Braunwerdens gar nicht mehr oder nur sehr langsam ablaufen kann. Für 2019 geht man von Anbauflächen von mehr als 500 ha aus.

5.3   Herstellung von biopharmazeutischen Proteinen

Im Jahre 2019 waren in Deutschland 179 Arzneimittel mit 137 gentechnisch hergestellten Wirkstoffen für die Anwendung beim Menschen zugelassen. Biopharmazeutika sind Medikamente, die in transgenen Organismen hergestellt wurden. Biopharmazeutika sind besonders bedeutsam für das Wachstum der Pharma- und Biotechnologieindustrie. Zumeist werden Biopharmazeutika in Bakterien, Pilzen (Hefen) oder Säugerzellen hergestellt. Pflanzen und Pflanzenzellkulturen stellen jedoch interessante Alternativen für die zuvor genannten **Expressionssysteme** dar.

Vergleich verschiedener Expressionssysteme
Für die Expression von biopharmazeutischen Proteinen in Pflanzenzellen kann auf die langjährige Erfahrung mit anderen biotechnologischen Verfahren zurückgegriffen werden. Die Anzucht erfolgt dabei in sogenannten Rührreaktoren, die

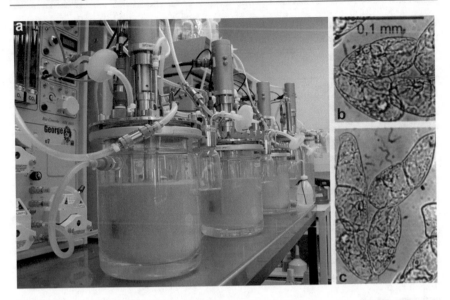

Abb. 5.18 a–c Kultivierung von Pflanzenzellen. **a** Forschungsreaktoren zur sterilen Anzucht von Pflanzenzellen unter kontrollierten Bedingungen; **b, c** BY-2-Pflanzenzellen. (Bildmaterial freundlicherweise von Stefan Schillberg, Fraunhofer-Institut für Molekularbiologie und Angewandte Ökologie IME, Aachen, zur Verfügung gestellt)

es in unterschiedlichen Größen gibt. Ein Beispiel zeigt Abb. 5.18a). Bestimmte Zelllinien, wie z. B. die BY-2-Tabakzellen, benötigen dabei nicht einmal Licht, was die Produktionskosten deutlich reduziert (Abb. 5.18b, c). Einen Vergleich der Parameter bei der Verwendung unterschiedlicher Expressionssysteme zur Herstellung re-kombinanter Proteine zeigt Tab. 5.3.

Gegenüber Bakterien weisen pflanzliche Systeme den Vorteil der besseren Produktkonformität auf, d. h. Proteinfaltung und z. T. auch **Glykosylierung** lassen sich in Pflanzenzellen besser realisieren als in Bakterien (siehe Abschn. 5.3.2), wo z. B. eine Glykosylierung gar nicht möglich ist. Im Vergleich mit Säugerzellkulturen entfällt das Risiko der Kontamination durch pathogene Viren. Besonders vorteilhaft bei Verwendung von Pflanzenzellkulturen gegenüber der Anzucht im Freiland sind die Sicherheitsaspekte, da Probleme wie horizontaler Gentransfer, Vermischung mit konventionellen Pflanzen usw. nicht möglich sind. Mit Hinblick auf die Produktion von Medikamenten kommt als wichtiges Argument hinzu, dass Zellkulturen nach GMP *(good manufacturing practice)*-Richtlinien angezogen werden können. Hierbei handelt es sich um sehr strenge und aufwendige Richtlinien, die von europäischen und internationalen Überwachungsbehörden aufgestellt wurden, um eine hohe Qualität und Sicherheit von Medikamenten zu gewährleisten. Überwachungsbehörden sind z. B. die amerikanische *Food and Drug Agency* (FDA) und die *European Medicines Agency* (EMA), die vormalige *European Agency for the Evaluation of Medicinal Products*. Bei Herstellung von rekombinanten Proteinen in ganzen Pflanzen im Freiland gestaltet sich die

Tab. 5.3 Eigenschaften von unterschiedlichen Systemen zur Produktion rekombinanter Proteine. (Verändert nach Schillberg et al. 2000)

	Trans-gene Pflanzen	Pflanzen-zell-kulturen	Bakterien	Säugerzell-kulturen
Zeitaufwand	Hoch	Mittel	Niedrig	Mittel-hoch
Produktions-kosten	Niedrig	Mittel	Mittel	Hoch
Produktivität	Hoch	Mittel	Mittel	Mittel
Produktqualität und –konformität[a]	Hoch	Hoch	Niedrig	Hoch
Kontaminations-risiko	Nein	Nein	Ja[b]	Ja[c]
Glykosylierung	Partiell	Partiell	Nicht möglich	Gut-sehr gut
GMP-Konformität	Schwierig	Machbar	Machbar	Machbar

[a]Proteinfaltung und –glykosylierung
[b]Endotoxine
[c]pathogene Erreger

Gewährleistung der GMP-Richtlinien deutlich schwieriger, obwohl die FDA und die EMA hierzu mittlerweile Regeln erstellt haben.

Ein wichtiger Aspekt bei der Herstellung therapeutischer Proteine in gewöhnlichen Nutzpflanzen ist, Wege zu finden, eine Kontamination von normalen, für die Ernährung bestimmten Pflanzen, mit transgenen, therapeutische Proteine produzierenden Pflanzen, zu verhindern. Gleichfalls muss ein Pollentransfer ausgeschlossen werden, da dadurch ungewollt die Transgene auf Nutzpflanzen übertragen werden könnten und so in die Nahrungskette gelangen würden. Derartige Überlegungen müssen auch in Sicherheitsbestimmungen für entsprechende Freisetzungsexperimente einfließen.

5.3.1 Expression und Glykosylierung von Biopharmazeutika in Pflanzen

Inzwischen wurden verschiedene Kulturpflanzen wie z. B. Mais, Kartoffel, Tomate oder Tabak, aber z. B. auch ein Moos erfolgreich für die Expression von Proteinen oder Biopharmazeutika genutzt. Hierbei spielt auch die Weiterentwicklung von effizienten Vektor- und Promotorsystemen eine wichtige Rolle. Ein großer Vorteil der pflanzlichen Expressionssysteme gegenüber bakteriellen oder Hefe-Expressionssystemen für die Produktion von **Biopharmazeutika** liegt in der Fähigkeit, multimere Proteine korrekt zu falten und zusammenzusetzen (assemblieren). Dies funktioniert aber nur dann effizient und in ausreichender Menge, wenn die Proteine mittels geeigneter Signalsequenzen in das endoplasmatische Retikulum (ER) gelangen. Offenbar sind die Mechanismen zur Faltung und Assemblierung

0,5 µm

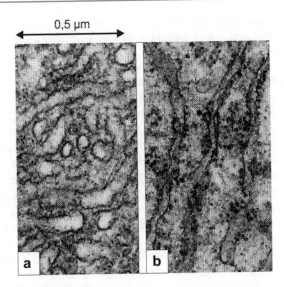

Abb. 5.19 a Elektronenmikroskopische Aufnahme des a glatten (sER) und **b** rauen endoplasmatischen Retikulums (rER)

im ER zwischen Pflanzen und Säugetieren ausreichend konserviert, um die korrekte Funktion zu gewährleisten.

Zumeist werden daher die Gene für die Proteine in das Kerngenom integriert und mit einem Signal für das endoplasmatische Retikulum (oder kurz ER) versehen. Die Translation der RNA erfolgt dann am rauen ER. Proteine, die in das ER gelangen, können von der Pflanze ausgeschieden werden. Bei Verwendung von Zellkulturen kann so die Aufreinigung von Proteinen deutlich erleichtert werden.

Das ER stellt ein ausgedehntes Membrankompartiment in der Zelle dar. Man unterscheidet das glatte ER (sER, von englisch *smooth* Abb. 5.19a) vom mit Ribosomen besetzten rauen ER (rER, siehe Abb. 5.19b). Am rER findet massive Proteinbiosynthese statt. Die Proteine werden dann entweder direkt in die ER-Membran eingefügt oder in das Lumen des ERs transportiert. Von dort können sie über den Golgi-Apparat in die Vakuole oder aus der Zelle herausgeschleust werden. Dagegen ist das sER insbesondere an der Fett-, Flavonoid- und Isoprenoidsynthese beteiligt.

30 % aller zugelassenen Biopharmazeutika weisen eine **Glykosylierung** auf, d. h. dort sind Zuckerketten an bestimmte Positionen der Proteine angeheftet. Die korrekte Glykosylierung hat einen erheblichen Einfluss auf die Halbwertszeit, Stabilität und Funktionalität des betroffenen Proteins. Die Glykosylierung ist ähnlich derjenigen in Säugerzellen, aber leider nicht identisch. Dieser Umstand erschwert die Verwendung von transgenen Pflanzen für die Herstellung glykosylierter Biopharmazeutika. Bei Säuger- und Pflanzenzellen ist der kotranslationale Transfer eines Oligosaccharid-Vorläufers an Asparaginreste des Proteins gleich. Dieser Prozess findet im ER statt.

Als gemeinsame Konsensussequenz für diesen Prozess wird hierfür die Aminosäurefolge „N-X-S/T" verwendet. Dabei steht N für Asparagin, X für jede Aminosäure außer Prolin, S für Serin und T für Threonin.

Bei der weiteren Proteinreifung wird der Vorläufer bei Säuger- und Pflanzenzellen auf gleiche Weise modifiziert, sodass Mannosereste am Ende zu finden sind. Weitere Veränderungen erfolgen auf dem Weg durch den Sekretionsapparat im Golgi-Apparat. Als Folge unterscheiden sich danach Säuger- und Pflanzen-Glykosylierung deutlich. So werden bei Pflanzen ß-1,2-Xylose und a-1,3-Fucose angeheftet, während bei Säugern stattdessen ß-1,4-Galactose und spezielle terminale Zuckerreste angefügt werden. Daher sind in Pflanzen spezielle Strategien nötig, um zu Glykosylierungen zu gelangen, die denen bei Säugern entsprechen.

Hierzu wurde z. B. an die Proteine ein sogenanntes **ER-Retentionssignal** angehängt, wodurch das betroffene Protein im ER verbleibt und nicht in den Golgi-Apparat gelangt. Dadurch wird die pflanzenspezifische Glykosylierung mit ß-1,2-Xylose und a-1,3-Fucose verhindert. Diese Strategie wurde z. B. bei IgGj-Antikörpern (siehe Abschn. 5.3.3) angewendet. Beim Moos *Physcomitrella patens* gelang es, die beiden Gene zu deletieren, die für die pflanzenspezifische Glykosylierung notwendig sind. Hierbei handelt es sich um die Gene für eine ß-1,2-Xylose-Transferase und a-1,3-Fucose-Transferase. Damit wurde ein sezerniertes Erythropoetin gewonnen, das keine pflanzenspezifische Glykosylierung aufwies. Erythropoetin ist ein Wachstumsfaktor für die Bildung roter Blutkörperchen (Erythrozyten).

Diese Methode lässt sich auf Höhere Pflanzen kaum übertragen, da dort die dafür nötige homologe Rekombination (siehe Kap. 3) im Gegensatz zu dem Moos nur mit sehr geringer Wahrscheinlichkeit vorkommt. Stattdessen verwendet man in Höheren Pflanzen eine RNAi-Strategie, die zum Abbau der RNA der beiden Gene führt (vgl. Kap. 3). Dadurch wird die Translation und Bildung der beiden Transferasen verhindert.

Eine weitere Möglichkeit, die Glykosylierung an Säugerzellen anzupassen, ist die Verwendung transgener Pflanzen oder Pflanzenzellen, in die Gene von Säugern eingebracht wurden, die Enzyme kodieren, die die Glykosylierung katalysieren. Ein Beispiel hierfür ist eine cDNA des menschlichen ß-1,4-Galactosyl-Transferase-Gens in Tabakzellen. Dadurch gelang es tatsächlich, zumindest einen Teil der gebildeten Proteine mit den korrekten Säugerzell-Glykosylierungsmustern zu versehen. Allerdings war gleichzeitig die Menge des gebildeten Proteins reduziert. Derartige Verfahren befinden sich generell noch in der Versuchsphase.

5.3.2   Impfstoffe

Die flächendeckende Impfung gegen infektiöse Krankheitserreger ist seit ihrer Einführung zu einer unschätzbaren Waffe gegen gefährliche Bakterien und Viren geworden. Waren früher Pocken, Tuberkulose oder Kinderlähmung unabwägbare Risiken, so treten diese Erkrankungen wegen umfangreicher Vorsorgemaßnahmen und besonders dank Reihenimpfungen zumindest in den Industrieländern kaum mehr auf. Die Verteilung und Verfügbarkeit von Impfstoffen ist vor allem in Entwicklungsländern problematisch, aber auch in Industrieländern ist eine sich ausbreitende Impfunwilligkeit zu beobachten. In der Regel werden Impfstoffe aus Tieren oder gegebenenfalls aus Zellkulturen gewonnen. Um einerseits die Verfügbarkeit und Akzeptanz zu verbessern und andererseits auf Tiere verzichten zu können, wird seit einigen Jahren versucht, Pflanzen für die Impfstoffherstellung zu nutzen. Der größte und nicht zu unterschätzende Vorteil läge aber darin, dass man Kontaminationen mit humanpathogenen Viren und anderen Krankheitserregern von vornherein ausschließen könnte, weil diese in Pflanzen nicht vorkommen. Die Herstellung von Impfstoffen mit Pflanzen beruht im Prinzip auf der Expression von Genen, die für entsprechende Proteine kodieren.

Bei Impfungen wird zwischen **aktiver** und **passiver Immunisierung** unterschieden. Bei der aktiven Immunisierung werden abgeschwächte Krankheitserreger oder einzelne Proteine eines Krankheitserregers verwendet, die dann eine Immunreaktion auslösen sollen. Bei der passiven Immunisierung werden hingegen gereinigte Antikörper verabreicht. Für beide Impfungsarten werden zurzeit pflanzliche Expressionssysteme getestet, die nachfolgend beschrieben werden.

Eine der Hauptursachen für Karies ist das Bakterium *Streptococcus mutans*. Zur Anheftung des Bakteriums dient ein spezielles **Adhäsionsprotein**. Das Gen *(spaA)* hierfür wurde in der Tabakpflanze kloniert und exprimiert. Hierbei lag der Anteil des SpaA-Proteins bei bis zu 0,02 % der Gesamt-Blattproteine. Man hofft, dass die orale Einnahme von SpaA zu einer Immunreaktion führen kann. Hierzu wäre es natürlich nötig, das Protein in einer essbaren Pflanze zu exprimieren.

In vergleichbarer Weise wurde in Kartoffeln beispielsweise die B-Untereinheit des Cholera-Toxins aus *Vibrio cholerae* exprimiert. Der Anteil lag bei bis zu 0,3 % der löslichen Pflanzenproteine.

Da Kartoffeln normalerweise gekocht werden, sind sie für die Produktion von essbaren Impfstoffen nicht optimal. Daher wird die Expression in Tomaten getestet. Ein bestimmtes **Glykoprotein** des Tollwutvirus wurde in geringer Menge in Tomaten exprimiert und im Test mit einem monoklonalen Antikörper erkannt. Dies deutet auf eine Produktion des Proteins und damit auf die prinzipielle Eignung der Methode hin. Auch in Salat konnten bereits Impfstoffe exprimiert werden. Die Auswahl der geeignetsten Pflanzen steht momentan im Mittelpunkt der Bemühungen. Ein noch nicht gelöstes Problem ist die korrekte Dosierung für die Humantherapie, die strengen gesetzlichen Kontrollen unterliegt.

Es werden allerdings nicht nur Impfstoffe für Anwendungen beim Menschen entwickelt, sondern auch zur Impfung von Tieren. Ein Versuch dieser Art ist in Abb. 5.20 gezeigt. Hierbei wurde ein neuer Impfstoff gegen die Chinaseuche (RHD, *rabbit haemorrhagic disease*) im Laborversuch getestet. Bei RHD handelt es sich um eine Viruserkrankung von Haus- und Wildkaninchen, die in den meisten Fällen tödlich verläuft. Der Impfstoff besteht aus dem Kapsidprotein des RHD-Virus, dass in Erbsen exprimiert wurde. Die Erbsen wurden zu einem Pulver vermahlen und aufgelöst. Ein **Adjuvans** wurde dazugegeben, um die Wirkung des Impfstoffes zu erhöhen. Alle geimpften Testtiere waren vor Infektionen mit dem RHD-Virus geschützt. Die Wirkung ist mit konventionell erzeugten Impfstoffen vergleichbar.

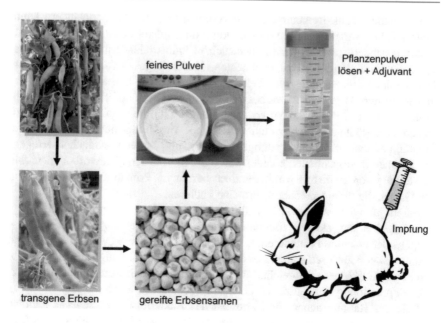

feines Pulver

Pflanzenpulver
lösen + Adjuvant

Impfung

transgene Erbsen   gereifte Erbsensamen

Abb. 5.20 Experiment zur Herstellung eines Impfstoffes aus transgenen Erbsen gegen RHD bei
Kaninchen. (Abbildung freundlicherweise von Prof. Inge Broer und Dr. Heike Mikschofsky, Universität Rostock, zur Verfügung gestellt)

Tab. 5.4 Beispiele für transgene Pflanzen, die Impfstoffe oder Antikörper bilden und zu klinischen Studien geführt haben

Pflanze	Produkt	Zur Behandlung von	Status
Färberdistel	Insulin	Diabetes	Phase I/II-Tests
Kartoffel	Norwalk-Virushüll-protein	Durchfallerkrankung	Phase-I-Test
Mais	Gastrische Lipase	Cystische Fibrose	Phase II-Tests
Mais, Kartoffel	*E. coli* hitzelabiles Toxin	Durchfall	Phase-I-Tests
Salat, Kartoffel	HBSAg	Hepatitis B	Phase-I-Tests
Spinat	Tollwut-virales Glykoprotein	Tollwut	Phase-I-Tests
Tabak	LSBC scFVs	Non-Hodgkin Lymphom	Phase-I-Tests
Tabak	CaroRX	Karies	Phase-II-Tests
Tabak	Impfstoff	Follikuläres B-Zell-Lymphom	Phase I-Tests
Wasserlinse	Interferon alfa 2B (Zytokin)	Hepatitis C	Phase II-Tests

Einige Projekte zur Herstellung von transgenen Pflanzen, die Antikörper oder
Impfstoffe bilden, haben bereits zu klinischen Studien geführt (Tab. 5.4). Hierbei wurden in der Regel Phase-I-Tests durchgeführt. Ein Phase-II-Test wurde aus
nicht näher bezeichneten Gründen zurückgezogen.

Phase-I-Tests umfassen Dosisfindungs- und Verträglichkeitstests mit gesunden Probanden. Phase-II- und -III-Tests beinhalten klinische Studien zur Wirksamkeit des Medikamentes mit erkrankten Patienten.

Komplizierter ist die Produktion von **Antikörpern** in Pflanzen. Antikörper oder Immunglobuline haben eine essenzielle Bedeutung bei der Immunreaktion in Wirbeltieren. Ihre besondere Eigenschaft liegt darin, dass sie mit sehr **hoher Affinität** definierte Substanzen, die dann als Antigene bezeichnet werden, binden können. Da es eine extrem große Vielfalt von Antikörpern gibt, kann eine schier unendliche Zahl von Substanzen auf diese Weise erkannt werden. Aufbau und Funktion von Antikörpern wurde bereits in Kap. 2 erläutert.

Zunächst wurden in Pflanzen nur Teile von Antikörpern, wie z. B. Fab- und Fv-Fragmente (vgl. Abb. 2.24) exprimiert. Mittlerweile gelingt dies aber auch mit intakten, vollständigen Antikörpern. Beispiele hierfür sind Antikörper gegen *Herpes-simplex-Virus* Typ 2, ein Antikörper gegen menschliche Adenokarzinome und ein Antikörper gegen das schon erwähnte Adhäsionsprotein von *Streptococcus mutans*. Für letzteren, *Guy's 13* genannten Antikörper, wurde bereits die Wirksamkeit am Menschen gezeigt: In Reihentests wurde belegt, dass eine Kolonisierung der Zähne mit dem Bakterium verhindert wurde.

Inzwischen werden in der Humantherapie Idiotyp-Impfstoffe getestet, die patientenspezifisch sind. Das bedeutet, dass für jeden Patienten ein ganz spezieller Impfstoff erzeugt werden muss. Diese Therapien sind daher auch extrem teuer. Ein Anwendungsgebiet sind B-Zell-Lymphome. Diese malignen Zellen tragen individuelle (Idiotype) Immunoglobuline auf ihrer Oberfläche, die benutzt werden können, um eine Immunantwort auszulösen. Mittlerweile ist es gelungen, solche Idiotypen als Einzelketten-Antikörper (scFv, siehe Tab. 5.4) in Tabak zu exprimieren und damit klinische Studien durchzuführen.

In Zukunft werden sich noch viele weitere Anwendungen in der Humanmedizin zeigen. Darüber hinaus lassen sich Antikörper aber auch zur Bekämpfung von Pflanzenpathogenen einsetzen. Sehr interessant ist nämlich die Eigenschaft einiger Antikörper, nach Bindung an ihr jeweiliges Antigen, dessen Funktion zu hemmen. Da dies auch in lebenden Zellen funktioniert, ergeben sich daraus Anwendungen von Antikörpern zum Schutz von Pflanzen. Es wird daran gearbeitet, pathogen-resistente Pflanzen zu entwickeln, die pathogenspezifische Antikörper exprimieren.

5.3.3   Biopharmazeutika mit therapeutischer Wirkung

Einige in transgenen Pflanzen hergestellte Biopharmazeutika mit therapeutischer Wirkung wurden bereits für klinische Studien verwendet. Dazu gehört z. B. das Enzym **Glucocerebrosidase,** das bei Patienten mit Morbus Gaucher nur eine

geringe Aktivität, bedingt durch entsprechende Mutationen in dem Gen, aufweist. Dadurch kommt es zu einer Akkumulation von zuckerhaltigen Fettstoffen
(den Glucocerebrosiden) in den Lysosomen, die zu schwerwiegenden Krank-
heitsbildern führen. Bislang wird das rekombinante Enzym in Säugerzellen aus
dem Chinesischen Streifenhamster hergestellt. Im Anschluss muss die korrekte
Glykosylierung *in vitro* mit speziellen Enzymen erreicht werden. Aufgrund des
komplexen Produktionsprozesses kostet die Behandlung eines Patienten pro Jahr
etwa 200 000 US$. Eine israelische Firma verwendet eine alternative Strate-
gie, basierend auf transgenen Möhren. Dabei wird die Glucocerebrosidase in die
Vakuolen der Möhrenzellen transportiert. Dort werden die Zuckerketten so modifiziert, dass Mannose-Reste am Ende stehen. Dadurch kann eine nachfolgende und
teure *in* vitro-Behandlung entfallen. Zurzeit werden mit dieser aus Pflanzenzellen
gewonnenen Glucocerebrosidase Phase-III-Studien mit Patienten durchgeführt.

Insulingaben sind für Millionen von Menschen lebenswichtig, die an Typ-I-Dia-
betes leiden. Der weltweite Bedarf übersteigt 8 000 kg pro Jahr. Seit 1982 ist **Insulin** aus transgenen Bakterien und später auch aus Hefe zugelassen. Insulin ist ein
kleines Protein, das nicht glykosyliert wird. Es besteht aus einer A-Kette von 21
und einer B-Kette von 30 Aminosäuren, die über zwei Disulfidbrücken verbunden
sind. Im Menschen werden beide Ketten als ein Protein (Proinsulin) gebildet und
später zu zwei Ketten prozessiert. Insulin aus transgenen Pflanzen wird in der
Färberdistel *(Carthamus tinctorius),* einer Pflanzenart aus der Familie der Korb-
blütler, hergestellt. Dazu wurde das Gen für ein verändertes Proinsulin mit dem
Gen für das pflanzliche Protein Oleosin fusioniert und exprimiert. Als Folge akkumuliert das Protein im Samen, aus dem es leicht aufgereinigt werden kann. Mit
dem pflanzlichen Insulin werden Phase-I- und -II-Studien durchgeführt.

Interferone sind ein weiteres Beispiel für therapeutische Proteine (Einsatz bei
Multipler Sklerose, bestimmten Karzinomen, Hepatitis B und C), die in Pflanzen
gebildet werden und in Phase-I- und -II-Studien eingesetzt werden. Hierzu wurde
ein Interferon-alpha in der Kleinen Wasserlinse *(Lemna minor)* exprimiert.

5.4   Rohstoffproduktion mit transgenen Pflanzen

Die begrenzte Verfügbarkeit fossiler Energieträger wie Erdöl, Erdgas oder Kohle
stellt ein erhebliches Problem für die Zukunft dar. Pflanzen können eine Ressource
von Energieträgern sein, aber die begrenzte Verfügbarkeit von Anbauflächen und
der hohe Bedarf an Nahrungsmitteln schränkt die Ausweitung der Anbauflächen
ein. Eventuell ist es aber in Zukunft möglich, Nahrungsmittelpflanzen so zu verändern, dass sie gleichzeitig auch **nachwachsende Rohstoffe** liefern. Aus Pflanzen und Bakterien sind verschiedene Typen von Biopolymeren bekannt, wie
Polysaccharide (z. B. Stärke und Zellulose), Polyamide (z. B. Seide) und Polyester (Kunststoffe). Obwohl solche Stoffe aus Pflanzen und Bakterien z. T. schon
lange genutzt werden, sind die bisherigen Produktionsweisen oft teuer, energieauf-
wendig oder ineffizient. Transgene Pflanzen können hier ein erhebliches Potenzial
in der Zukunft darstellen. Viele Projekte zu Biopolymeren sind zurzeit noch in der

Entwicklung. Dennoch ist diese Möglichkeit sehr faszinierend und vor allem auch umweltfreundlich, sodass einige Aspekte im Weiteren vorgestellt werden.

Auf die Polysaccharide wird hier nicht eingegangen, da sie zum einen bereits in Abschn. 5.2.1 besprochen wurden und zum anderen Aspekte der Zellulosegewinnung in Abschn. 5.8 erwähnt werden.

5.4.1 Polyamide

Polyamide sind polymere Substanzen; sie bestehen aus sich wiederholenden Einheiten, **Amiden,** die durch Peptidbindungen verknüpft sind. Ein bekanntes natürliches Beispiel ist die Seide, die aus Kokons der Seidenspinnerraupe gewonnen wird. Auch die Spinnenseide gehört in diese Stoffgruppe, sowie Substanzen wie z. B. das bakterielle **Cyanophycin.**

Faserproteine tragen kurze Abschnitte sich wiederholender Aminosäuren und weisen ganz besondere Eigenschaften auf. Hierzu gehören z. B. Keratin, Elastin oder Collagen, um nur einige Beispiele zu nennen. Natürliche Seidenvarianten sind nur aus der Tierwelt bekannt. Synthetische Spinnenseide, bestehend aus Aminosäuremotiven der Spinnenseide und Elastin, wurde in Tabak, Kartoffel und Arabidopsis unter Kontrolle des Blumenkohl-Mosaik-Virus-35S-Promotors exprimiert und ins ER dirigiert. Sogar Freilandexperimente wurden durchgeführt. Aus einem Kilogramm Tabakblättern wurden 80 mg reines Spinnenseide-Elastin-Protein gewonnen. Notwendig dazu waren die Anpassung des Kodon-Gebrauchs und die Optimierung des tRNA-Pools, da bestimmte Aminosäuren gehäuft in derartigen Sequenzen vorkommen.

Polyaspartat ist ein lösliches, nicht toxisches und bioabbaubares **Polycarboxylat,** das das Potenzial hat, nicht bioabbaubares **Polyacrylat** zu ersetzen, für das es zahlreiche Anwendungen z. B. in der Medizin oder Industrie gibt. Bislang wird Polyaspartat chemisch synthetisiert. Allerdings ist es möglich, Polyaspartat durch Hydrolyse aus **Cyanophycin** zu gewinnen. Cyanophycin ist ein Reservepolymer aus Cyanobakterien, das aus einem Poly-α-Aspartat-Rückgrat mit Argininresten besteht, die über ihre α-Aminogruppe mit den β-Carboxylgruppen der Aspartate verbunden sind. Cyanophycin wird nicht-ribosomal synthetisiert. Hierfür ist nur ein Enzym, die Cyanophycin-Synthetase, notwendig. Dieses Cyanobakterien-Gen wurde unter Kontrolle des Blumenkohl-Mosaik-Virus-35S-Promotors in Tabak und Kartoffeln übertragen. Dabei erreichte die gebildete Cyanophycinmenge etwa 1 % des Trockengewichts. Allerdings wiesen die Pflanzen einige phänotypische Veränderungen wie langsamen Wuchs und veränderte Blätter auf. Bevor eine kommerzielle Anwendung möglich ist, sind für diesen Prozess sicherlich noch Optimierungen notwendig, obwohl bereits erste Freisetzungsexperimente durchgeführt wurden.

5.4.2 Polyester

Viele Bakterien produzieren als Speicherstoffe **Polyester** wie z. B. **Polyhydroxybuttersäure** [poly(3HB)]. Das Interessante an diesen Substanzen ist, dass sie nicht toxisch und zudem vollständig biologisch abbaubar sind. Sie weisen ähnliche Eigenschaften wie Polypropylen auf und sind daher für die Herstellung von Plastikstoffen geeignet. Abgesehen von der Produktion von „Bioplastik" in Bakterien hat man schon vor einiger Zeit damit begonnen, transgene Pflanzen zu erzeugen, die poly(3HB) produzieren. Eine Ausbeute von bis zu 14 % des Trockengewichts wurde dabei erreicht. Allerdings zeigte sich eine Ausbleichung der Blätter.

Eine weitere Verbesserung wurde in neueren Studien durch die Verwendung von vier Genen möglich. Dabei wurden in *Arabidopsis thaliana* und Raps Intermediate der Fett- und Aminosäurebiosynthese in die Biosynthese von Plastik umdirigiert, die dadurch effizienter wurde. Neuere Arbeiten nutzen *in vitro* mutierte Gene, die Enzyme kodieren, die eine effizientere Biosynthese ermöglichen. Trotz aller Bemühungen war bislang die Expression von poly(3HB) in verschiedenen Pflanzen stets mit einer erheblichen Beeinträchtigung des Wachstums und der Fertilität dieser Pflanzen verbunden. Auch Bemühungen, Co-Polymere mit verbesserten Eigenschaften zu synthetisieren, waren bislang nicht erfolgreich. Weitere Forschungsarbeiten sind daher notwendig, bevor derartige transgene Pflanzen anwendungsreif sind.

Verschiedene Polyacrylate könnten durch den Biokunststoff Polyaspartat ersetzt werden, der ähnliche Eigenschaften hat. Polyaspartat kommt z. B. in Cyanophycin vor, das in Cyanobakterien gebildet wird. In einem Verbundprojekt ist es gelungen, Kartoffeln gentechnisch so zu verändern, dass sie Cyanophycin in ihren Knollen bilden. Hierzu wurde ein Gen für das Enzym Cyanophycin-Synthetase eingeschleust. Das Enzym katalysiert die Bildung von Cyanophycin aus den Aminosäuren Aspartat und Arginin. Bis zu 7,5 % Cyanophycin wurde in den Kartoffelknollen gebildet, ohne die Pflanzen zu schädigen.

5.5 Bodensanierung

Hohe Giftstoffkonzentrationen in Böden sind häufig als Folge von industriellen Produktionsprozessen beobachtet worden. Hierbei kann es sich um Schwermetalle oder andere Substanzen handeln. Beispielsweise sind um Munitionsfabriken in den USA die Böden häufig mit Sprengstoffen oder ähnlichem kontaminiert. Dabei wurden in Einzelfällen mit extremer Kontamination bis zu 200 g (!) TNT pro Kilogramm Erde festgestellt. Bislang kann eine Bodensanierung nur durch das Abtragen der Erde erfolgen. Diese muss dann entweder verbrannt oder in Bioreaktoren durch Mikroben prozessiert werden. Diese Prozesse sind sehr teuer und für die beteiligten Arbeitskräfte sehr gefährlich. Daher wird seit einiger Zeit an transgenen Pflanzen gearbeitet, die in der Lage sind, derartige Giftstoffe zu beseitigen. Die Sanierung verunreinigter und kontaminierter Böden mithilfe von Pflanzen bezeichnet man als **Phytoremediation.** 1999 ist es erstmals gelungen,

für den Abbau von TNT transgene Pflanzen zu verwenden, indem man in Tabakpflanzen ein bakterielles Enzym (Pentathritol-Tetranitrat-Reduktase) klonierte,
das TNT und das chemisch ähnliche GTN zu harmlosen Bestandteilen abbauen
(denitrifizieren) kann. Weiterhin hat man in einer Magnolienverwandten ein bakterielles Gen für eine Quecksilber-Reduktase eingebracht. Diese Pflanze entzieht
dem Boden ionisches Quecksilber und wandelt es in metallisches Quecksilber um,
das sich über die Blätter verflüchtigt. Das metallische Quecksilber ist weit weniger
giftig als die Quecksilbersalze und verdünnt sich in der Atmosphäre in ungiftige
Konzentrationen. Eine ähnliche Strategie unter Verwendung von Enzymen, die zur
Bildung von gasförmigen Methylseleniden führen, besteht bei der Phytoremediation von Selen. Selen ist ein essenzielles Spurenelement, wirkt aber in höheren
Konzentrationen stark toxisch. Hierbei ist der Unterschied zwischen Mengen, die
Mangelerscheinungen hervorrufen, und Mengen, die toxisch sind, sehr gering ist.
Mittels entsprechender transgener Pflanzen (Brauner oder Indischer Senf, *Brassica
juncea*) wurden Freisetzungsversuche unternommen.

Die Entfernung von Schwermetallen wie Blei, Uran oder Cadmium aus Böden
mithilfe von transgenen Pflanzen beginnt Realität zu werden. Mittels ihres Wurzel-
systems können bestimmte Pflanzenarten Metalle aufnehmen und in ihren ober-
irdischen Teilen ablagern, die dann leicht entfernt werden können. Transgene
Pflanzen mit Metallothionein-Genen aus der Hefe oder dem Chinesischen Hamster
zeigen verbesserte Aufnahme und Akkumulation von Schwermetallen bei gleichzeitiger höherer Schwermetalltoleranz. Die entsprechenden Gene wurden mit
Signalsequenzen für die Vakuole versehen. Mit diesen Pflanzen wurden z. B. Versuche zur Hydro- und Bodenkultur unternommen.

Besonders interessant erscheint der Aspekt, schnellwachsende Bäume (vgl.
Abschn. 5.8) zur pflanzlichen Sanierung von Böden einzusetzen, die mit Schwer-
metallen belastet sind (Abb. 5.21). Transgene Pappeln mit erhöhter Glutathion
Konzentration haben in Gewächshaus-Untersuchungen ein großes Potenzial für die
Aufnahme und Entgiftung von Schwermetallen und Pestiziden gezeigt. Sie neh-
men in erhöhtem Maße Schwermetalle auf und deponieren sie in den Blättern.
Glutathion spielt beim Schutz der Pflanze gegen verschiedene Stress- und Umwelt-
faktoren eine zentrale Rolle. Es kann toxische Verbindungen über chemische
Reaktionen quasi entgiften. Als Folge entstehen Konjugate, die in den Vakuolen
der Pflanzenzellen abgelagert werden.

Schließlich werden zurzeit transgene Pflanzen entwickelt, die Kontaminationen an organischen Verbindungen wie z. B. Trichlorphenol oder Dichloret-
han beseitigen sollen. Derartige Stoffe sind gefährlich für Mensch und Umwelt.
Erfolgreich wurde bereits eine Dehalogenase aus Bakterien in transgenen Pflanzen
eingesetzt sowie eine **Laccase** aus der Baumwolle in transgenen *A. thaliana*-Pflan-
zen, die dadurch tolerant gegen Trichlorphenole im Boden wurden.

Abb. 5.21 Versuchsfeld mit transgenen Pappeln auf dem mit Schwermetallen kontaminier-ten Gelände eines früheren Kupferbergwerks im Mansfelder Land, Sachsen-Anhalt. (Quelle: Dr. Andreas Peuke, Freiburg)

5.6   Veränderte Sekundärmetabolite

Primäre Pflanzenstoffe sind Moleküle, die für das Leben der Pflanzen notwendig sind, wie z. B. einfache Zucker, Aminosäuren, Proteine, Nukleinsäuren. Man findet diese Stoffe in allen Zellen und Geweben. **Sekundäre Pflanzenstoffe** beschränken sich in ihrer Verbreitung oft auf bestimmte Pflanzenarten und kommen nur in bestimmten Pflanzenteilen vor. Dazu gehören **Alkaloide** (siehe Abschn. 5.6.1), **Ter-pene** (Terpenoide) und phenolische Verbindungen. Terpene stellen die größte Klasse sekundärer Pflanzenstoffe dar. Das einfachste Terpenoid ist Isopren (C_5H_8). Die Ein-teilung der Terpene erfolgt über die Anzahl der Isopren-Einheiten. Hierzu zählen z. B. ätherische Öle, Taxol, Kautschuk und Herzglykoside. **Phenole** sind Verbindungen, die alle eine Hydroxylgruppe (-OH) an einem aromatischen Ring tragen. Von vie-len ist die Funktion unbekannt. Bedeutende Phenole in Pflanzen sind die Flavonoide (wasserlösliche Farbpigmente), die Tannine (Abschreckung von Fraßfeinden), die Lignine (Verholzung) und die Salicylsäure (Pathogenabwehr). Von der Vielzahl der Substanzen werden im Weiteren **Alkaloide** und **Flavonoide** vorgestellt. Die Auswahl ist zum einen durch die medizinische Bedeutung der Alkaloide und zum anderen durch die Relevanz der Flavonoide für die Ernährung und als Blütenfarbe begründet.

5.6.1   Alkaloide

Insbesondere die Heilwirkung mancher Pflanzen ist seit alters her bekannt, und tatsächlich basieren viele Medikamente auf in der Natur vorkommenden sekundären Pflanzenstoffen. So beruht z. B. das Schmerzmittel Aspirin auf der in bestimmten Weidenarten vorkommenden Salicylsäure. Viele weitere Beispiele ließen sich aufführen.

Pharmafirmen betreiben heute umfangreiche und aufwendige Suchen nach pharmazeutisch wirksamen, natürlichen Substanzen (**Naturstoff-Screening**). Werden solche Stoffe gefunden, analysiert man ihre chemische Struktur und synthetisiert sie dann im Labor. Insofern ist die weitverbreitete Abneigung gegen „chemische" Arzneimittel eigentlich unsinnig, da sehr häufig die gleichen oder sehr ähnliche Substanzen in der Natur vorkommen. In diesem Zusammenhang sei auch mit Nachdruck auf die Bedeutung der tropischen Regenwälder und Korallenriffe als potenzielles Reservoir für Arten mit noch unbekannten Wirkstoffen hingewiesen. Deren Schutz sollte auch deshalb höchste Priorität genießen.

Nicht alle Wirkstoffe lassen sich jedoch synthetisch herstellen, sodass man auf die Extraktion aus Pflanzen angewiesen ist. Um die Ausbeute zu erhöhen, sucht man daher nach Wegen, den Anteil an medizinisch wirksamen Substanzen zu erhöhen. Der Begriff **Alkaloide** leitet sich von dem arabischen *al-qali* ab und bezeichnet stickstoffhaltige, meist heterozyklische, basische Pflanzeninhaltsstoffe. 1806 wurde als erstes Alkaloid das **Morphin** aus dem Schlafmohn *(Papaver somniferum)* isoliert. Seitdem wurden mehr als 10 000 verschiedene Alkaloide gefunden und strukturell aufgeklärt. Einige sind in Abb. 5.22 gezeigt. Sehr viele sind als Gifte und Schmerz- oder Heilmittel (beispielsweise **Atropin** oder Morphin) von medizinischer Bedeutung oder spielen als Genussmittel (z. B. Coffein oder

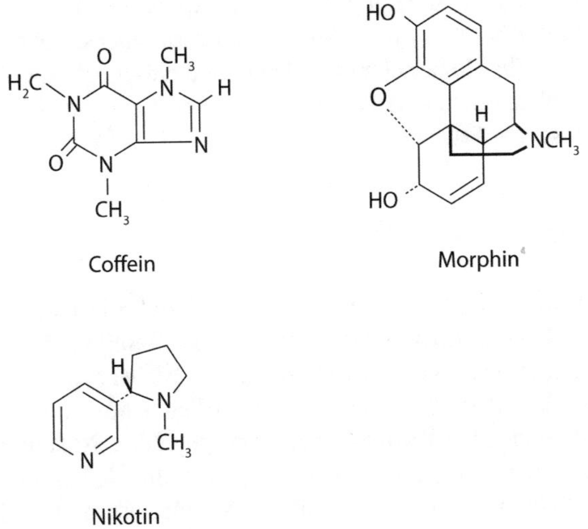

Coffein   Morphin

Nikotin

Abb. 5.22 Strukturformeln einiger bedeutender Alkaloide. C – Kohlenstoff, H – Wasserstoff, N – Stickstoff, O – Sauerstoff

Nikotin) eine große Rolle. Auch in der Krebstherapie sind Alkaloide wie das Taxol bedeutsam, das ursprünglich aus *Taxus brevifolia* (einer Eibenart) gewonnen wurde.

Im Laufe seiner Geschichte hat der Mensch etwa 13 000 Pflanzenarten medizinisch genutzt, und auch heute noch spielen Pflanzenprodukte eine wesentliche Rolle in der Medizin. Vielfach haben auch natürliche Wirkstoffe „Pate gestanden" für abgeleitete synthetische Arzneien, wie z. B. Atropin, dessen Struktur Vorbild für das synthetisch hergestellte **Tropicamid** war.

Aufgrund der großen Bedeutung der Alkaloide stellen diese ein weiteres Potenzial für die biotechnologische Pflanzennutzung dar. Wie aber Abb. 5.22 zeigt, sind die einzelnen Alkaloide von sehr unterschiedlicher Struktur, und dementsprechend unterscheidet sich auch die Biosynthese dieser Stoffe. Um in transgenen Pflanzen eine veränderte oder höhere Alkaloidsynthese zu erzielen, müssen daher zunächst die Enzyme und die Gene, die sie kodieren, charakterisiert werden. Wenn diese bekannt sind, kann man daran gehen, transgene Pflanzen herzustellen. Für einige Alkaloidbiosynthese-Enzyme sind bereits die Gene bekannt, und erste Erfolge wurden schon mit transgenen Pflanzen erzielt. So gelang es beispielsweise, in der Tollkirsche *(Atropa belladonna)* ein bestimmtes Enzym zu exprimieren (Hyoscyamin-6ß-Hydroxylase), das zur Umwandlung von **Hyoscyamin** (entspricht Atropin) in **Scopolamin** führte. In Blättern und Sprossen der Pflanzen war fast nur Scopolamin zu finden. Der Vorteil liegt darin, dass eine wesentlich größere kommerzielle Nachfrage nach Scopolamin besteht, weil dieses für weitere Umwandlungen besser geeignet ist.

Für die Erhöhung der Produktion von Alkaloiden in transgenen Pflanzen ist aber nicht nur die Veränderung oder Überexpression der Gene für die entsprechenden Biosyntheseenzyme relevant, sondern ebenso der Transport von Alkaloiden in der Zelle. Inzwischen wurden einige dieser Transporter identifiziert. Möglicherweise haben solche Alkaloid-Transporter ein Potenzial für die Weiterentwicklung transgener Pflanzen.

5.6.2 Flavonoide

Die Blütenfarbe wird hauptsächlich durch den Gehalt an bestimmten chemischen Substanzen wie **Flavonoiden, Carotinoiden** und **Betalainen** bestimmt. Während Carotinoide (gelb/orange) z. B. für die gelbe Färbung der Blütenblätter von Sonnenblumen oder Stiefmütterchen verantwortlich sind, findet man Betalaine (gelb/rot) ausschließlich bei Vertretern der Caryophyllales (Nelkengewächse, Kakteen u. a.). Das größte Farbspektrum weisen die Flavonoide auf, die gelb, rot, purpur oder blau erscheinen. Als gemeinsames Merkmal leiten sich alle Flavonoide vom Flavangrundgerüst ab (Abb. 5.23). Für die unterschiedliche Farbausprägung sind die Anthocyane, die sich vom Flavangrundgerüst ableiten und in der pflanzlichen Vakuole akkumulieren, verantwortlich. Von Bedeutung sind insbesondere Pelargonidin, Cyanidin, Peonidin, Delphinidin und Petunidin. Die Farbnamen leiten sich von den Pflanzen ab, aus denen sie isoliert wurden. Durch **Hydroxylierung** (Anheften von OH-Gruppen), **Glykosylierung** (Anheften von Zuckern)

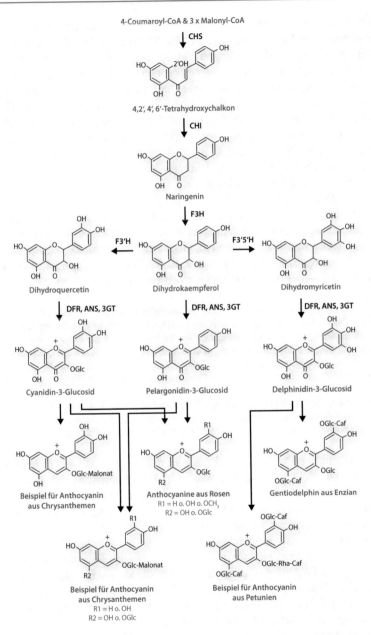

Abb. 5.23 Synthese von Flavonoiden. Abkürzungen: ANS – Anthocyanidinsynthase; Caf – Caffeinsäure; CHS – Chalkonsynthase; CHI – Chalkonisomerase; DFR – Dihydroflavonol-4-Reduktase; F3H – Flavanon-3-Hydroxylase; F3'H – Flavonoid-3'-Hydroxylase; F3'5'H – Flavonoid-3',5'-Hydroxylase; Glc – Glucose; 3GT – Flavonoid-3-Glucosyltransferase Rha – Rhamnose. (Verändert nach Tanaka 1998)

oder **Acetylierung** (Anheften einer Acetyl-Gruppe) wird eine große Mannigfaltigkeit hinsichtlich der Farbausprägung erreicht, die durch weitere Faktoren wie z. B. pH-Wert der Vakuole, Metallkomplexbildung und Zellform nahezu unbegrenzt ist. Bislang wurden Hunderte von Anthocyanen aus Pflanzen aufgereinigt und ihre chemische Struktur bestimmt. Ihre biologische Funktion besteht in der Anlockung von bestäubenden Insekten. Neben ihrer Bedeutung als Farbstoffe stellen Flavonoide einen wichtigen Bestandteil der menschlichen Nahrung dar und haben nachgewiesener Weise positive Effekte in verschiedenen physiologischen und pharmakologischen Prozessen. Beispielsweise ist das Flavonoid Quercetin im Pflanzenreich weit verbreitet und kommt in größeren Mengen in Zwiebeln, Äpfeln, Brokkoli oder grünen Bohnen vor.

Die Flavonoidsynthese wurde in der Vergangenheit genau analysiert (Abb. 5.23) und erlaubt daher die Veränderung der Blütenfarbe durch gentechnische Methoden. Als Voraussetzung hierzu wurden die meisten der beteiligten Gene molekular charakterisiert. Es ist mittlerweile möglich, Gene der Flavonoidbiosynthese zwischen Pflanzen auszutauschen. Darauf beruhte z. B. das bekannte Experiment mit transgenen Petunien, dem ersten Freisetzungsexperiment in Deutschland.

Die lachsroten transgenen Petunien (Petunien sind normalerweise nicht lachsrot), die vom Kölner Max-Planck-Institut für Züchtungsforschung freigesetzt wurden (siehe Kap. 6), entstanden durch Eingriffe in die Flavonoidsynthese. Normalerweise bilden Petunien die charakteristischen Farbstoffe Cyanidin (rot) und Delphidin (blau). In eine weiße Farbmutante, die diese Farbstoffe nicht mehr bilden konnte, wurde das Gen für eine Dihydroflavonol-4-Reduktase (DFR) aus Mais kloniert. Durch die enzymatische Aktivität der DFR aus Mais entsteht Leucopelargonidin, das den transgenen Petunien die charakteristische lachsrote Färbung verleiht.

In den letzten Jahren tauchten in Europa lachsrote Petunienvarianten auf, die zum Teil die genetische Veränderung enthielten, die in den Achtzigerjahren in Köln eingefügt worden waren. Rechtlich gesehen handelte es sich um ein nichtgenehmigtes Inverkehrbringen.

Der erste Schritt der **Flavonoidsynthese** wird durch die Chalkon-Synthase (CHS) katalysiert und führt zur Bildung von 4,2',4',6'-Tetrahydroxychalkon (vergl. Abb. 5.23), das von der Chalkon-Isomerase (CHI) in Naringenin überführt wird. Die Flavonon-3-Hydroxylase (F3H) hydroxyliert Naringenin zu Dihydrokaempferol. Diese Substanz ist der Ausgangspunkt für zahlreiche weitere Flavonoide. Besondere Bedeutung kommen der Flavonoid-3'-Hydroxylase (F3'H) und der Flavonoid-3',5'-Hydroxylase zu. Sie sind Schlüsselenzyme bezüglich der Bestimmung der Blütenfarbe, denn sie sind für die unterschiedliche Hydroxylierung des Dihydrokaempferols verantwortlich, was letztlich zu unterschiedlichen Anthocyanidinen führt, die durch Anheften von Zuckern (Glc) oder aromatischen Gruppen (Caf) noch zusätzlich modifiziert werden.

Die Veränderung der Blütenfarbe in transgenen Pflanzen kann zum einen auf der Expression eines bestimmten Synthesegens beruhen, das in der betreffenden Pflanze entweder nicht oder nur in geringen Mengen gebildet wird. Zum andern kann auch die Expression eines Synthesegens unterdrückt werden. Hierzu stehen die Methoden der **PTGS, RNAi** und der **Antisense**-Expression zur Verfügung (siehe Kap. 3). Beispiele für eine erfolgreiche Veränderung der Blütenfarbe sind in Tab. 5.5 zusammengestellt.

Die Herstellung transgener Schmuckpflanzen ist zumindest für Rosen, Nelken, Chrysanthemen und Tulpen, die mehr als 50 % des Schnittblumenmarktes ausmachen, relativ einfach möglich, auch wenn sich manche Sorten schlecht transformieren lassen. Die Firma Florigene hat bereits transgene Nelken entwickelt (Moondust™, Moonlite™ u. a., siehe Abb. 5.24), die bläuliche oder purpurne Blüten besitzen und bislang durch konventionelle Züchtung nicht erzeugt werden konnten. Dies gelang durch die Einführung entsprechender Enzyme aus der Petunie in eine weiße Nelke (Tab. 5.5). Die Pflanzen sind übrigens auch in der EU zugelassen. Mittlerweile wurde die Produktlinie erweitert, umfasst nun verschiedene Farbtöne und auch blaue Rosen. Für die Zukunft sind sicherlich weitere transgene Schmuckpflanzen zu erwarten, die neue Farbvarianten darstellen oder intensivere Farben aufweisen.

Tab. 5.5 Beispiele für transgene Pflanzen mit veränderter Blütenfarbe

Pflanze (Farbe)	Genetische Veränderung	Neues Merkmal
Chrysantheme (rosa)	CHS	Weiße Blüten
Gerbera (rot)	Antisense-CHS; DFR	Rosa Blüten
Nelke (rosa)	CHS	Fahlrosa Blüten
Nelke (weiß)	F3'5'H und DFR	Blaue Blüten
Nelke (rot)	Antisense-F3H	Weiße Blüten
Petunie (violett)	Antisense-CHS	Weiße Blüten

CHS – Chalkon-Synthase; DFR – Dihydroflavonol-4-Reduktase; F3H – Flavonon-3-Hydroxylase; F3'5'H – Flavonon-3',5'-Hydroxylase

Abb. 5.24 Moonlite™ Nelken. (Mit freundlicher Genehmigung der Firma Florigene, www.florigene. com)

5.7   Künstliche männliche Sterilität zur Herstellung von Hybridsaatgut

Schon vor vielen Jahrzehnten hat man festgestellt, dass Kreuzungen von zwei unterschiedlichen Pflanzenlinien in ihrer direkten Nachkommenschaft (also der F_1-Generation die auch als F_1-Hybride bezeichnet werden) eine bessere physische Konstitution aufweisen und höhere Erträge liefern. Dies bezeichnet man auch als Heterosiseffekt. Man ist daher zunächst beim Mais und später auch bei anderen Nutzpflanzen dazu übergegangen, Saatgut aus derartigen Hybridkreuzungen zu gewinnen. Problematisch ist dabei die Tatsache, dass die meisten Pflanzen selbstfertil sind, das heißt, dass sie sich selbst befruchten können. Dadurch werden Kreuzungen erschwert oder unmöglich gemacht. Beim Mais hat man daher zunächst manuell die männlichen Blütenstände entfernt. Dieses Verfahren ist bei den meisten Pflanzen aber nicht handhabbar. Die Lösung dieses Problems lag in der Entdeckung der sogenannten zytoplasmatisch männlichen Sterilität (*cytoplasmic male sterility* = CMS), die zur Infertilität des Pollens und damit zu selbststerilen Blüten führt. Nähere Angaben sind der Box 5.3 zu entnehmen.

Box 5.3

Zytoplasmatisch männliche Sterilität

Durch Kreuzungen verschiedener Linien von höheren Pflanzen erhält man oft Nachkommen, die nicht mehr in der Lage sind, fertilen Pollen zu bilden. Bei einigen dieser Pflanzen sind dafür Veränderungen in der mitochondrialen Genexpression verantwortlich, die während der Blütenentwicklung zum Absterben des Pollens führen. So hat man beispielsweise häufig neue mitochondriale Gene gefunden, die durch Rekombination ursprünglich getrennter DNA-Abschnitte spontan entstanden sind. Daher spricht man in diesem Zusammenhang von chimären Genen. Man nimmt an, dass die von diesen chimären Genen kodierten Proteine toxische Funktion haben und den Entwicklungsprozess des Pollens stören.

Kreuzt man in solche CMS-Linien bestimmte Kerngene (**Restorergene**) ein, so wird die Ausprägung der CMS verhindert. Dies kann zum einen durch eine Reduzierung der Transkriptmenge des jeweiligen chimären Gens geschehen oder zum anderen durch die Inaktivierung des Proteins.

Bedeutsam ist dieser Prozess für die Herstellung von Hybridsaatgut. Hier verwendet man CMS-Pflanzen, die mit Pollen von fertilen Pflanzen mit Restorergenen bestäubt werden und so den Samen entwickeln. Da die Restorergene mit an die Nachkommenschaft weitergegeben werden, ist die Fj-Generation dann fertil und wird Samen tragen.

Die Verwendung von CMS-Pflanzen ist aber nicht immer möglich. Für manche Kulturpflanzen sind keine CMS-Systeme bekannt, und gelegentlich sind unter bestimmten klimatischen Gegebenheiten manche CMS-Systeme instabil, da ihre Ausprägung physiologischen Schwankungen unterliegt. Diese Faktoren schränken die Verwendung für die Herstellung von Saatgut ein.

Daher wurden verschiedene Systeme vorgeschlagen, um transgene, männlich sterile Pflanzen zu erzeugen, von denen zwei hier näher erläutert werden.

Am besten charakterisiert und bereits in der Anwendung befindlich ist das sogenannte **Barnase-Barstar-System.** Barnase ist eine aus dem Bakterium *Bacillus amyloliquefaciens* isolierte **RNase**. Dieses Enzym wird von dem Bakterium in die Umgebung abgegeben und ist in der Lage, die RNA von konkurrierenden Bakterien abzubauen. Neben der Barnase bildet *B. amyloliquefaciens* außerdem das Protein Barstar, einen spezifischen **Inhibitor** der Barnase. Dadurch ist es selbst vor der Barnase-Wirkung geschützt. Die Eignung zur Herstellung transgener, männlich steriler Pflanzen wurde in grundlegenden Arbeiten am Tabak gezeigt. Dazu wurde das Barnase-Gen mit einem tapetumspezifischen Promotor (TA29, vergl. Kap. 3) fusioniert (Abb. 5.25). Durch die Expression der Barnase in **Tapetumzellen** wird die RNA

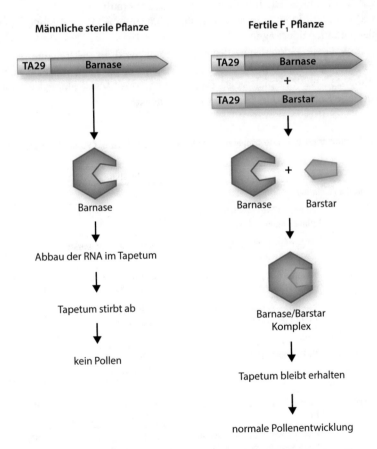

Abb. 5.25 Künstliche männliche Sterilität. Links: Pflanzen, in die das Barnase-Gen unter Kontrolle eines tapetumspezifischen Promotors kloniert wurde, sind männlich steril, weil die Barnase in den Tapetumzellen die RNA abbaut und dadurch die Tapetumzellen absterben. Als Folge unterbleibt die Pollenentwicklung. Rechts: Damit beim landwirtschaftlichen Anbau die Pflanzen Samen tragen, wird ein zweites Gen (Barstar) in die Pflanzen eingekreuzt. Barnase und Barstar bilden einen Komplex, der keine RNA mehr abbauen kann. Dadurch kommt es zu einer normalen Pollenentwicklung

dieser Zellen abgebaut, und die Tapetumzellen sterben ab. Als Folge degeneriert auch der sich entwickelnde Pollen, der normalerweise von den Tapetumzellen versorgt wird. Dementsprechend sind solche Pflanzen männlich steril (Abb. 5.25). Für die kommerzielle Anwendung in anderen Pflanzen ist es aber unbedingt notwendig, in der Nachkommenschaft von solchen männlich sterilen Pflanzen wieder fertile Pflanzen zu bekommen, damit Früchte bzw. Samen gebildet werden können. Dies wurde dadurch erreicht, dass der TA29-Promotor mit dem Barstar-Gen fusioniert wurde. In der Nachkommenschaft von Kreuzungen von Pflanzen mit tapetumspezifischer Expression von Barnase und Barstar treten fertile Pflanzen auf, weil das Barstar-Protein mit der Barnase einen Komplex bildet und die Barnase dann inaktiv ist (Abb. 5.25). 1991 wurden die ersten Freilandversuche mit Rapspflanzen durchgeführt, die das Barstar/Barnase-System trugen. Seit 1997 werden derartige Pflanzen unter dem Handelsnamen InVigor® in Kanada verkauft.

Das System wurde auch in andere Kulturpflanzen wie Mais, Tomate, Blumenkohl oder Endivien übertragen.

Der verwendete tapetumspezifische Promotor wird in zahlreichen ein- und zweikeimblättrigen Pflanzen korrekt reguliert, und daher kann dieses System in vielen Pflanzen, wie beispielsweise Raps, Tomate oder Mais, eingesetzt werden. Kommerzielle Sorten sind in Tab. 5.6 zusammengestellt.

Tab. 5.6 Kommerziell genutzte transgene männlich-sterile Pflanzen. (Verändert nach Kempken 2010)

Event	Firma	Beschreibung	Transgene
Brassica napus (Canola)			
MS1, RF1	Aventis Crop Science (früher Plant Genetic Systems)	ms: barnase; fr: barstar	ms + fr: PTT
MS8xRF3	Bayer Crop Science (Aventis Crop Science (AgrEvo))	ms: barnase; fr: barstar	ms + fr: PPT
PHY14, PHY35	Aventis Crop Science (früher Plant Genetic Systems)	ms: Barnase-Gen; fr: Barstar-Gen	ms + fr: PPT
PHY36	Aventis Crop Science (früher Plant Genetic Systems)	ms: Barnase-Gen; fr: Barstar-Gen	ms + fr: PPT
Cichorium intybus (Chicory)			
RM3-3, RM3-4, RM3-6	Bejo Zaden BV	ms: Barnase-Gen; fr: Barstar-Gen	PPT
Zea mays (Maize)			
676, 678, 680	Pioneer Hi-Bred International Inc.	ms: DNA-Adenin-Methylase aus *E. coli*	PPT
MS3	Bayer Crop Science (Aventis Crop Science (AgrEvo))	ms: Barnase-Gen	PPT
MS6	Bayer Crop Science (Aventis Crop Science (AgrEvo))	ms: Barnase-Gen	PPT

Daten aus der AGBIOS GM-Datenbank (http://www.agbios.com); fr – fertilitätsrestaurierende Linie; ms – männlich-sterile Linie; PPT – Phosphinothricin-N-acetyl-Transferase-Gen

Eine andere Strategie beruht auf der Verwendung einer N-Acetyl-L-Ornithin-Deacetylase aus *E. coli.* Wiederum unter Verwendung des TA29-Promotors wird die Expression dieses Gens in der transgenen Pflanze auf die Tapetumzellen beschränkt. Dies hat zunächst keine Konsequenzen. Besprüht man aber solche Pflanzen zum Zeitpunkt der Blüte mit *N*-Acetyl- L-Phosphinothricin (vgl. Box 5.1), so wird diese nichttoxische Verbindung in den Tapetumzellen in L-Phosphinothricin, also ein Glufosinat, umgewandelt. Dieses Herbizid tötet dann die Tapetumzellen ab.

Eine weitere Möglichkeit betrifft die Überexpression des Enzyms β-Ketothiolase, das in die Chloroplasten importiert wird. Normalerweise wird Acetyl-CoA durch das Enzym **Acetyl-CoA-Carboxylase** in Malonyl-CoA umgesetzt. Wird aber in transgenen Pflanzen die β-Ketothiolase überexprimiert, wird Acetyl-CoA stattdessen in Acetoacetyl-CoA umgewandelt, was zu einer Störung der Antherenentwicklung führt, wodurch kein Pollen gebildet werden können.

Der Vorteil dieses Systems ist, dass die Pflanzen nur nach Besprühen männlich steril werden und die Nachkommenschaft immer fertil ist. Nachteilig ist aber, dass eine externe Behandlung nötig ist, die, z. B. durch Witterungseinflüsse bedingt, möglicherweise nicht immer zuverlässig funktioniert.

5.8   Transgene Bäume

Weltweit wurden bislang Hunderte von Freisetzungsexperimenten mit transgenen Bäumen durchgeführt. Dazu zählen Versuche mit transgenen Birken, Eukalyptus, Pappeln, Pinien, Ulmen, verschiedenen Obstbaumarten und Papaya (siehe Tab. 5.7). Letztere zählt strenggenommen nicht zu den Bäumen, weist aber einen baumartigen Wuchs auf. Kommerzielle Anwendungen sind Bt-Pappeln in China und virusresistente Papayas auf Hawaii. Die eingeführten Transgene beeinflussen verschiedene Eigenschaften wie z. B. die Aufnahme von Schwermetallen zur Bodensanierung (vergl. Abb. 5.21 in Abschn. 5.5) sowie Resistenzen gegen Schädlinge und Pflanzenkrankheiten. Außerdem testet man männlich oder weiblich sterile Sorten, um so die unkontrollierte Ausbreitung transgener Bäume zu verhindern.

Tab. 5.7 Beispiel für Freisetzungsexperimente mit transgenen Bäumen. (Basierend auf Angaben der European Commission, Joint Research Center, Biotechnology & GMOs, Daten vom Dez. 2006)

	EU	USA
Apfel	10	39
Birke	3	1
Eukalyptus	4	39
Papaya	0	25
Pappel	19	144

Tab. 5.8 Zuchtziele bei transgenen Bäumen. (Nach Ulrich et al. 2006)

Wachstum & Entwicklung	Erhöhtes Wachstum
	Steigerung Biomasse
	Bessere Bewurzelung
	Verkürzung juvenile Phase
Produktqualität	Ligningehalt & Zusammensetzung
	Fruchtreifung & Qualität
	Allergenreduktion
	Duftstoffe
Resistenzen gegen Pathogene & Schädlinge	Mikrobielle & virale Resistenz
Herbizidresistenz	
Resistenz gegen abiotische Faktoren	Toleranz gegen Hitze, Salz, Trockenheit
Schwermetalltoleranz	

Die dabei eingeführten Gene lassen sich den verschiedenen, bereits vorgestellten Eigenschaften zuordnen. Da aber Bäume sich aufgrund ihrer vergleichsweise langen Lebenszeit und der oft jahrzehntelangen Bildung von Pollen und Samen deutlich von den ein- oder zweijährigen Kulturpflanzen unterscheiden, ist ihnen ein eigener Abschnitt gewidmet.

Ein weiteres Merkmal, das man zu beeinflussen versucht, ist die Holzqualität und hier insbesondere den Ligningehalt. Hintergrund ist dabei die Verwertung für die Zellulosegewinnung. Dafür wurden z. B. transgene Pappeln verwendet, wie überhaupt die meisten Versuche mit transgenen Pappeln durchgeführt wurden. 2004 wurde die gesamte Sequenz des Erbgutes der amerikanischen Balsampappel bekanntgegeben. Es ist davon auszugehen, dass dadurch weitere kommerziell interessante Gene identifiziert werden, die in Zukunft für gentechnische Arbeiten an Bäumen genutzt werden können. Hinsichtlich des Ligningehaltes wird einerseits versucht, diesen zu reduzieren oder die Anteile verschiedener Ligninkomponenten zu verändern, um so eine effizientere Zellulosegewinnung zu ermöglichen.

Daneben gibt es zahlreiche andere Zuchtziele, die sich je nach Baumart und Verwendungszweck unterscheiden. Einen Überblick gibt. Tab. 5.8.

5.9   Synthetische Biosynthesewege – Photorespiration

Die meisten Pflanzen (darunter viele wichtige Kulturpflanzen) fixieren bei der Photosynthese CO_2 in Form eines Moleküls mit drei Kohlenstoffatomen (3-Phosphoglycerat). Dementsprechend nennt man sie auch C_3-Pflanzen. Das Schlüsselenzym für diesen Vorgang ist die Ribulose-1,5-bisphosphatcarboxylase/Oxygenase, die diesen Prozess katalysiert. Allerdings ist es so, dass dieses Enzym bei hohem O_2-Partialdruck statt zwei Molekülen 3-Phosphoglycerat nur ein Molekül 3-Phosphoglycerat erzeugt und zusätzlich 2-Phosphoglykolat. Durch diese sogenannte Photorespiration, die auch Lichtatmung genannt wird, kommt es zu erheblichen Effizienzverlusten (20–50 %) bei der Photosynthese, da das toxische Glykolat aufwendig recycelt werden muss (siehe Abb. 5.26). An diesem Prozess sind mit Chloroplasten, Peroxisomen und Mitochondrien insgesamt drei zelluläre Kompartimente beteiligt.

Um die Produktivität von C_3-Pflanzen zu verbessern, wurden drei verschiedene alternative Stoffwechselwege in transgenen Tabakpflanzen etabliert (Abb. 5.26):

1. fünf Gene des Glycolat-Oxidations-Stoffwechselweges aus *E. coli*,
2. Glycolatoxidase und Malatsynthase aus Pflanzen sowie eine Katalase aus *E. coli*,
3. Malatsynthase aus Pflanzen und Glycolatdehydrogenase aus Grünalgen.

Alle Gene wurden so konstruiert, dass die Genprodukte in die Chloroplasten transportiert wurden. Zusätzlich wurde mittels RNAi das Gen des plastidären Glycolat-Transporters PLGG1 herunterreguliert, so dass der natürliche Photorespirations-Stoffwechselweg nicht mehr stattfinden konnte. Während die Veränderung

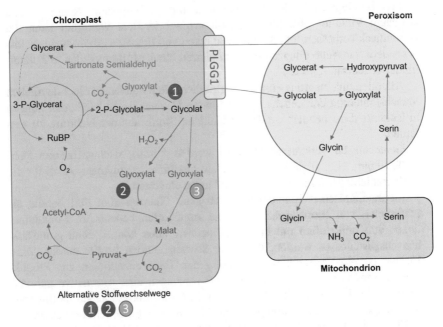

Abb. 5.26 Alternative Photorespirations-Stoffwechselwege in gentechnisch veränderten Tabakpflanzen. Drei neue Stoffwechselwege (1–3) wurden in Tabakpflanzen etabliert. Mittels RNAi wurde das Gen für den natürlichen Glycolat/Glycerat-Transporter PLGG1 herunterreguliert. Dadurch funktioniert der natürliche Photorespirations-Stoffwechselweg in diesen Pflanzen nicht mehr (Verändert nach South et al. 2019)

unter ´2´ in Laborversuchen keinen Effekt hatte, zeigten die Pflanzen unter ´1´ eine Zunahme der Biomasse von fast 13 % und die unter ´3´ von 24 %. Unter Feldbedingungen waren es für Fall ´1´ sogar mehr als 25 % Biomassenzunahme und für Fall ´3´ mehr als 40 %. Diese Versuche belegen das hohe Potential synthetischer Biosynthesewege für die Züchtung von Pflanzen mit effizienterer Photosynthese.

Kernaussage

In diesem Kapitel wurden die wesentlichen Ansätze zur genetischen Veränderung von Pflanzen vorgestellt. Die bislang häufigsten gentechnischen Veränderungen bei Pflanzen sind Herbizid- und Insektenresistenz. Der Anbau dieser Pflanzen ermöglicht eine signifikante Reduktion von Herbiziden und Pestiziden in der Landwirtschaft. Zurzeit geht der Trend zu transgenen Pflanzen mit mehr als einem Herbizid- und/oder Insektenresistenzgen.

Daneben ist es bereits möglich, transgene Pflanzen mit Resistenzen gegen Viren, Bakterien und Pilzen zu erzeugen. Auch die Widerstandsfähigkeit gegen ungünstige Umweltbedingungen wie Trockenheit, Hitze oder Schwermetalltoleranz kann verbessert werden.

Mittels Gentechnik können Pflanzen mit verbessertem Nährwert und erhöhtem Vitamin- und Mineralgehalt erzeugt werden. Weiterhin kann der Geschmack verbessert und die Lagerfähigkeit von Früchten erhöht werden. Insbesondere transgene Pflanzen mit veränderten Inhaltsstoffen werden in Zukunft immer bedeutsamer werden.

Allergien und Nahrungsmittelunverträglichkeiten können zu einer deutlichen Verschlechterung der Lebensqualität führen. Gentechnische Methoden können in Zukunft dazu benutzt werden, schädliche Stoffe aus der Nahrung zu entfernen.

Gentechnisch veränderte Pflanzen werden künftig nachwachsende Rohstoffe liefern. Hierzu zählen insbesondere modifizierte Polymere. Auch für die Bodensanierung wird man transgene Pflanzen einsetzen.

Im medizinischen Bereich sind transgene Pflanzen zum Teil bereits als Lieferanten von Biopharmazeutika und Impfstoffen bedeutsam. Kontaminationen von Impfstoffen mit humanpathogenen Viren können dann grundsätzlich ausgeschlossen werden. Klinische Studien wurden bereits durchgeführt. Hierbei ist die Verwendung von transgenen Pflanzenzelllinien zur Produktion rekombinanter Proteine in Produktionsanlagen eine Alternative zur Verwendung intakter transgener Pflanzen im Freiland. Ebenso haben modifizierte oder in höherer Konzentration gebildete Alkaloide ein erhebliches Potenzial.

Flavonoide haben zahlreiche essenzielle biologische Funktionen in Pflanzen und nachgewiesene positive Effekte auf die menschliche Gesundheit. Transgene Pflanzen mit veränderten Flavonoiden werden als Schmuckpflanzen angeboten. Zur Saatgutherstellung ist es möglich geworden, auf verschiedene Art und Weise künstlich männlich sterile Pflanzen zu erzeugen, die auch kommerzielle Anwendung finden.

Seit einiger Zeit gibt es transgene Bäume, die immer häufiger im Freiland getestet werden und z. B. so verändert werden, dass sie besser für die Zellulosegewinnung geeignet sind oder für die Phytoremedition kontaminierter Böden verwendet werden können.

Die Etablierung neuer synthetischer Biosynthesewege in transgenen Pflanzen ermöglicht neue Chancen für die Pflanzenzüchtung und erhöhte Biomassenproduktion dank effizienterer Photosynthese.

Weiterführende Literatur

Aharoni A, Jongsma MA, Bouwmeester HJ (2005) Volatile science? Metabolic engineering of terpenoids in plants. Trends Plant Sci 10:594–602

Al-Babili S, Beyer P (2005) Golden rice – five years on the road – five years to go? Trends Plant Sci 10:565–573

Alexandratos N (1999) World food and agriculture: outlook for the medium and longer term. Proc Natl Acad Sci USA 96:5908–5914

Bartels D, Phillips J (2010) Drought Stress Tolerance. In: Kempken F, Jung C (Hrsg) Genetic modification of plants – agriculture, horticulture and forestry. Springer, Berlin, S 139–157

Cairns AJ (2003) Fructan biosynthesis in transgenic plants. J Exp Bot 54:549–567

Chapple C, Carpita N (1998) Plant cell walls as targets for biotechnology. Curr Opin Plant Biol 1:179–185

Chrispeels MJ, Sadava DE (1994) Plants, genes and agriculture. Jones & Bartlett, London

Dempsey DA, Silva H, Klessig DF (1998) Engineering disease and pest resistance in plants. Trends Microbiol 6:54–61

Dodo HW, Konan KN, Chen FC, Egnin M, Viquez OM (2007) Alleviating peanut allergy using genetic engineering: the silencing of the immunodominant allergen Ara h 2 leads to its significant reduction and a decrease in peanut allergenicity. Plant Biotechnol J 6:135–145

Dou T, Shao X, Hu C, Liu S, Sheng O, Bi F, Deng G, Ding L, Li C, Dong T, Gao H, He W, Peng X, Zhang S, Huo H, Yang Q, Yi G (2019) Host-induced gene silencing of Foc TR4 ERG6/11 genes exhibits superior resistance to Fusarium wilt of banana. Plant Biotechnol J. https://doi.org/10.1111/pbi.13204

Dubois AE, Pagliarani G, Brouwer RM, Kollen BJ, Dragsted LO, Eriksen FD, Callesen O, Gilissen LJ, Krens FA, Visser RG, Smulders MJ, Vlieg-Boerstra BJ, Flokstra-de Blok BJ, van de Weg WE (2015) First successful reduction of clinical allergenicity of food by genetic modification: Mal d 1-silenced apples cause fewer allergy symptoms than the wild-type cultivar. Allergy 70:1406–1412. https://doi.org/10.1111/all.12684

Esser K (2000) Kryptogamen 1. Cyanobakterien Algen Pilze Flechten, 3. Aufl. Springer, Berlin

Giuliano G, Aquilani R, Dharmapuri S (2000) Metabolic engineering of plant carotenoids. Trends Plant Sci 5:406–409

Gleba D, Borisjuk NV, Borisjuk LG et al (1999) Use of plant roots for phytoremediation and molecular farming. Proc Natl Acad Sci USA 96:5973–5977

Harfouche A, Meilan R, Altman A (2011) Tree genetic engineering and applications to sustainable forestry and biomass production. Trends Biotechnol 29:9–17

Franke W (1997) Nutzpflanzenkunde, 6. Aufl. Thieme, Stuttgart

Heldt HW, Piechulla B (2008) Pflanzenbiochemie. Spektrum, Heidelberg

Hofius D, Sonnewald U (2003) Vitamin E biosynthesis: biochemistry meets cell biology. Trends Plant Science 8:6–8

Hühns M, Broer I (2010) Biopolymers. In: Kempken F, Jung C (Hrsg) Genetic modification of plants – agriculture, horticulture and forestry. Springer, Berlin, S 237–252

James CA, Strand SE (2009) Phytoremediation of small organic contaminants using transgenic plants. Curr Opin Biotechnol 2:237–241

Kempken F (2010) Engineered male sterility. In: Kempken F, Jung C (Hrsg) Genetic modification of plants – agriculture, horticulture and forestry. Springer, Berlin Heidelberg New York, S 253–265

Kempken F, Jung C (2010) Genetic modification of plants – agriculture, horticulture and forestry. Springer, Berlin (eds) (mit mehreren Einzelartikeln zu verschiedenen Teilaspekten dieses Kap.)

Kempken F, Pring DR (1999) Male sterility in higher plants – fundamentals and applications. Prog Botany 60:139–166

Kishore GM, Shewmaker C (1999) Biotechnology: enhancing human nutrition in developing and developed worlds. Proc Natl Acad Sei USA 96:5968–5972

Kotrba P, Najmanova J, Macek T, Ruml T, Mackova M (2009) Genetically modified plants in phytoremediation of heavy metal and metalloid soil and sediment pollution. Biotechnol Adv 27:799–810

Kutchan TM (1995) Alkaloid biosynthesis – the basis for metabolic engineering of medical plants. Plant Cell 7:1059–1070

Ma JK-C, Vine ND (1999) Plant expression systems for the production of vaccines. Curr Top Microbiol Immunol 236:275–292

Ma JK-C, Chikwamba R, Sparrow P, Fischer R, Mahoney R, Twyman RM (2005) Plant-derived pharmaceuticals – the road forward. Trends Plant Science 10:580–585

Miflin B, Napier J, Shewry P (1999) Improving plant product quality. Nature Biotechnol 17 Suppl: BV13-14

Momma K, Hashimoto W, Ozawa S et al (1999) Quality and safety evaluation of genetically engineered rice with soybean glycinin: analysis of the grain composition and digestibility of glycinin in transgenic rice. Biosci Biotechnol Biochem 63:314–318

Murphy DJ (1999) Production of novel oils in plants. Curr Opin Biotechnol 10:175–180

Nuccio ML, Paul M, Bate NJ, Cohn J, Cutler SR (2018) Where are the drought tolerant crops? An assessment of more than two decades of plant biotechnology effort in crop improvement. Plant Sci 273:110–119

Odenbach W (1997) Biologische Grundlagen der Pflanzenzüchtung. Parey, Berlin

Owen MDK (2010) Herbicide resistance. In: Kempken F, Jung C (Hrsg) Genetic modification of plants – agriculture, horticulture and forestry. Springer, Berlin, S 159–176

Paine JA, Shipton CA, Chaggar S, Howells RM, Kennedy MJ, Vernon G, Wright SY, Hinchliffe E, Adams JL, Silverstone AL, Drake R (2005) Improving the nutritional value of golden rice through increased pro-vitamin A content. Nat Biotechnol 23:482–487

Prescott VE, Campbell PM, Moore A et al (2005) Transgenic expression of bean a-amylase inhibitor in peas results in altered structure and immunogenicity. J Agric Food Chem 53:9023–9030

Renneberg R (2009) Biotechnologie für Einsteiger, 3. Aufl. Spektrum, Heidelberg

Ricroch AE, Hénard-Damave MC (2016) Next biotech plants: new traits, crops, developers and technologies for addressing global challenges. Crit Rev Biotechnol 36:675–690

Sambrook J, Fritsch EF, Maniatis T (1989) Molecular cloning. A laboratory manual. Cold Spring Harbor Lab Press

Schillberg S, Henke M, Fischer R (2000) Produktion rekombinanter Proteine durch 'Molekulares Farming'. BioTec 5:18–20

Schiermeyer A, Schillberg S (2010) Pharmaceuticals. In: Kempken F, Jung C (Hrsg) Genetic modification of plants – agriculture, horticulture and forestry. Springer, Berlin, S 221–235

Schlösser E (1997) Allgemeine Phytopathologie, 2. Aufl. Thieme, Stuttgart

Shitan N, Yazaki K (2007) Accumulation and membrane transport of plant alkaloids. Curr Pharm Biotechnol 8:244–252

South PF, Cavanagh AP, Liu HW, Ort DR (2019) Synthetic glycolate metabolism pathways stimulate crop growth and productivity in the field. Science 363:6422. https://doi.org/10.1126/science.aat9077

Stockmeyer K, Kempken F (2005) Engineered male sterility in plant hybrid breeding. Prog Bot 67:178–187

Tanaka Y, Tsuda S, Kusumi T (1998) Metabolie engineering to modify flower color. Plant Cell Physiol 39:1119–1126

Thurau T, Ye W, Cai D (2010) Insect and nematode resistance. In: Kempken F, Jung C (Hrsg) Genetic modification of plants – agriculture, horticulture and forestry. Springer, Berlin, S 177–197

Ulrich K, Becker R, Ulrich A & Ewald D (2006) Erzeugung transgener Gehölze und Sicherheitsforschung unter besonderer Berücksichtigung der bakteriellen Endophyten. Literaturstudie im Auftrag des Landesamtes für Verbraucherschutz, Landwirtschaft und Flurneuordnung

Voll LM, Börnke F (2010) Metabolic engineering. In: Kempken F, Jung C (Hrsg) Genetic modification of plants – agriculture, horticulture and forestry. Springer, Berlin, S 199–219

Wang Y, Chen S, Yu O (2011) Metabolic engineering of flavonoids in plants. Appl Microbiol Biotechnol. https://doi.org/10.1007/s00253-011-3449-2

Welch RM, Graham RD (2004) Breeding for micronutrients in staple food crops from a human nutrition perspective. J Exp Bot 55:353–364

Wang X, Wang H, Liu S, Ferjani A, Li J, Yan J, Yang X, Qin F (2016) Genetic variation in ZmVPP1 contributes to drought tolerance in maize seedlings. Nat Genet 48:1233–1241

Ye X, Al-Babili S, Klöti A, Zhang J, Lucca P, Beyer P, Potrykus I (2000) Engineering the provitamin A (ß-carotene) biosynthetic pathway into (carotenoid-free) rice endosperm. Science 287:303–305

Freisetzung und kommerzielle Nutzung transgener Pflanzen

6

Inhaltsverzeichnis

In diesem Kapitel stehen die **Freisetzung und Kommerzialisierung** transgener Pflanzen sowie deren rechtliche Bestimmungen im Vordergrund. Mittlerweile wurden Zehntausende einzelner Freisetzungsexperimente durchgeführt und – nicht zuletzt durch begleitende **Sicherheitsforschung** – ein erhebliches Wissen angesammelt, das bei weiteren Experimenten von großem Vorteil ist. Die Liste der kommerziell erhältlichen transgenen Saatgutsorten und pflanzlichen Produkte ist umfangreich. Unter Freisetzung versteht man das Ausbringen transgener Organismen in die Umwelt. Hierbei werden unter anderem das Verhalten, die Fertilität und die Persistenz transgener Organismen untersucht. Diese Experimente dienen primär dem wissenschaftlichen Kenntnisgewinn und ggf. der Vorbereitung zur kommerziellen Nutzung. Zur begleitenden Sicherheitsforschung derartiger Experimente siehe Kap. 7.

6.1   Rechtliche Bedingungen in der EU und Deutschland

In den meisten Ländern unterliegen Freisetzungsexperimente und Kommerzialisierungen von gentechnisch veränderten Organismen (GVO) gesetzlichen Bestimmungen und sind genehmigungspflichtig. Von besonderer Bedeutung ist dabei der Umstand, dass Genehmigungen nicht pauschal erteilt werden, sondern dass eine Fall-zu-Fall-Prüfung vorgeschrieben ist. Die in der EU für alle Mitgliedsstaaten gültigen Regelungen werden in Box 6.1 beschrieben. Die Entscheidungswege sind

© Springer-Verlag GmbH Deutschland, ein Teil von Springer Nature 2020
F. Kempken, *Gentechnik bei Pflanzen*, https://doi.org/10.1007/978-3-662-60744-2_6

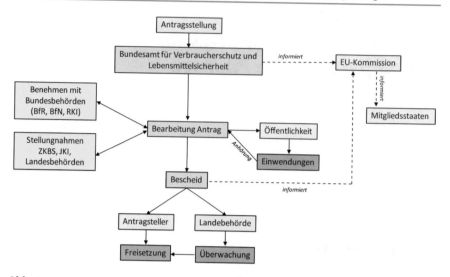

Abb. 6.1 Genehmigungsprozess für wissenschaftliche Freisetzung in Deutschland

in Abb. 6.1 und 6.2 dargestellt. Grundsätzlich gilt hier, dass GVO nur zugelassen werden, wenn sie nach dem aktuellen Stand der Wissenschaft sicher für Umwelt und Gesundheit sind. Seit 2015 sind allerdings nationale Alleingänge erlaubt, die es einzelnen Mitgliedsstaaten ermöglichen, den Anbau von GVO zu verbieten. In Deutschland gilt außerdem das deutsche Gentechnikgesetz, das zum Teil über die EU-Regeln hinausgeht (https://www.gesetze-im-internet.de/gentg/BJNR110800990.html).

Einen besonderen Fall stellen Genom-edierte Organismen da, die in den USA und der EU eine sehr unterschiedliche rechtliche Bewertung erfahren. Während in den USA, sofern keine fremden DNA-Sequenzen eingefügt wurden, auf eine Regulierung von Genom-edierten Organismen in der Regel verzichtet wird, werden Genom-edierte Pflanzen in der EU aufgrund einer Entscheidung des EuGH[1] gentechnisch veränderten Organismen gleichgestellt. Diese Entscheidung aus dem Jahr 2018 war und ist sehr umstritten, da sich Genom-edierte Pflanzen nachträglich nicht von Pflanzen unterscheiden lassen, in denen es zu einer spontanen Mutation gekommen ist (vgl. Kap. 4, Abb. 4.7). Lediglich wenn über homologe Rekombination auch fremde DNA eingebracht wurde, sind solche Pflanzen molekulargenetisch erkennbar. Während durch Genom-Edierung erzeugte Mutationen genehmigungspflichtig sind, gilt dies nicht, wenn durch zufällige Mutagenese erzeugte Sorten verwendet werden. Auch deshalb ist die Entscheidung des EuGH sehr umstritten.

---

[1]https://curia.europa.eu/jcms/jcms/p1_1217550/en/

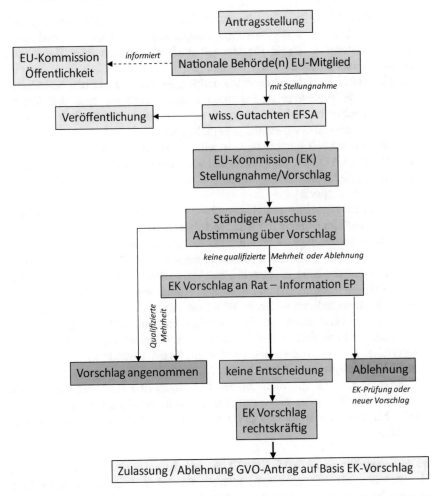

Abb. 6.2 Genehmigungsprozess für kommerzielle Freisetzungen und Inverkehrbringen in der EU. Der Hauptentscheidungsweg ist mit fetten Pfeilen markiert

Internationale Abkommen, die gentechnisch veränderte Organismen betreffen, sind im *Cartagena Protokoll on biosafety* und der *Convention on Biological Diversity* geregelt.

Im Bereich der EU sind Verordnungen, die unmittelbar für alle Mitgliedsstaaten gelten und Richtlinien, die in allen Mitgliedsstaaten in nationales Recht umzusetzen sind, zu unterscheiden. Gelegentlich müssen aber auch Teilbereiche von Verordnungen in nationales Recht umgesetzt werden. Daneben gibt es noch sogenannte EU-Entscheidungen, die hier nicht berücksichtigt werden. Die relevanten Richtlinien und Verordnungen sind in Box 6.1 aufgeführt und z. T. auch beschrieben. Wesentliche Punkte der EU-Gesetzgebung sind:

- **Sicherheit,** d. h. ein Produkt aus gentechnisch veränderten Organismen (GVO) muss nach dem Stand des Wissens genauso sicher sein wie ein herkömmliches Lebensmittel. Weder für Umwelt noch für Mensch oder Tier dürfen Gefährdungen entstehen.
- **Wahlfreiheit,** Anwendungen und Vermarktungen von gentechnisch veränderten Pflanzen bzw. Produkten daraus müssen derart erfolgen, dass den Konsumenten, Landwirten und Unternehmen eine bleibende Wahlfreiheit zwischen herkömmlichen und GVO-Produkten erhalten bleibt.
- Um die Wahlfreiheit herzustellen, ist eine **Kennzeichnung** (siehe unten und Box 6.2) von GVO-Produkten zwingend vorgeschrieben. Hierbei gilt die Kennzeichnungspflicht unabhängig davon, ob die gentechnische Veränderung im Produkt nachweisbar ist.
- Dazu müssen Hersteller und Unternehmen ein geeignetes Dokumentationssystem entwickeln (Prinzip der **Rückverfolgbarkeit**).
- **Koexistenz,** hierbei geht es darum, dass es auch zukünftig möglich sein muss, nicht gentechnisch veränderte Pflanzen anzubauen bzw. Produkte daraus herzustellen. Es darf also keine unkontrollierbare Vermischung von GVO- und herkömmlichen Pflanzen erfolgen. Hierzu zählen auch Abstandsregeln zwischen Feldern mit gentechnisch veränderten und konventionellen Pflanzen. Für transgenen Mais gilt beispielsweise ein Abstand von 150 m von konventionellen Maissorten und 300 m von Mais aus ökologischem Anbau. Aufgrund von Untersuchungen in der EU ist man zum Schluss gekommen, dass bei Körnermais ein Abstand von 15–50 m reicht, um GVO-Einträge unter 0,9 % zu halten. Bei Silomais reichen sogar 0–25 m.
- **Nulltoleranz.** GVO, die nicht in der EU zugelassen sind und damit nicht abschließend als sicher eingestuft wurden, sind grundsätzlich nicht erlaubt. Jeder Nachweis eines solchen GVO führt zu einem Verbot des betreffenden Produkts.

Neu hinzugekommen ist 2015, dass EU-Mitgliedsstaaten den Anbau von in der EU zugelassenen GVO untersagen können. Solche **nationalen Anbauverbote (opt-out)** können aus landwirtschaftspolitischen, sozioökonomischen oder kulturellen Gründen erfolgen, nicht aber wegen Zweifeln an der Umwelt- und Produktsicherheit, da dies schon bei der Zulassung geprüft wurde. Es ist auch möglich, dass sich solche Länder von vornherein mit den antragstellenden Unternehmen darauf verständigen, gar nicht erst in den Geltungsbereich der Zulassung einbezogen zu werden. Neben Deutschland haben auch viele andere Mitgliedsstaaten von dieser Möglichkeit Gebrauch gemacht.

Je nachdem, ob es sich um vermehrungsfähige GVOs oder um verarbeitete Lebens- und Futtermittel handelt, gelten unterschiedliche Regelwerke. Handelt es sich um gentechnisch verändertes Saatgut oder um Nahrungsmittel, die vermehrungsfähige GVOs enthalten (z. B. die Samen von gentechnisch veränderten Tomaten), liegt ein Inverkehrbringen nach der Freisetzungsrichtlinie vor. Dies gilt auch dann, wenn die betreffende Pflanze nicht in Europa angebaut wird. Handelt es sich um weiterverarbeitete Nahrungs- oder Futtermittel (z. B. Zucker aus gentechnisch veränderten Zuckerrüben), die keine vermehrungsfähigen GVOs enthalten, gilt die Verordnung 1829/2003 über Lebens- und Futtermittel aus gentechnisch veränderten Organismen, die in allen EU-Ländern verbindlich ist. Der entscheidende Punkt bei der Beurteilung ist also die Vermehrungsfähigkeit von GVOs.

Ein wesentlicher Punkt der EU-Regelwerke ist die **Kennzeichnungspflicht.** Hierzu wurde im Detail geregelt, wann eine Kennzeichnung als gentechnisch veränderter Organismus zu erfolgen hat und wann nicht. Diese Regelungen sind kompliziert und z. T. auch schwer nachvollziehbar. So ist es z. B. unverständlich, warum einerseits Aroma- und Zusatzstoffe nicht kennzeichnungspflichtig sind, auf der anderen Seite eine Kennzeichnungspflicht von Endprodukten aber auch in den Fällen besteht, w0 die gentechnische Veränderung gar nicht nachweisbar ist. Insgesamt bietet das Regelwerk aber dem Endverbraucher eine erhebliche Transparenz und erleichtert die Wahlfreiheit.

Kennzeichnungspflichtig sind Lebensmittel wenn:

– das Produkt ein GVO ist (z. B. Gemüsemais aus Bt-Mais)
– das Produkt GVOs enthält oder daraus besteht (Joghurt mit gentechnisch veränderten Milchsäurebakterien);
– das Produkt aus GVOs hergestellt wurde; hierbei ist es ohne Belang, ob die Veränderung im Endprodukt nachweisbar ist (z. B. Öl aus herbizidresistenten Sojabohnen);
– der Gehalt an GVOs durch Beimischung entstanden ist und der GVO-Anteil über 0,9 % der jeweiligen Zutat liegt (bei geringeren Beimischungen besteht keine Kennzeichnungspflicht sofern die Beimischungen zufällig in das Produkt gelangten, die betreffenden GVOs in der EU zugelassen sind oder die Beimischungen technisch unvermeidbar sind);
– der Gehalt an GVO geringer als 0,9 % ist, aber absichtlich beigemischt wurde.

Nicht gekennzeichnet werden müssen:

– Lebensmittel (z. B. Milch oder Fleisch) aus oder von Tieren, die mit gentechnisch veränderten Futtermitteln gefüttert wurden (dabei sind die Futtermittel selbst kennzeichnungspflichtig);
– Zusatzstoffe, Vitamine und Aromen, die mittels gentechnisch veränderter Mikroorganismen hergestellt wurden (z. B. Vitamin B_2);
– Mikroorganismen und Produkte daraus, wenn die Mikroorganismen auf Substraten gewachsen sind, die aus gentechnisch veränderten Organismen gewonnen wurden (z. B. Zitronensäure aus *Aspergillus niger,* der auf Melasse aus gentechnisch veränderten Zuckerrüben angezogen wurde);
– Beimischungen unterhalb von 0,9 % der jeweiligen Zutat, sofern diese zufällig erfolgte, die GVOs in der EU zugelassen sind oder die Beimischung unvermeidlich war.

Box 6.1

Gesetzliche Regelungen für die Freisetzung von und für Lebens- und Futtermittel aus gentechnisch veränderten Organismen in der EU und in Deutschland

Hierzu hat die EU wichtige gesetzliche Regelwerke geschaffen (siehe unten). Zwei sollen näher erläutert werden: die Freisetzungsrichtlinie 2001/18 und die Verordnung 1829/2003 über Lebens- und Futtermittel aus gentechnisch veränderten Organismen (GVOs). Diese Regeln sind seit April 2001 bzw. 2004 gültig. Während die Freisetzungsrichtlinie in nationales Recht umgesetzt werden muss, gilt die Verordnung 1829/2003 unmittelbar in allen Mitgliedsstaaten der EU. Die beiden neuen Regeln ersetzen die früher gültige Freisetzungsrichtlinie 90/220 bzw. die Novel-Food-Verordnung 258/97. Wesentliche Punkte sind nachfolgend erläutert.

1. Freisetzungsrichtlinie 2001/18: Die Sicherheitsanforderungen legen fest, dass es keine schädlichen Auswirkungen auf Mensch und Umwelt geben darf. Es muss eine Umweltverträglichkeitsprüfung stattfinden. Voraussetzung für eine Zulassung sind außerdem eine wissenschaftliche Sicherheitsprüfung und ein standardisiertes Verfahren zum Nachweis des jeweiligen GVOs (vgl. Abschn. 3.4). Die Anmeldung kann bei einer der nationalen Behörden der Mitgliedstaaten erfolgen, wo auch die Erstprüfung mittels wissenschaftlicher Gutachten stattfindet. Erst im nächsten Schritt wird das Verfahren an die Behörden der anderen Mitgliedsstaaten und an die EU-Kommission weitergeleitet. Kommt es zu Einwänden oder lassen sich offene Fragen nicht klären, ist die EFSA (Europäische Behörde für Lebensmittelsicherheit) einzuschalten. Für die Entscheidung über die Zulassung macht die EU-Kommission einen Vorschlag, der dann im ständigen Ausschuss für die Lebensmittelkette angenommen oder abgelehnt werden kann. Bei Ablehnung oder dem Fehlen einer qualifizierten Mehrheit entscheidet der Ministerrat. Die Zulassung ist in jedem Fall auf zehn Jahre befristet.

2. Verordnung 1829/2003: Hier verlangen die Sicherheitsanforderungen, dass keine negativen Auswirkungen auf die Gesundheit von Mensch oder Tier bestehen dürfen. Es darf auch keine bewusste Täuschung der Verbraucher erfolgen. Dabei muss das GVO-Nahrungsmittel genauso sicher sein wie ein konventionelles. Weiterhin müssen Vorschläge für Nachweis und Kennzeichnung gemacht werden. Die Anträge sind bei der EFSA (Europäische Behörde für Lebensmittelsicherheit) einzureichen. Dort erfolgt eine wissenschaftliche Begutachtung durch ein unabhängiges Expertengremium und eine Stellungnahme der EFSA. Die Entscheidungsfindung und die Gültigkeit sind analog zur Freisetzungsrichtlinie.

Liste der EU-Richtlinien und Verordnungen:

– Richtlinie (EU) 2015/412 des Europäischen Parlaments und des Rates vom 11. März 2015 zur Änderung der Richtlinie 2001/18/EG zu der den Mitgliedstaaten eingeräumten Möglichkeit, den Anbau von gentechnisch veränderten Organismen (GVO) in ihrem Hoheitsgebiet zu beschränken oder zu untersagen

- Durchführungsverordnung (EU) Nr. 503/2013 der Kommission vom 3. April 2013 über Anträge auf Zulassung genetisch veränderter Lebens- und Futtermittel gemäß der Verordnung (EG) Nr. 1829/2003 des Europäischen Parlaments und des Rates und zur Änderung der Verordnungen (EG) Nr. 641/2004 und (EG) Nr. 1981/2006 der Kommission
- Richtlinie 2009/41/EG des Europäischen Parlaments und des Rates vom 6. Mai 2009 über die Anwendung genetisch veränderter Mikroorganismen in geschlossenen Systemen
- Verordnung (EG) 1981/2006 der Kommission vom 22. Dezember 2006 mit Durchführungsbestimmungen zu Artikel 32 der Verordnung (EG) Nr. 1829/2003 des Europäischen Parlaments und des Rates über das gemeinschaftliche Referenzlaboratorium für gentechnisch veränderte Organismen
- Verordnung (EG) Nr. 641/2004 der Kommission vom 6.April 2004 mit Durchführungsbestimmungen zur Verordnung (EG) Nr. 1829/2003 des Europäischen Parlaments und des Rates hinsichtlich des Antrags auf Zulassung neuer gentechnisch veränderter Lebensmittel und Futtermittel, der Meldung bestehender Erzeugnisse und des zufälligen oder technisch unvermeidbaren Vorhandenseins genetisch veränderten Materials, zu dem die Risikobewertung befürwortend ausgefallen ist
- Verordnung (EG) Nr. 65/2004 der Kommission vom 14. Januar 2004 über ein System für die Entwicklung und Zuweisung spezifischer Erkennungsmarker für genetisch veränderte Organismen
- Verordnung (EG) Nr. 1946/2003 des Europäischen Parlaments und des Rates vom 15. Juli 2003 über grenzüberschreitende Verbringungen genetisch veränderter Organismen
- Verordnung (EG) Nr. 1830/2003 des Europäischen Parlaments und des Rates vom 22. September 2003 über die Rückverfolgbarkeit und Kennzeichnung von genetisch veränderten Organismen und über die Rückverfolgbarkeit von aus genetisch veränderten Organismen hergestellten Lebensmitteln und Futtermitteln sowie zur Änderung der Richtlinie 2001/18/EG
- Verordnung (EG) Nr. 1829/2003 des Europäischen Parlaments und des Rates vom 22. September 2003 über genetisch veränderte Lebensmittel und Futtermittel
- Richtlinie 2001/18/EG des Europäischen Parlaments und des Rates vom 12. März 2001 über die absichtliche Freisetzung genetisch veränderter Organismen in die Umwelt und zur Aufhebung der Richtlinie 90/220/EWG
- Verordnung (EG) Nr. 178/2002 des Europäischen Parlaments und des Rates vom 28. Januar 2002 zur Festlegung der allgemeinen Grundsätze und Anforderungen des Lebensmittelrechts, zur Errichtung der Europäischen Behörde für Lebensmittelsicherheit und zur Festlegung von Verfahren zur Lebensmittelsicherheit
- Verordnung (EG) Nr. 50/2000 der Kommission vom 10. Januar 2000 über die Etikettierung von Lebensmitteln und Lebensmittelzutaten, die genetisch veränderte oder aus genetisch veränderten Organismen hergestellte Zusatzstoffe und Aromen enthalten

- Verordnung (EG) Nr. 49/2000 der Kommission vom 10. Januar 2000 zur Änderung der Verordnung (EG) Nr. 1139/98 des Rates über Angaben, die zusätzlich zu den in der Richtlinie 79/112/EWG aufgeführten Angaben bei der Etikettierung bestimmter aus genetisch veränderten Organismen hergestellter Lebensmittel vorgeschrieben sind
- Richtlinie 98/81/EG des Rates vom 26. Oktober 1998 zur Änderung der Richtlinie 90/219/EWG über die Anwendung genetisch veränderter Mikroorganismen in geschlossenen Systemen
- Richtlinie 94/51/EG der Kommission vom 7. November 1994 zur ersten Anpassung der Richtlinie 90/219/EWG über die Anwendung genetisch veränderter Mikroorganismen in geschlossenen Systemen
- Richtlinie 94/51/EG der Kommission vom 7. November 1994 zur ersten Anpassung der Richtlinie 90/219/EWG über die Anwendung genetisch veränderter Mikroorganismen in geschlossenen Systemen an den technischen Fortschritt
- Richtlinie 94/51/EG der Kommission vom 7. November 1994 zur ersten Anpassung der Richtlinie 90/219/EWG über die Anwendung genetisch veränderter Mikroorganismen in geschlossenen Systemen an den technischen Fortschritt
- Richtlinie 94/15/EG der Kommission vom 15. April 1994 zur ersten Anpassung der Richtlinie 90/220/EWG des Rates über die absichtliche Freisetzung genetisch veränderter Organismen in die Umwelt an den technischen Fortschritt
- Richtlinie 90/220/EWG des Rates vom 23. April 1990 über die absichtliche Freisetzung genetisch veränderter Organismen in die Umwelt
- Richtlinie 90/219/EWG des Rates vom 23. April 1990 über die Anwendung genetisch veränderter Mikroorganismen in geschlossenen Systemen
- Verordnung (EG) 834/2007 des Rates vom 28. Juni 2007 über die ökologische/biologische Produktion und die Kennzeichnung von ökologischen/ biologischen Erzeugnissen und zur Aufhebung der Verordnung (EWG) Nr. 2092/91
- Verordnung (EG) Nr. 258/97 des Europäischen Parlaments und des Rates vom 27. Januar 1997 über neuartige Lebensmittel und neuartige Lebensmittelzutaten
- *In Deutschland hat der Gesetzgeber im Laufe der Jahre zum Teil EU Recht umgesetzt oder selbständig Regelungen getroffen (Quelle: BVL):*
- Gentechnikgesetz
- Gesetz zur Durchführung von Verordnungen der EU auf dem Gebiet der Gentechnik und zur Änderung der Neuartige Lebensmittel- und Lebensmittelzutaten-Verordnung vom 22. Juni 2004
- Gesetz zur Anpassung von Zuständigkeiten im Gentechnikrecht vom 22. März 2004
- Gesetz zu dem Protokoll von Cartagena vom 29. Januar 2000 über die biologische Sicherheit zum Übereinkommen über die biologische Vielfalt vom 28. Oktober 2003

- Neuartige Lebensmittel- und Lebensmittelzutaten-Verordnung – NLV vom 29. Februar 2000
- Gentechnik-Pflanzenerzeugungsverordnung vom 7. April 2008
- Gesetz zu dem Übereinkommen vom 5 Juni 1992 über die biologische Vielfalt vom 30. August 1993
- Verordnung über Anhörungsverfahren nach dem Gentechnikgesetz (Gentechnik-Anhörungsverordnung – GenTAnhV)
- Verordnung über Antrags- und Anmeldeunterlagen und über Genehmigungs- und Anmeldeverfahren nach dem Gentechnikgesetz (GentechnikVerfahrensverordnung – GenTVfV)
- Bundeskostenverordnung zum Gentechnikgesetz (BGenTGKostV)
- Gentechnik-Beteiligungsverordnung (GenTBetV)
- Verordnung über die Erstellung von außerbetrieblichen Notfallplänen und über Informations-, Melde- und Unterrichtspflichten nach dem Gentechnikgesetz (Gentechnik-Notfallverordnung – GenTNotfV)
- Verordnung über die Sicherheitsstufen und Sicherheitsmaßnahmen bei gentechnischen Arbeiten in gentechnischen Anlagen (Gentechnik-Sicherheitsverordnung – GenTSV)

In der EU bewertet die European Food Safety Authority (EFSA) alle GVO (http://www.efsa.europa.eu/de/news/61906). Die EFSA ist eine europäische Behörde, die von der Europäischen Union finanziert wird und unabhängig von der Europäischen Kommission, dem Europäischen Parlament und den EU-Mitgliedstaaten arbeitet. Die EFSA wurde 2002 infolge einer Reihe von Lebensmittelkrisen in den späten 1990er-Jahren als unparteiische Quelle für wissenschaftliche Beratung und Kommunikation zu Risiken im Zusammenhang mit der Lebensmittelkette eingerichtet. Die rechtmäßige Gründung der Behörde durch die EU erfolgte im Rahmen des Allgemeinen Lebensmittelrechts – mit der Verordnung 178/2002. In ihrer Funktion als Risikobewerter erstellt die EFSA wissenschaftliche Gutachten und Empfehlungen, die für die europäische Politikgestaltung und Gesetzgebung bezüglich der Lebensmittelkette als Grundlage dienen. Im Rahmen der Umweltrisikobewertung werden mögliche Auswirkungen der Lebensmittelkette auf die biologische Vielfalt der Lebensräume von Pflanzen und Tieren berücksichtigt. Innerhalb der EFSA sorgt das „Panel on GMO" (http://www.efsa.europa.eu/de/panels/gmo) für unabhängige wissenschaftliche Expertise bei der Beurteilung von GMO in den Bereichen Nahrungs- und Futtermittelsicherheit, Umweltrisikoanalyse und Molekularbiologie. Auch ein öffentliches Register aller in der EU zugelassener GMO ist verfügbar: http://ec.europa.eu/food/dyna/gm_register/index_en.cfm.

In Deutschland liegt die Zuständigkeit beim Bundesamt für Verbraucherschutz und Lebensmittelsicherheit (BVL, https://www.bvl.bund.de/DE/06_Gentechnik/gentechnik_node.html). Die Freisetzung gentechnisch veränderter Organismen (GVO) für wissenschaftliche Zwecke muss vom BVL genehmigt werden. Sollen GVO kommerziell angebaut werden, gibt das BVL im gemeinschaftlichen Genehmigungsverfahren der EU eine Stellungnahme ab. Beim BVL befindet sich die Geschäftsstelle der Zentralen Kommission für die Biologische Sicherheit

(ZKBS). Die ZKBS berät die Bundesregierung und die Bundesländer in sicherheitsrelevanten Fragen der Gentechnik. An der Sicherheitsbewertung ist auch das Bundesinstitut für Risikobewertung (BfR, https://www.bfr.bund.de/de/zulassung_genetisch_veraenderter_lebens__und_futtermittel-2394.html) beteiligt. Das BVL führt u. a. ein Standortregister für Flächen, auf denen GVO angebaut werden: https://www.bvl.bund.de/DE/06_Gentechnik/01_Aufgaben/02_Zustaendigkeiten-EinzelneBereiche/04_Standortregister/gentechnik_standortregister_node.html.

Der Zulassungsvorgang lässt sich laut BfR wie folgt zusammenfassen: „Zulassungen für das Inverkehrbringen von gentechnisch veränderten Lebens- und Futtermitteln werden von der Europäischen Kommission, basierend auf den wissenschaftlichen Stellungnahmen der EFSA, erteilt. Aufgabe der EFSA ist es, anhand der dem Antrag beigefügten Unterlagen zu prüfen, ob das Produkt den Anforderungen an das Inverkehrbringen und an die Kennzeichnung entspricht. Die Kommission bereitet unter Berücksichtigung der Stellungnahme der EFSA einen Entscheidungsentwurf vor, für dessen Verabschiedung eine qualifizierte Mehrheit in dem mit Vertretern der Mitgliedsstaaten besetzten Ausschuss für die Lebensmittelkette und Tiergesundheit notwendig ist. Die zuständigen Behörden der EU-Mitgliedsstaaten werden an der Sicherheitsbewertung durch die EFSA beteiligt und können Kommentare dazu abgeben. In Deutschland ist gemäß § 1 Abs. 1 Nr. 4 des Gesetzes zur „Durchführung von Verordnungen der Europäischen Gemeinschaft auf dem Gebiet der Gentechnik und zur Änderung der Neuartigen Lebensmittel- und Lebensmittelzutaten-Verordnung" das Bundesamt für Verbraucherschutz und Lebensmittelsicherheit (BVL) die zuständige deutsche Behörde für die Übermittlung der nationalen Kommentare, die im Benehmen mit dem Bundesamt für Naturschutz (BfN) und dem Robert-Koch-Institut (RKI) erstellt werden." Zudem holt das BVL Stellungnahmen des BfR und des Julius Kühn-Instituts (JKI) ein. Die Genehmigungsprozesse für Freisetzungen zu Forschungszwecken sowie für kommerzielle Zwecke und Inverkehrbringung sind in den Abb. 6.1 und 6.2 dargestellt.

Für alle gentechnischen Experimente gelten bestimmte **Sicherheitsstufen,** die in Abhängigkeit vom **Gefährdungspotenzial** der verwendeten Organismen und Nukleinsäuren festgelegt werden (Details siehe: https://de.wikipedia.org/wiki/Biologische_Schutzstufe). An dieser Festlegung ist die Zentrale Kommission für Biologische Sicherheit (ZKBS) beteiligt. Außerdem müssen für alle gentechnischen Experimente **Aufzeichnungen** geführt und den Behörden bei regelmäßigen Kontrollen vorgelegt werden. Insgesamt gibt es vier Sicherheitsstufen (S1 bis S4), wobei Arbeiten dann in der Sicherheitsstufe S1 eingestuft werden, wenn keine Risiken für Mensch und Umwelt bestehen. Dies ist bei den meisten gentechnischen Arbeiten mit Pflanzen der Fall. Alle Höheren Pflanzen sind als Spender- und Empfängerorganismen für DNA grundsätzlich der niedrigsten Sicherheitsstufe zugeordnet. Sofern die eingeführte DNA keine negativen Auswirkungen hat, werden die transgenen Pflanzen dann ebenfalls in die Sicherheitsstufe S1 eingestuft. Ein entsprechendes Labor, in dem solche Versuche durchgeführt werden, zeigt Abb. 6.3.

Die ZKBS listet für das Jahr 2018 insgesamt 6 557 gentechnische Anlagen in Deutschland (https://www.zkbs-online.de/ZKBS/DE/07_Statistiken/statistiken_basepage.html?nn=9235692). Davon waren 4 702 S1-Labore, 1 745 S2-Labore und 105 S3-Labore und 5 S4-Labore, von denen vier in Betrieb sind. In den S2-S4-Anlagen wurden 2018 7 724 genehmigte gentechnische Projekte durchgeführt. Dazu kommt eine nicht bekannte Anzahl von S1-Projekten, die nicht genehmigt werden müssen.

Abb. 6.3 Genlabor der Sicherheitsstufe 1 an der Christian-Albrechts- Universität zu Kiel. (Foto:
F. Kempken)

Box 6.2

Kennzeichnung „Ohne Gentechnik" – nicht ganz ohne!

Eine Studie von Prof. Stefan Leible, der Direktor der Forschungsstelle für
Deutsches und Europäisches Lebensmittelrecht an der Universität Bayreuth ist,
belegt, dass die nur in Deutschland geltende Ohne-Gentechnik-Kennzeichnung
irreführend ist. Diese Regelungen sehen Folgendes vor:

- nicht erlaubt bei Lebensmitteln
    - Zutaten oder Zusatzstoffe aus gentechnisch veränderten Pflanzen
    - Zusatzstoffe wie Enzyme, Futtermittelzutaten oder Tierarzneimittel, die
      mithilfe von Gentechnik hergestellt wurden; Ausnahmen nach EU- Öko-
      verordnung sind möglich!
- nicht erlaubt bei Fleisch, Eiern oder Milch
- Einsatz von gentechnisch veränderten Futterpflanzen in den letzten Monaten
  oder Wochen
    Schweine vier Monate vor Schlachtung
    Milchkühe drei Monate vor dem Melken
    Hühner sechs Wochen vor Eiablage
- weiter erlaubt
    - Spuren von GVOs

- Futtermittelzusätze, die mithilfe gentechnisch veränderter Mikroorganismen erzeugt wurden
  - Vitamine: Vitamin B_2, Vitamin B_{12} oder Biotin
  - verschiedene Aminosäuren
  - Enzyme wie Cellulase, Glucanase etc.
  - Farbstoff ß-Carotin

Das bedeutet, dass auch Produkte mit dem Siegel „Ohne Gentechnik" sehr wohl mit gentechnisch veränderten Pflanzen in Berührung gekommen sein können oder Stoffe enthalten können, die gentechnisch hergestellt wurden.

6.2   Freisetzungsexperimente vor der Markteinführung

Im 20. Jahrhundert haben von 1986 bis 1999 weltweit mehr als 9 000 **Freisetzungsexperimente** stattgefunden oder wurden genehmigt (Abb. 6.4), davon jedoch nur 83 in der Bundesrepublik Deutschland. Für Deutschland und die EU liegen diese Werte für 2002 bei 135 bzw. 1830 Freisetzungsexperimenten. Bei den weltweit durchgeführten Experimenten sind neben Pflanzen (98,6 % der Experimente) auch Tiere (0,2 %) und Mikroorganismen wie Viren (0,2 %), Bakterien (0,8 %) und Pilze (0,1 %) eingeschlossen. Am häufigsten wurden Arbeiten mit gentechnisch verändertem Mais durchgeführt (26 %), gefolgt von Raps (22 %), Zuckerrübe (18 %) und Kartoffel (12 %). Alle weiteren Pflanzen spielen eine untergeordnete Rolle. Im Vergleich dazu waren Mais und Sojabohne in den USA bei Freisetzungen häufiger vertreten (1999: Mais 37,4 % und Sojabohne 8,7 %).

Hinsichtlich des Ortes der Durchführung zeigt sich, dass die USA mit 78,2 % aller Experimente führend bei Freisetzungen waren (und immer noch sind). Deutschland wies nur einen Anteil von nur 0,7 % auf. Zwar war die Zahl der

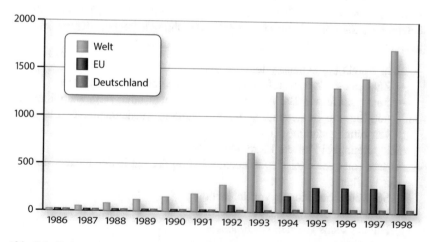

Abb. 6.4 Freisetzungsexperimente im 20. Jahrhundert weltweit, in der EU und in Deutschland, nach Jahren aufgeschlüsselt. (Quelle: frühere Biologische Bundesanstalt Braunschweig, die 2008 in das Julius-Kühn-Institut aufgegangen ist)

Experimente in Deutschland bis 2002 auf 135 angewachsen, dies stellt jedoch im Vergleich mit anderen Ländern eine sehr geringe Zahl dar.

Die hier verwendeten Zahlenangaben gehen auf Daten der OECD *(Organisation for Economic Cooperation and Development)* und UNIDO *(United Nations Industrial Development Organization)* zurück. Dabei sind nur Daten aus Mitgliedsländern berücksichtigt worden. Zu den von den OECD-Mitgliedsstaaten durchgeführten Freisetzungsexperimenten sind im Internet Informationen verfügbar (siehe Internetseiten im Anhang), die mittels einer Suchmaschine abgefragt werden können. Gelegentlich wurde eine Genehmigung für die Freisetzung einer transgenen Pflanze an mehreren Orten erteilt. Da hier die Genehmigungen als Grundlage verwendet wurden, kann die Zahl der einzelnen Freisetzungen höher sein als die angegebenen. So liegt unter Berücksichtigung der einzelnen Freisetzungsorte, die (geschätzte) Gesamtzahl der Freisetzungen weltweit bis 2002 bei ca. 38 000.

Eine Aktualisierung dieser Gesamtdaten ist nach Auskunft des Bundesamtes für Verbraucherschutz und Lebensmittelsicherheit (BVL) praktisch unmöglich, lediglich für einzelne Länder sind aktuelle Informationen verfügbar.

Für die Bundesrepublik Deutschland sind die Freisetzungsexperimente der Jahre 2005–2010 in Tab. 6.1 zusammengestellt. In dieser Zeit gab es 297 Standorte, an denen solche Experimente stattfanden. Allerdings sind darunter beispielsweise 105 Experimente, bei denen nur eine Maissorte, über mehrere Jahre verteilt, verwendet wurde. Insgesamt bleibt es dabei, dass nur wenige Freisetzungsexperimente in der Bundesrepublik Deutschland stattfinden. Hinzu kommt, dass häufig Felder, auf denen Freisetzungsversuche stattfinden, zerstört werden (Abb. 6.5) und daher nicht ausgewertet werden können. Neben erheblichen Kosten hat dies negative Folgen für den Forschungsstandort Deutschland. Gerade in Deutschland ist der

Tab. 6.1 Anbauflächen von Freisetzungsexperimenten in der Bundesrepublik Deutschland von 2005 bis 2010. (Quelle: www.transgen.de und BVL)

Pflanze	2005 [in m²]	2006 [in m²]	2007 [in m²]	2008 [in m²]	2009 [in m²]	2010 [in m²]
Kartoffel	54 369	47 446	628 780	275 636	232 433	49 268
Mais	185 040	31 605	54 332	56 251	58 921	70 135
Raps	800	7 980	126	–	–	–
Zuckerrübe	–	–	–	7 200	1 330	12 000
Winterweizen	–	1 200	2 400	1 200	–	–
Sommerweizen	–	–	–	–	507,5	7
Gerste	–	10	10	–	9,6	–
Erbse	100	100	100	–	–	–
Sojabohne	4	4	4	–	–	–
Nachtschatten	3 976	320	240	–	–	–
Hybridpappel	2 500	–	–	–	–	–
Petunie	–	–	–	–	–	208
Summe	246 789	88 665	685 752	340 287	293 201	131 618

Abb. 6.5 Zerstörtes Amflora-Feld 2010. (Quelle: BASF)

Widerstand gegen solche Experimente besonders heftig. Welche Ausmaße Protest-aktionen gelegentlich haben können, zeigt das Beispiel der Freisetzung transgener Petunien im Botanischen Garten der Ruhr-Universität Bochum (Box 6.3).

In der EU und Deutschland sind seitdem immer weniger Freisetzungsexperimente beantragt und genehmigt worden. 2009 waren es EU-weit noch 109, 2012 42, 2015 nur sieben und 2019 acht Anträge. Lediglich 2016/17 waren es mit neun bzw. 13 Anträgen etwas mehr. Ein interaktives Standortregister des BVL ist verfügbar: http://apps2.bvl.bund.de/stareg_visual_web/index.do. Dort sind die Daten nach Freisetzung und Anbau unterschieden. Seit 2013 sind in Deutschland keine Freisetzungsexperimente erfolgt, und auch der Anbau von GVO ist verboten.

Neben einigen wenigen europäischen Freisetzungsexperimenten in 2019 mit gentechnisch veränderten Pflanzen wie z. B. schorfresistenten Apfelbäumen, Phytophthora-resistenten Kartoffeln oder Leindotter mit Veränderungen in der Fettsäurezusammensetzung sind vier Freisetzungsexperimente mit Genom-edierten Pflanzen hervorzuheben: Eines betrifft ebenfalls die Fettsäurezusammensetzung von Leindotter, ein zweites findet an Gemüsekohl statt (Gehalt an Glukosinolaten), ein drittes betrifft die Reparatur von DNA-Schäden und schließlich, viertens, Kartoffeln, die keine Amylose bilden.

Die verfügbaren Daten lassen sich auch in Bezug auf die Art der gentechnischen Veränderung auswerten. In Abb. 6.6 sind Daten aus Freisetzungsexperimenten innerhalb der EU zusammengefasst, die einen guten Überblick bieten. Am häufigsten wurden Experimente mit herbizidresistenten Pflanzen, zum Teil in Verbindung mit weiteren Merkmalen wie beispielsweise Virus- oder Schadinsektenresistenz, durchgeführt. Der Anteil liegt bei über 60 % und zeigt damit die große Bedeutung der Herbizidresistenz bei den bisher erzeugten transgenen Pflanzen. Etwa 26 % der Experimente umfassten Resistenzen gegen Viren, Bakterien, Pilze oder Schadinsekten. Es fällt eine deutliche Zunahme des Anteils von Freisetzungsexperimenten auf, bei denen metabolische Veränderungen an den Pflanzen vorgenommen wurden. 2002 betraf dies 21 % der Freisetzungen, während es 1999 nur etwa 13 % waren. In der Zukunft werden sich diese Zahlenverhältnisse voraussichtlich weiter verschieben, weil Experimente mit künstlicher Resistenz in den Hintergrund treten. Dies ist darauf zurückzuführen, dass mehr und mehr Pflanzen mit veränderten Inhaltsstoffen in Freilandexperimenten getestet werden.

Für andere Staaten, in denen Freisetzungsversuche durchgeführt werden (z. B. Argentinien, China), sind dem BVL keine Quellen bekannt. Für die EU ist das *Joint Research Centre* zuständig: http://gmoinfo.jrc.ec.europa.eu/. Für die EU werden von 1991 bis 2008 etwa 2350 Experimente genannt. In den USA ist das USDA *(US Department for Agriculture)* zuständig: http://www.aphis.usda.gov/biotechnology/status.shtml. In Australien ist das *Office of the Gene Technology Regulator*

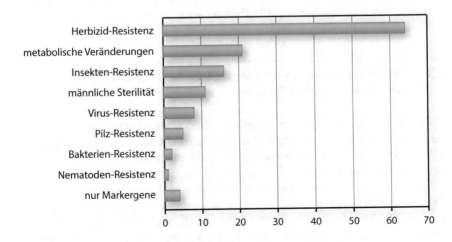

Abb. 6.6 Freisetzungsexperimente in der EU nach veränderten Merkmalen

zuständig (http://www.ogtr.gov.au/internet/ogtr/publishing.nsf/Content/ir-1), um nur einige Beispiele zu nennen.

Auch in vielen afrikanischen Ländern, wie Kenia, Simbabwe und Südafrika, sowie in Südamerika, Indien und China wurden zahlreiche Freisetzungsexperimente mit Bt-Mais, Bt-Baumwolle, transgenen herbizidresistenten Kartoffeln, Erdbeeren sowie virusresistenten Süßkartoffeln durchgeführt. Diese Arbeiten basieren teilweise auf Kooperationen mit großen Firmen wie beispielsweise Monsanto oder Novartis, sind zum Teil aber auch echte Eigenentwicklungen durch örtliche Forschungsinstitute. Die in Entwicklungsländern hierfür zur Verfügung stehenden Mittel sind durch Spenden mittlerweile deutlich gestiegen und stellen für die häufig unter Trockenheit, Insektenbefall oder Pflanzenkrankheiten leidende Landwirtschaft in den Entwicklungsländern eine große Chance dar, denn die für die Kultur transgener herbizidresistenter Pflanzen benötigte Herbizidmenge (z. B. Round up®) ist äußerst gering. Man schätzt, dass etwa 5 g pro Hektar ausreichend wären.

Box 6.3

Der „Petunienkrieg" in Bochum

Im Zusammenhang mit der Freisetzung gentechnischer Pflanzen soll hier eine Anekdote aus der direkten Kenntnis der Autoren, die bei den entsprechenden Aktionen anwesend waren, angeführt werden: Im Sommer 1997 stellte der Botanische Garten der Ruhr-Universität Bochum zusammen mit dem Max-Planck-Institut für Züchtungsforschung in Köln zur Information der breiten Öffentlichkeit transgene Petunien, die ein Gen aus Mais enthielten und daher lachsrote Blüten besitzen (vgl. Kap. 5), im Freiland aus. Dem Gentechnikgesetz nach handelte es sich dabei um ein Freisetzungsexperiment, das auch als solches bekanntgemacht wurde. Bei der ersten Auspflanzung kam es zu Aktionen von einigen Gegnern der Gentechnik, die alle Pflanzen zerstörten (Abb. 6.7). Die Auspflanzungen wurden später mehrmals wiederholt, die transgenen Pflanzen aber nach einiger Zeit immer wieder zerstört oder gestohlen.

Die Vorgehensweise der Gegner transgener Pflanzen wurde in den Medien weitgehend kritisiert, da dadurch eine Information der Öffentlichkeit verhindert wurde. Der hier benutzte Begriff „Petunienkrieg" fand in einer WDR-Sendung zu diesem Thema Verwendung.

6.3   Inverkehrbringen und landwirtschaftliche Nutzung von transgenen Pflanzen

In der EU wurden und werden zahlreiche Anträge zum **Inverkehrbringen** von transgenen Pflanzensorten gestellt. Der grundsätzliche Genehmigungsweg ist in Abb. 6.2 dargestellt. Auf eine Kommentierung der politischen Gegebenheiten wird hier verzichtet. Auf die opt-out-Regelung wurde bereits eingangs des Kapitels verwiesen. Je nachdem, ob nur der Anbau von GVOs geplant ist, vermehrungsfähige GVOs eingeführt oder als Nahrungsmittelbestandteile vorgesehen sind oder ob lediglich GVO-Produkte eingeführt werden sollen, sind Anträge nach der Freisetzungsrichtlinie, der Richtlinie für Lebens- und Futtermittel oder nach beiden

Abb. 6.7 a–d Vorgänge bei der Freisetzung von transgenen Petunien im Botanischen Garten der Ruhr-Universität Bochum. **a** Farblose (weiße) Blüten an untransformierten Petunien (rechts); daneben lachsrote transgene Petunien (links), **b** die Freisetzungsfläche ist unmittelbar vor der Auspflanzung teilweise von Demonstranten besetzt, **c** Zerstörung der Pflanzen durch einzelne Demonstranten schon während der Auspflanzung, **d** Informationshinweis des Botanischen Gartens. (Aufnahmen F. Kempken)

Richtlinien zu stellen. Für einige wenige transgene Sorten findet in der EU auch ein landwirtschaftlicher Anbau statt. Ein öffentliches Register aller in der EU zugelassener GMO ist hier zu finden: http://ec.europa.eu/food/dyna/gm_register/index_en.cfm.

Derzeit sind 62 verschiedene GVO-Pflanzen für den Import in die EU zugelassen. Dabei handelt es sich oft um verschiedene Events von Mais, Soja und Baumwolle. Die Bearbeitungszeit solcher Anträge dauert etwa vier Jahre, zuzüglich von 1,5 Jahren bis zur gültigen Zulassung.

Problematisch ist die Einfuhr von Lebens- und Futtermitteln, die Spuren von gentechnisch veränderten Pflanzen enthielten, die nicht in der EU zugelassen sind, da hier die Nulltoleranz gilt. Wird ein nicht zugelassener GVO nachgewiesen, sind die betreffenden Produkte grundsätzlich nicht verkehrsfähig. Eine Ausnahme gibt es aber bei Futtermitteln. Hier gilt die technische Nachweisgrenze von 0,1 % als zulässiger Höchstwert. Dies ist bei einer Einfuhr von bis zu 40 Mio. Tonnen Futtermittel pro Jahr in die EU von erheblicher Bedeutung. Für Lebensmittel bleibt es bei der bisherigen Regelung, nach der selbst Spuren nicht in der EU zugelassener transgener Pflanzen nicht zulässig sind.

Eine Datenbank aller weltweit für Kommerzialisierung zugelassenen transgenen Pflanzen ist beim *International Service for the Aquisition of Agri-Biotech Applications* (ISAAA) zu finden: http://www.isaaa.org/gmapprovaldatabase/default.asp.

Letztlich haben die Arbeiten mit **transgenen Nutzpflanzen** die Entwicklung neuer Pflanzensorten zum Ziel, die dann direkt oder in Form bestimmter Pflanzenprodukte in Verkehr gebracht werden. Auf die dafür in der EU zurzeit geltenden Regeln wurde in Abschn. 6.1 verwiesen. Die Gesamt-Anbaufläche für transgene Pflanzen betrug 1996 1,7 Mio. ha und stieg bis 2010 auf 148 Mio. ha an, wie Abb. 6.8 zeigt. Mittlerweile (Stand 2017) sind es 189,8 Mio. ha. Es gibt außerdem eine zunehmende Bedeutung der Gentechnik in Entwicklungs- und Schwellenländern, die 2017 Anbauflächen von 100,6 Mio. ha aufweisen, während es in den Industrieländern nur 89,2 Mio. ha waren. Im Jahre 2004 haben ca. 8,25 Mio. Landwirte transgene Pflanzen angebaut, während es 2010 15,4 Mio. Landwirte waren, von denen 14,4 Mio. aus Schwellen- und Entwicklungsländern stammten. Es waren zumeist Kleinbauern in China, Indien, Pakistan, Myanmar, den Philippinen, Burkina Faso und verschiedenen anderen Ländern, die insbesondere Bt-Baumwolle angebaut haben. Diese Daten belegen, dass gerade Landwirte in Entwicklungsländern deutlich vom Anbau transgener Pflanzen profitieren und daran stetig wachsenden Anteil haben.

Beispielhaft soll hier der Anbau gentechnisch veränderter Baumwolle betrachtet werden, denn in tropischen und subtropischen Regionen sind die Erträge transgener Baumwollpflanzen um bis zu 80 % höher als bei Verwendung herkömmlicher Sorten. Trotz der höheren Kosten des transgenen Saatgutes konnten die Kleinbauern ihre Einnahmen aus dem Baumwollanbau um das Fünffache steigern. So wurde in Indien 2002 auf 50 000 ha Bt-Baumwolle angebaut. 2007 waren es schon 6,2 Mio. ha (2010 9,4 Mio. ha), die von 3,8 Mio. Landwirten angebaut wurden. Die Verwendung von

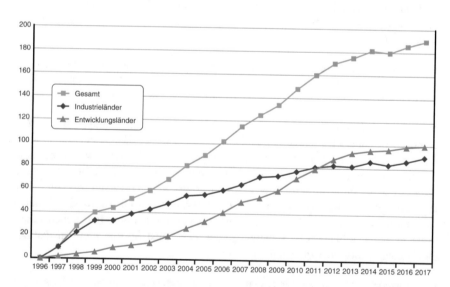

Abb. 6.8 Vergleich der Anbauflächen für transgene Pflanzen von Industrie- und Entwicklungsländern. (Quelle: James C, ISAAA Report 1996–2017)

Bt-Baumwolle hat zu einem 37 %igen Anstieg der Erträge geführt und zu einer 41 %igen Reduktion von Insektiziden. Das Einkommen der Landwirte ist um ca. 135 US$ pro Hektar gestiegen. Weitere Beispiele sind Tab. 6.2 zu entnehmen.

Auffallend ist in den letzten Jahren die zunehmende Bedeutung transgener Pflanzen mit multiplen Veränderungen, wie z. B. mehreren Resistenzen gegen Insekten und Herbiziden (siehe Kap. 5). Es ist anzunehmen, dass sich dieser Trend in Zukunft noch verstärken wird.

Eine Verteilung der Anbauflächen nach Ländern ist in Tab. 6.3 für die Jahre 2005, 2010 und 2015 gezeigt. Man schätzt, dass in 2005 ca. 5,25 Mrd. US$ mit transgenen Nutzpflanzen erwirtschaftet wurden. Für 2010 geht man von einem Wert von 11,2 Mrd. US$ für den weltweiten Markt mit gentechnisch verändertem Saatgut aus. Der Wert der gentechnischen Ernten wird sogar mit 150 Mrd. US$ angegeben. Diese Zahlen belegen die enorme ökonomische Bedeutung, die gentechnisch veränderte Pflanzen bereits erlangt haben. Dabei verteilen sich die Anbauflächen im Wesentlichen immer noch auf vier Nutzpflanzen, Baumwolle, Mais, Raps und Sojabohnen, von denen transgene (herbizidresistente) Sojabohnen den größten Anteil haben (siehe Abb. 6.9). Dazu kommen mittlerweile noch einige andere transgene Kulturpflanzen wie z. B. Äpfel, Amerikanische Kastanie, Kartoffeln, Luzerne, Papaya, Zuckerrüben oder Weizen (Tab. 6.3). In der EU beschränkte sich der Anbau transgener Pflanzen 2019 auf Bt-Mais (siehe Kap. 5), der hauptsächlich in Spanien angebaut wird.

Die meisten bislang kommerziell zugelassenen transgenen Pflanzen weisen eine Resistenz gegen Herbizide oder Schadinsekten auf, da, wie in Kap. 5 erläutert, diese genetische Veränderung besonders einfach durchzuführen ist und für die landwirtschaftliche Nutzung große Vorteile bietet. Für die Zukunft ist aber eine Zunahme anderer Veränderungen, die komplexerer Natur sind, zu erwarten. Diese werden insbesondere Vorteile für den Endverbraucher bringen, wie z. B. hinsichtlich der Haltbarkeit, des Geschmacks oder des Nährwerts. Dadurch möglicherweise die Akzeptanz derartiger Produkte steigen. Ein aktuelles Beispiel ist der Goldene Reis, der zu einer verbesserten Vitamin-A-Versorgung führt, aber bislang noch keine Zulassung hat (http://www.goldenrice.org). Ein weiteres Beispiel stellen Pflanzen dar, die gegen Trockenheit resistent sind (siehe Kap. 5). Dies ist im Hinblick auf die schlechte Versorgung mit Nahrungsmitteln in ärmeren Staaten ein nicht zu unterschätzender Vorteil.

Tab. 6.2 Durchschnittliche Effekte beim Anbau von Bt-Baumwolle für Landwirte in Industrie-, Schwellen- und Entwicklungsländern (verändert nach Qaim und Subramanian 2010)

Land	Reduktion Insektizide [%]	Ertragssteigerung [%]	Gewinnsteigerung [US-Dollar/Hektar]
Argentinien	47	33	23
Australien	48	0	66
China	65	24	470
Indien	41	37	135
Mexiko	77	9	295
Südafrika	33	22	91
USA	36	10	58

Tab. 6.3 Landwirtschaftliche Anbauflächen in Mio. Hektar 2015, 2010 und 2005 für transgene (GVO) Pflanzen. (Quelle: James C, ISAAA Report, 2005, 2010, 2015)

Land	Anbaufläche 2015	Anbaufläche 2010	Anbaufläche 2005	Angebaute transgene Pflanzen
USA	70,9	66,8	49,8	Baumwolle, Mais, Papaya, Raps, Sojabohnen, Squash, Zuckerrüben, Kartoffeln, Luzerne, Zuckerrohr, Weizen, Äpfel, Am. Kastanie
Brasilien	44,2	25,4	9,4	Sojabohnen
Argentinien	24,5	22,9	17,1	Sojabohnen, Mais, Baumwolle
Indien	11,6	9,4	1,3	Baumwolle
Kanada	11,0	8,8	5,8	Mais, Raps, Sojabohnen, Zuckerrüben
China	3,7	3,5	3,3	Baumwolle, Pappeln, Papaya, Tomaten, Sweet Pepper
Paraguay	3,6	2,6	1,8	Sojabohnen
Pakistan	2,9	2,4	–	Baumwolle
Südafrika	2,3	2,2	0,5	Baumwolle, Mais, Sojabohnen
Uruguay	1,4	1,1	0,3	Mais, Sojabohnen
Bolivien	1,1	0,9	–	Sojabohnen
Australien	0,7	0,7	0,3	Baumwolle, Raps
Philippinen	0,7	0,5	–	Mais
Burkina Faso	0,4	0,3	–	Baumwolle
Myanmar	0,3	0,3	–	Baumwolle
EU	0,1	>0,1	0,2	Mais
Mexiko	0,1	0,1	0,1	Baumwolle, Sojabohnen
Kolumbien	0,1	<0,1	<0,01	Baumwolle
Costa Rica	<0,1	<0,1	–	Baumwolle, Sojabohnen
Chile	<0,1	<0,1	–	Mais, Raps, Sojabohnen
Honduras	<0,1	<0,1	<0,01	Mais
Ägypten	–	<0,1	–	Mais
Iran	–	–	<0,01	Reis

In Deutschland gab es seit 2000 einen Erprobungsanbau von Bt-Mais. 2005 fand dieser auf einer Fläche von 345 ha statt. Damit war Deutschland im Jahre 2005 eines von fünf EU-Ländern, die transgene Pflanzen anbauten (außerdem Spanien, Tschechische Republik, Frankreich, Portugal). 2008 waren es in Deutschland bereits 3 171 ha und 11 Bt-Mais-Sorten, die auf dem *Event* Mon810 beruhten. Allerdings wurde der Anbau von Bt-Mais 2009 in Deutschland verboten. Als Grund

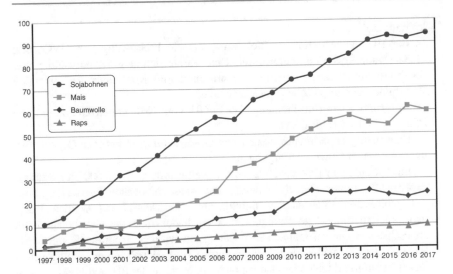

Abb. 6.9 Weltweite Anbauflächen für einzelne transgene Pflanzensorten. (Quelle: James C, ISAAA Report 1996–2017)

wurden neue Sicherheitsbedenken genannt, deren Stichhaltigkeit umstritten ist. 2010 fand in Deutschland ein Anbau gentechnisch veränderter Kartoffeln in geringem Umfang statt. Für 2011 waren nur zwei Hektar vorgesehen. Seit 2013 gibt es in Deutschland keinen Anbau transgener Pflanzen mehr.

Als erstes gentechnisch verändertes Nahrungsmittel wurde in Deutschland zeitweise der sogenannte „Butterfinger" der Firma Nestlé angeboten, der Cornflakes und Stärke aus gentechnisch verändertem (herbizidresistentem) Mais enthielt. Nestlé hatte das Produkt aufgrund der geringen Nachfrage bald wieder vom Markt genommen.

2018 wurden in den USA zum ersten Mal Genom-edierte Sojabohnen mit einer veränderten Fettsäurezusammensetzung angebaut, die 2019 als Speiseöl oder Müsliriegel vermarktet werden. Diese Sorte der Firma Calyxt aus Minnesota (USA) tragen an zwei Positionen gezielte Mutationen, so dass sie weniger gesättigte Fettsäuren und mehr Ölsäure enthalten. Während in den USA für diese Pflanzen und die Produkte mit *non-GMO* geworben werden darf, gelten sie in Europa als gentechnisch verändert und sind daher nicht zugelassen. Da aber diese Pflanzen in den USA als *non-GMO* gelten, gibt es keine Dokumentation der Mutationen, die daher in der EU auch nicht nachweisbar sind. Zukünftig werden sich derartige Produkte häufen und voraussichtlich zu massiven Problemen im Handelsverkehr mit den USA und einigen anderen Ländern (Argentinien, Brasilien, Kolumbien, Chile) führen, die Genom-edierte Pflanzen nicht als GVO betrachten.

Kernaussage

In der EU gelten definierte Richtlinien für die Freisetzung von GVOs und GVO- Nahrungs- und Futtermittel. Eine Kennzeichnung ist notwendig und detailliert ausgeführt. Sicherheit, Wahlfreiheit und Koexistenz sind wichtige Prinzipien der europäischen Gesetzeswerke.

Aufgrund einer Entscheidung des EuGH von 2018 gelten Genom-edierte Pflanzen in der EU als GVO.

Freisetzungsexperimente dienen der Untersuchung transgener Organismen unter normalen Umweltbedingungen.

Im Zeitraum von 1986 bis 2002 wurden weltweit mehr als 38 000 Freisetzungsexperimente (unter Berücksichtigung der unterschiedlichen Freisetzungsorte) mit zahlreichen Pflanzenarten durchgeführt. In Deutschland wurden lediglich 135 Experimente genehmigt, von denen leider viele wegen Sabotage nicht abgeschlossen werden konnten. Am häufigsten wurden Experimente mit Mais, Raps, Zuckerrübe und Kartoffel unternommen. Eine Aktualisierung der weltweiten Daten ist aufgrund fehlender Quellen nicht möglich. In der EU sind Freisetzungen stark rückläufig und finden nur in Einzelfällen statt. In Deutschland gibt es seit 2013 keine Freisetzungsexperimente mehr.

Seit 1996 werden transgene Pflanzen weltweit landwirtschaftlich genutzt. Besondere Bedeutung haben insbesondere transgene Sojabohnen-, Mais-, Baumwolle- und Rapssorten. Daneben steigt die Zahl anderer gentechnisch erzeugter Kultursorten. In der EU findet nur in Spanien ein nennenswerter Anbau von transgenen Pflanzen (Bt-Mais) statt.

Die Gesamt-Anbaufläche für transgene Pflanzen betrug 1996 1,7 Mio. ha und stieg bis 2010 auf 148 Mio. ha an. 2017 waren es 189,8 Mio. ha. Es gibt außerdem eine zunehmende Bedeutung der Gentechnik in Entwicklungs- und Schwellenländern, die 2017 Anbauflächen von 100,6 Mio. ha aufweisen, während es in den Industrieländern nur 89,2 Mio. ha waren.

Erstmalig wurden 2018 und 2019 Genom-edierte Sojabohnen in den USA angebaut, die dort als *non-GMO* bezeichnet werden.

Weiterführende Literatur

Bendiek J, Buhk H-J (2010) Risk assessment and economic applications – the Cartagena protocol on biosafty. In: Kempken F, Jung C (Hrsg) Genetic modification of plants – agriculture, horticulture and forestry. Springer, Berlin, S 631–648

Busch RJ (2010) Public perceptions of modern biotechnology and the necessity to improve communication. In: Kempken F, Jung C (Hrsg) Genetic modification of plants – agriculture, horticulture and forestry. Springer, Berlin, S 649

Eriksson D, Kershen D, Nepomuceno A, Pogson BJ, Prieto H, Purnhagen K, Smyth S, Wesseler J, Whelan A (2019) A comparison of the EU regulatory approach to directed mutagenesis with that of other jurisdictions, consequences for international trade and potential steps forward. New Phytol 222:1673–1684. https://doi.org/10.1111/nph.15627

James C (1996–2017) Global status of commercialized transgenic crops: 1996–2017. ISAAA Briefs. ISAAA, Thaca, NY

Kempken F, Jung C (2010) Genetic modification of plants – agriculture, horticulture and forestry. Springer, Berlin [mit mehreren Einzelartikeln zu verschiedenen Teilaspekten dieses Kap.]

Qaim M, Subramanian A (2010) Benefits of transgenic plants: a socioeconomic perspective. In: Kempken F, Jung C (Hrsg) Genetic modification of plants – agriculture, horticulture and forestry. Springer, Berlin, S 615–630

Raney T (2006) Economic impact of transgenic crops in developing countries. Curr Opin Biotechnol 17:174–178

Ricroch A, Bergé JB, Kuntz M (2010) Is the German suspension of MON810 maize cultivation scientifically justified? Transgenic Res 19:1–12

Zannoni L (2019) Evolving regulatory landscape for genome-edited plants. CRISPR J 2:3–8. https://doi.org/10.1089/crispr.2018.0016

Risiken der pflanzlichen Gentechnik

7

Inhaltsverzeichnis

Die Verwendung von transgenen Pflanzen ist insbesondere in der deutschen und europäischen Öffentlichkeit sehr umstritten und findet z. T. sogar breite Ablehnung Dies steht im deutlichen Widerspruch zur Meinung der meisten Fachwissenschaftler. Wie schon an anderer Stelle ausgeführt, besteht hier offenbar ein Kommunikations- und Vertrauensproblem. Der Begriff „Risiko", der von „*risicare* = etwas wagen" stammt, wurde von der WHO 2000 wie folgt definiert: „Wahrscheinlichkeit für das Auftreten einer adversen Wirkung unter spezifizierten Umständen". Eine andere Beschreibung ist die „Wahrscheinlichkeit einer Gefährdung". In der öffentlichen Debatte zeigt

© Springer-Verlag GmbH Deutschland, ein Teil von Springer Nature 2020
F. Kempken, *Gentechnik bei Pflanzen*, https://doi.org/10.1007/978-3-662-60744-2_7

sich, dass die Beurteilung des Risikos transgener Organismen von Fachwissenschaftlern einerseits und NGO andererseits oft sehr unterschiedlich ausfällt. Die Nobelpreisträgerin Nüsslein-Volhard äußerte sich dazu vor einigen Jahren: *„Das Verbot des Anbaus von Bt-Mais ist ein erschreckendes Signal"*. Die deutschen Forschungsorganisationen wie die Deutsche Forschungsgemeinschaft, die Leibniz-Gemeinschaft oder die Max-Planck-Gesellschaft unterstützen die Grüne Gentechnik.

In den späten Achtzigerjahren und zu Beginn der Neunzigerjahre des letzten Jahrhunderts gab es Proteste gegen gentechnisch hergestellte Medikamente. 2019 waren 179 Arzneimittel mit 137 gentechnisch hergestellten Wirkstoffen in Deutschland zugelassen. Der offensichtliche Nutzen hat anscheinend dazu geführt, dass die damit verbundenen Risiken akzeptiert oder als beherrschbar eingestuft werden, da es sich um geschlossene Fermenteranlagen o. Ä. handelt. Hinsichtlich der gentechnisch erzeugten Pflanzenprodukte wird vom Endverbraucher bislang offensichtlich kein Nutzen gesehen, der die tatsächlichen oder vermeintlichen Risiken rechtfertigen könnte.

Kritiker warnen oft vor unbekannten Risiken transgener Pflanzen, deren Abschätzung nicht möglich sei. Diese Besorgnis lässt sich *per se* nicht widerlegen, da man Restrisiken nie gänzlich ausschließen kann. Das dahintersteckende Problem oder der Wunsch nach völliger Risikofreiheit ist zwar verständlich, muss aber unerfüllbar bleiben. Konsequent weitergeführt, würden derartige Überlegungen ein Ende jedweder Neuentwicklung im wissenschaftlich-technischen Bereich zur Folge haben. Die Risiken einer derartigen Entwicklung sind allerdings erst recht nicht mehr abzusehen.

Ein anderer Aspekt betrifft die unbekannten Langzeiteffekte von transgener Pflanzennahrung auf den Menschen, die manche befürchten. Da es sich um eine relativ neue Methode der Pflanzenzüchtung handelt, gibt es natürlich noch keine Studien dieser Art. Die lange Erfahrung mit Pflanzen im Allgemeinen und die Tatsache, dass DNA und Proteine im Verdauungstrakt von Mensch und Tier weitestgehend abgebaut werden, lassen aber den Schluss zu, dass negative Langzeiteffekte nicht zu erwarten sind. So nimmt ein Mensch bis zu 1 g DNA pro Tag mit der Nahrung auf, die im Magen-Darmtrakt vollständig abgebaut wird. Dabei geht die enthaltene genetische Information verloren. Dazu kommen geschätzt Hunderttausende von Proteinen, die ebenfalls vollständig verdaut werden. Eine Langzeitstudie mit Fütterung von gentechnisch veränderten Pflanzen über mehrere Tiergenerationen kommt zu der gleichen Einschätzung.

Eine Vereinfachung komplexer Risikoszenarien im Sinne von „DIE Gentechnik ist …" ist nicht zielführend. Es ist unmöglich und auch unseriös, pauschal jedwede gentechnische Veränderung abzulehnen oder zu befürworten. Es wird immer eine Einzelfallprüfung notwendig sein. Diese Überlegung hat zwei wichtige Konsequenzen für eine sachliche Diskussion:

- Wenn eine transgene Pflanze mit einer bestimmten Eigenschaft für Mensch und Umwelt unbedenklich ist, so gilt dies nicht automatisch für andere transgene Pflanzen mit anderen Merkmalen.
- Falls nachteilige Eigenschaften einer bestimmten transgenen Pflanzenlinie beobachtet werden, ist dies kein Grund, alle transgenen Pflanzen als gefährlich zu bezeichnen.

2013 wurde eine Analyse von fast 1800 Einzelstudien zur Sicherheit transgener Pflanzen veröffentlicht, die zu dem Schluss kommt, dass das Risiko transgener Pflanzen dem von konventionell gezüchteten Pflanzen entspricht. Ein 2017 veröffentlichtes „Genetic Literacy Project" (https://geneticliteracyproject.org/2017/06/19/gmo-20-year-safety-endorsement-280-science-institutions-more-3000-studies/) kommt sogar zu dem Schluss, dass unter Berücksichtigung von mehr als 3000 wissenschaftlichen Studien, die die Auswirkung von gentechnisch veränderten Organismen auf die menschliche Gesundheit und die Umwelt untersucht haben, kein größeres Risiko besteht als bei konventionellen Pflanzenzüchtungsmethoden. 284 wissenschaftliche oder technische Institutionen werden darin genannt, die die Sicherheit von gentechnisch veränderten Pflanzen und ihre Vorteile anerkennen.

Weitere Daten stammen aus der umfassenden Analyse von Gerstesorten. Dort hat man die Genome von konventionellen und durch gentechnische Veränderungen erzeugten Sorten verglichen. Außerdem wurden die Transkriptome und Metabolome untersucht. Dabei stellte man, wie erwartet, kaum Unterschiede zwischen gentechnisch veränderten Gerstenpflanzen und den nichttransgenen Ausgangslinien fest. Dies galt weder in Bezug auf die Metabolite noch in Bezug auf die Genexpression. Dagegen waren die Unterschiede zwischen den konventionellen Sorten sehr groß: Circa 1600 Gene wurden unterschiedlich reguliert.

Für die weitere Besprechung wurde eine Trennung in vier Bereiche vorgenommen: die begleitende Sicherheitsforschung, Risiken für Umwelt und Ökosysteme, Risiken für den Menschen und ein Vergleich der Risiken traditioneller und moderner Methoden.

7.1 Begleitende Sicherheitsforschung

Dem Bereich der begleitenden Sicherheitsforschung wird große Bedeutung zugemessen, gilt es doch, möglichst gut die potenziellen Folgen der Verwendung transgener Pflanzen, besonders beim Anbau im Freiland, abzuschätzen. Hierbei spielt die Komplexität der Ökosysteme eine große Rolle. Dies soll an einem Beispiel verdeutlicht werden: Eine transgene Pflanze wird in Mitteleuropa auf einem Feld angebaut. Auch der Pollen dieser Pflanzen trägt das Transgen. Daher ist es nötig festzustellen, wie weit der Pollen z. B. vom Wind verbreitet wird. Bei einer insektenbestäubten Pflanze spielt außerdem die Bevorzugung des Insektes für andere nahe verwandte Arten eine Rolle. Falls es zur Bestäubung nahe verwandter Wildarten kommt, muss gefragt werden, ob diese dann ebenfalls herbizidresistent werden. Dies hätte nachteilige Auswirkungen für den Landwirt. Auch ist zu fragen, ob die Pflanzen dadurch Eigenschaften erhalten können, die Auswirkungen auf ihre Ausbreitung haben. Die Anwendung eines Herbizides mag im Übrigen auch Auswirkungen auf die Bodenflora und -fauna haben. Nach der Ernte verbleiben Reste der Pflanzen auf und im Erdboden. DNA wird aus den Pflanzenresten austreten, darunter auch das Transgen. Man muss sich fragen, wie lange DNA im Erdboden überdauert und ob sie auf Bodenorganismen übertragen werden kann.

Die Aufzählung möglicher Probleme ist sicher nicht vollständig, aber das Beispiel zeigt dennoch die Komplexität der Vorgänge. Aufgrund zahlreicher Untersuchungen hat man eine recht gute Vorstellung über sehr viele der angerissenen Probleme. Die nachfolgenden Unterabschnitte stellen exemplarisch Beispiele für begleitende sicherheitsrelevante Forschung dar.

Derartige Untersuchungen werden von unabhängigen Fachleuten durchgeführt. Entsprechende Projekte wurden und werden von der EU bzw. den zuständigen deutschen Behörden in erheblichem Umfang finanziell gefördert. Diese Anmerkung ist wichtig, da gelegentlich die Befürchtung ausgesprochen wird, dass unangenehme Befunde verschwiegen würden. Dies ist schon deshalb unzutreffend, weil derartige Beobachtungen von hohem wissenschaftlichem Wert sind und in Form einer Veröffentlichung das wissenschaftliche Ansehen der betreffenden Forscher fördern können. Zudem würde das Verschweigen wichtiger Fakten dem Charakter der Wissenschaft entschieden widersprechen.

7.1.1 Nachweis der Übertragung von Transgenen durch Pollen

Eine Übertragung von Transgenen auf andere Arten durch Pollen ist dann möglich, wenn nahe verwandte Arten im Umfeld der Anbauflächen existieren. Dies gilt in Deutschland beispielsweise für Raps und Kohlsorten, nicht aber für Nachtschattengewächse wie Kartoffel, Tomate oder Tabak, die in Europa keine verwandten Arten besitzen. Wenn durch Pollen rekombinante Nukleinsäuren auf verwandte Arten übertragen werden, kann dies zu einem veränderten Verhalten im Freiland führen. Derartige Vorgänge sind z. B. Gegenstand aktueller ökologischer Forschung. Hierbei ist unter anderem zu berücksichtigen:

- die Häufigkeit des Gentransfers,
- die ökologische Leistung von Hybriden transgener Nutz- und Wildpflanzen,
- die potenziellen ökologischen Vorteile, die dadurch vermittelt werden,
- und die sich somit ergebende Konkurrenzkraft gegenüber anderen Pflanzen.

Diese komplexen Probleme müssen durch ökologisch geschulte Fachwissenschaftler untersucht werden. Bis abschließende Daten vorliegen, vergehen oft viele Jahre.

Bereits vor einigen Jahren wurde die Übertragung von Transgenen durch Pollen vom Raps auf den sehr nahe verwandten Rübsen und andere Arten gezeigt. Über die möglichen ökologischen Auswirkungen derartiger Prozesse wird noch zu sprechen sein (Abschn. 7.2). Als Beispiel für eine begleitende Sicherheitsforschung seien hier Arbeiten angeführt, die unter Verwendung von Glufosinat-resistenten transgenen Winterraps entstanden sind. Untersucht wurde die Übertragung des Herbizidresistenzgens auf die umgebende Mantelsaat (ein acht Meter breiter Streifen von nichttransgenen Rapspflanzen um das Feld) sowie auf 200 m entfernte, nichttransgene Kontrollpflanzen im Umkreis der Freisetzungsfläche. Durch die Verwendung einer dichten Mantelsaat gelang es zwar, die verbreitete Pollenmenge um 90 % zu reduzieren, dennoch konnten Auskreuzungen, also Übertragung der transgenen DNA durch Pollen, in Höhe von 0,017 % bzw. 0,06 % nachgewiesen werden. Frühere Untersuchungen hatten zu geringeren Werten geführt. Hierbei mag die Größe der Anbaufläche und der daraus resultierende „Pollendruck" eine Rolle gespielt haben. In Einzelfällen ist es aber schon gelungen, transgenen Raps-pollen noch in 4 km Entfernung von den entsprechenden Pflanzen nachzuweisen. Hierbei wurden aber mit empfindlichen Methoden stets nur einzelne Pollenkörner nachgewiesen.

Ähnliche Ergebnisse ergaben auch Untersuchungen zur Verbreitung von Pollen durch blüten-besuchende Insekten. Hier konnten in 100 m Entfernung noch Auskreuzungen von 0,5 % nachgewiesen werden.

Als Konsequenz dieser Untersuchungen bleibt festzuhalten, dass bei Verwendung transgener Pflanzen eine Übertragung von Pollen auf verwandte Wildarten oder Kulturpflanzen nicht ausgeschlossen werden kann. Diese Ausbreitung weist allerdings eine räumliche Einschränkung auf, da die Pollenverbreitung, von Aus-nahmen abgesehen, meist auf wenige Hundert Meter oder noch geringere Abstände beschränkt bleibt. Dennoch kann je nach räumlicher Situation und Verteilung der Felder ein Problem der Koexistenz auftreten, insbesondere wenn Felder mit trans-genen Pflanzen benachbart zu solchen mit ökologischem Anbau liegen. Diesem Problem versucht der Gesetzgeber mit Abstandsregeln entgegenzuwirken (siehe Kap. 6).

Modellierungen des Pollenfluges unter Berücksichtigung der tatsächlichen Lage von Feldern in Schleswig-Holstein zeigen Probleme bei der Koexistenz von konventionellem und ökologischem Anbau einerseits und Anbau transgener Pflanzen andererseits auf engem Raum an. Hier könnte eine Änderung der Grenzwerte für gentechnisch veränderte Anteile bei konventionellen und ökologisch erzeugten Nahrungsmitteln eine Lösung bringen oder eine deutliche räumliche Tren-nung in verschiedene Anbaugebiete. Diese Problematik besteht insbesondere für den Anbau von Rapspflanzen, aber auch für Anbau von Mais. Aktuell (2019) gibt es allerdings ohnehin keine Genehmigung für transgenen Raps- oder Maisanbau in Deutschland.

7.1.2 Untersuchungen zur Persistenz von DNA im Boden

Hier sind Arbeiten zu nennen, die gezeigt haben, dass DNA, die aus transgenen Pflanzen freigesetzt wurde, eine höhere **Persistenz** im Boden hat, als ursprüng-lich angenommen. Es wurde gezeigt, dass 30 % bis 80 % der eingebrachten DNA in verschiedenen Bodensorten an Bodenpartikel adsorbiert und in dieser Form relativ stabil ist. Während nichtadsorbierte DNA innerhalb von 24 h durch im Boden befindliche DNasen abgebaut wurde, konnte an Bodenpartikel adsorbierte DNA noch nach einigen Tagen nachgewiesen werden. Auch das Transformations-potenzial für Bakterien blieb für die adsorbierte DNA deutlich länger erhalten. Als Konsequenz derartiger Untersuchungen ist zu fordern, dass in transgenen Pflan-zen, die zur Freisetzung vorgesehen sind, keine Nukleotidsequenzen mit Risiko-potenzial enthalten sein dürfen. Hierfür würde man allerdings wohl kaum eine Genehmigung erhalten.

Zu den Nukleotidsequenzen mit Risikopotenzial zählt nicht das früher häufig verwendete Kanamycinresistenzgen, da dieses bei vielen Bodenmikroorganismen natürlicherweise schon vorhanden ist. Durch eine Übertragung dieses Gens würde somit kein neues oder größeres Risiko entstehen.

7.1.3 Untersuchungen zur Übertragung von Pflanzengenen auf Mikroorganismen im Boden

Die Übertragung von Nukleinsäuren zwischen verschiedenen Arten wird als **horizontaler Gentransfer** bezeichnet. Es ist grundsätzlich bekannt, dass ein horizontaler Gentransfer zwischen Mikroorganismen relativ häufig vorkommt. Davon zu unterscheiden ist aber die Übertragung von Pflanzen-DNA auf Mikroorganismen. Experimentell ist ein Gentransfer im Freiland von Pflanze zu Mikroorganismus bislang nicht nachgewiesen worden. Unter Fachleuten wird die Meinung vertreten, dass ein horizontaler Gentransfer von Pflanzen zu Mikroorganismen zwar nicht auszuschließen, aber extrem unwahrscheinlich ist.

Eine Studie an Hirse und dem Bakterium *Erwinia chrysanthemi* geht von einer minimalen Wahrscheinlichkeit für einen solchen horizontalen Gentransfer aus. Als weiteres Beispiel würde bei 100 000 kg Kartoffeln und 100 Trillionen Bakterien statistisch nur einmal eine Übertragung von einem Gen aus der Kartoffel auf ein Bakterium zu beobachten sein. Ein solch seltener Vorgang ist daher in der Praxis irrelevant. Somit kommt der Übertragung von Nukleinsäuren von Pflanzen auf Mikroorganismen nach heutigem Kenntnisstand kaum eine Bedeutung zu.

Natürlicherweise werden ständig große Mengen Pflanzenmaterial von Mikroorganismen abgebaut. Wenn häufig Pflanzen-DNA von Mikroorganismen aufgenommen und in ihre eigene DNA integriert würde, so müsste sich die Pflanzen-DNA in solchen Mikroorganismen nachweisen lassen. Trotz der schon recht umfangreichen bislang durchgeführten vollständigen Sequenzierungen bei Bakterien und Pilzen gibt es aber keinen Hinweis auf einen häufigen Gentransfer zwischen Pflanzen und Mikroorganismen.

7.1.4 Analyse der möglichen Aufnahme von Transgenen mit der Nahrung

Eine für den Konsumenten transgener Pflanzenprodukte wichtige Frage ist die Persistenz aufgenommener Nukleinsäuren im Magen-Darm-Trakt und insbesondere die denkbare Übertragung von Resistenzgenen auf die **bakterielle Darmflora.** Um dies zu überprüfen, wurden Mäuse mit definierten DNA-Mengen eines **Bakteriophagen** gefüttert. Untersucht wurde, ob in Blut und Stuhl DNA dauerhaft nachweisbar sind. In beiden Fällen konnte DNA kurzzeitig nachgewiesen werden, diese war aber nach einigen Stunden vollständig abgebaut.

Außerdem wurde getestet, ob die DNA des Phagen auf Bakterien übertragbar ist. Derartige Vorgänge waren aber in keinem Fall nachweisbar. Daher kann man davon ausgehen, dass die Aufnahme von DNA unbedenklich ist. Dies ist nicht erstaunlich, weil Tiere und Menschen mit ihrer Nahrung ständig große Mengen fremder DNA aufnehmen. So geht man beispielsweise davon aus, dass ein Mensch im Durchschnitt pro Tag etwa ein Gramm DNA mit seiner Nahrung aufnimmt.

Die mit der Nahrung aufgenommene DNA wird, wie alle anderen Nahrungskomponenten auch, im Verdauungstrakt abgebaut und stellt somit kein Gefährdungspotenzial dar, auch wenn DNA-Bruchstücke zeitweilig im Blut und Geweben von Versuchstieren nachweisbar sind.

Die Sequenzierung des menschlichen Genoms ergab ebenfalls keine Hinweise darauf, dass dem **horizontalen Gentransfer** über die Nahrung eine Bedeutung zukommt. Als Fazit bleibt festzuhalten, dass ein horizontaler Gentransfer durch mit der Nahrung aufgenommene DNA als extrem unwahrscheinlich anzusehen ist.

In der Zwischenzeit wurde auch die Aufnahme von transgenem Protein, insbesondere von Bt-Toxin, intensiv getestet. Hierzu wurden nicht nur die üblichen Labortiere, sondern auch Schweine, Kühe und sogar Hirsche untersucht. Zusammengefasst zeigen diese Daten, dass die transgenen Proteine weitestgehend im Laufe der Verdauung abgebaut werden, Spuren davon aber im Kot nachweisbar sind. Hinweise auf eine schädigende Wirkung ließen sich nicht finden.

7.2   Gefahren für Umwelt und Ökosysteme

Der Einfluss, den gentechnisch veränderte Pflanzen im Freiland auf benachbarte Ökosysteme haben, war und ist Gegenstand intensiver Forschung und kontroverser Debatten. Wie im Folgenden gezeigt wird, gibt es hier keine einfachen Antworten, denn die Auswirkungen sind ebenso komplex und ineinander verflochten, wie es auch die Ökosysteme sind. Bei den Risiken sind verschiedene Probleme zu unterscheiden: So könnten sich gentechnisch veränderte Organismen unkontrolliert ausbreiten und andere Arten im Ökosystem verdrängen. Weiterhin besteht die Möglichkeit, dass Teile der Pflanze, Pflanzensekrete, Pollen oder Samen einen schädlichen Einfluss ausüben. Außerdem ist die Übertragung von genetischem Material auf nahe verwandte Arten zu berücksichtigen (Tab. 7.1). Hierbei muss man gleichzeitig auch die positiven Chancen abwägen oder die Risiken transgener Nutzpflanzen mit denen herkömmlicher Pflanzen vergleichen (siehe Abschn. 7.4).

Tab. 7.1 Mögliche Beeinflussung der Umwelt durch gentechnisch veränderte Pflanzen. (Verändert nach Dale et al. 2002)

Beeinflussung	Beispiele für potenzielle Risiken
Chemische Interaktion mit Lebewesen	Unbeabsichtigte Auswirkungen von Insektenresistenz auf „Nützlinge"; Konsequenzen der Anreicherung von Bt-Toxin im Boden
Veränderungen der Persistenz oder Invasivität von Nutzpflanzen	Überdauerungsfähigkeit bei Fruchtwechsel, Einwanderung in natürliche Habitate
Horizontaler Gentransfer durch Pollenübertragung auf Unkräuter	Transfer von Herbizidresistenz auf Unkräuter; Transfer von Resistenz gegen biotischen oder abiotischen Stress auf Unkräuter
Reduzierte Effektivität von Pestiziden oder Herbiziden	Entstehung von Resistenzen gegen Insektizide oder Herbizide durch Selektion resistenter Linien
Einfluss auf Biodiversität	Einsatz von Totalherbiziden
Einfluss auf Boden und Grundwasser	Veränderungen der Herbizidanwendung; Veränderung von landwirtschaftlichen Methoden

7.2.1 Unkontrollierte Ausbreitung von Pflanzen

Eine mit der Freisetzung transgener Pflanzen verbundene Befürchtung ist, dass diese sich unkontrolliert ausbreiten könnten und so nachteilige Veränderungen der heimischen Flora bewirken. Tatsächlich kennt man solche Probleme eher von Neophyten. Das sind Pflanzen, die sich in Gebieten ansiedeln, in denen sie zuvor nicht heimisch waren. So hat die Verbreitung der aus Amerika stammenden Wasserpflanze *Elodea canadensis* beinahe zum Erliegen der Schifffahrt in Deutschland geführt. Daher auch der Trivialname Wasserpest.

Die Verbreitung des ursprünglich aus dem Kaukasus stammenden, vergleichsweise großwüchsigen Riesenbärenklaus *(Heracleum mantegazzianum)* in Deutschland ist ein anderes Beispiel dieser Art aus jüngerer Zeit. Weitere ließen sich anführen. Ein derartiges Ereignis ist trotz der Durchführung von Tausenden von Freisetzungsexperimenten mit transgenen Pflanzen nie aufgetreten.

Einschränkend muss man allerdings hier anführen, dass nur bei ungefähr 1 % aller weltweit durchgeführten Freisetzungen eine umfangreiche ökologische Begleitforschung stattgefunden hat. Bei den Freisetzungen in Deutschland gilt dies für etwa 15 % der Fälle.

Tatsächlich sind die Vorgänge aber auch nicht ganz vergleichbar, denn im Falle der Wasserpest oder des Riesenbärenklaus gelangte eine Spezies in ein für sie fremdes Ökosystem und verbreitete sich dort unkontrolliert. Im Falle der transgenen Pflanzen werden Pflanzen, die in den jeweiligen Ökosystemen seit langer Zeit vorkommen oder zumindest in der Landwirtschaft etabliert sind, nur in einigen wenigen Merkmalen verändert. In diesen Fällen ist kein dramatischer Einfluss auf die Ausbreitung im Ökosystem zu erwarten. Viele Ökologen gehen allerdings davon aus, dass eine gewisse Einbürgerung und Ausbreitung stattfinden wird. Dies kann man insbesondere beim Raps erwarten, der auch abseits der Felder anzutreffen ist (Abb. 7.1). Wie sich diese Pflanzen verhalten, hängt von den vermittelten Eigenschaften ab und ob diese den Pflanzen einen ökologischen Vorteil verschaffen.

Es ist festzustellen, dass bislang keine Befürchtungen bei durch konventionelle Züchtung erzeugten Pflanzen geäußert wurden, obwohl das Risiko einer ungehinderten Ausbreitung dort grundsätzlich auch vorhanden ist (vgl. Abschn. 7.4).

7.2.2 Toxische Effekte von transgenen Pflanzen auf Tiere im Ökosystem

In Abhängigkeit von der Art der Veränderung an Pflanzen sind unter Umständen toxische Effekte auf andere Organismen im Ökosystem denkbar. Dies ist gelegentlich sogar erwünscht, wenn man zum Beispiel an die Herstellung insektenresistenter Pflanzen denkt. Andererseits sollte dieser Effekt so spezifisch wie möglich sein, um Auswirkungen auf andere Arten weitgehend auszuschließen. Dies wurde zum Beispiel bei den ersten Freisetzungen mit Maispflanzen, die eine Variante des *Bacillus-thuringensis-Toxins* trugen (Bt-Mais), umfangreich getestet. 2007 zeigte sich bei der

Abb. 7.1 Rapspflanzen am Straßenrand. Das dahinter liegende Feld war im Vorjahr mit Raps bepflanzt (Foto F. Kempken)

Auswertung von 42 Einzelstudien, dass die Artenvielfalt in Bt-Mais-Feldern höher als in konventionellen Feldern ist, weil auf den Einsatz von Insektiziden weitgehend verzichtet werden kann. Auch ein Einfluss auf Honigbienen wurde nach der Auswertung von 25 Laborstudien 2008 ausgeschlossen. Zur Gefährdung von Schmetterlingen siehe Box 7.1.

Bt-Toxine können von den Wurzeln transgener Pflanzen in den Boden abgegeben werden. Ein Effekt auf das Ökosystem des Bodens erscheint unwahrscheinlich, da Untersuchungen zeigen, dass Bt-Toxine im Boden schnell abgebaut werden und sich dort nicht anreichern. Bei entsprechenden Versuchen mit Würmern zeigten selbst Konzentrationen von Bt-Toxinen keine Wirkung, die tausendfach höher waren als solche, die tatsächlich im Boden vorkommen. Dieses Ergebnis ist auf die hohe Spezifität der Bt-Toxine zurückzuführen (siehe Kap. 5).

Wichtig bei der Anwendung von transgenen Pflanzen, die Varianten des *Bacillus-thuringensis-Toxins* tragen, ist, ausreichend große Bereiche der Nutzfläche mit konventionellen Pflanzen anzubauen (Rückzugsgebiete), um einer schnellen Entwicklung von Resistenzen vorzubeugen. Das ist notwendig, weil jede Pestizidbehandlung einen bestimmten Anteil resistenter Insekten überleben lässt. Ohne die Rückzugsgebiete würden sich die resistenten Formen sehr schnell durchsetzen, da sie einen selektiven Vorteil aufweisen. Daher wird der zusätzliche Anbau konventioneller Pflanzen z. B. Landwirten in den USA, die Bt-Baumwoll-Saatgut kaufen, von der Lieferfirma des Saatgutes zwingend vorgeschrieben.

Box 7.1

Monarchfalter und Bt-Toxin

1999 wurde in Laborversuchen gezeigt, dass der Pollen von Bt-Mais auch für Raupen des nicht schädlichen Monarchfalters (*Danaus plexippus*, Abb. 7.2) toxisch ist. Der Umstand der Toxizität selbst ist nicht verwunderlich, denn der Mais wurde ja genetisch so verändert, dass er für Schmetterlingsraupen toxisch ist (siehe Kap. 5). In dem betreffenden Experiment wurden Futterpflanzen künstlich mit Bt-Maispollen bestreut. Offenbar nehmen die Raupen des Monarchfalters den Maispollen mit ihrer Futterpflanze auf und haben dadurch eine niedrigere Überlebensrate.

Obwohl es sich bei dem Experiment lediglich um einen sehr begrenzten Versuch mit nur sehr wenigen Raupen handelte und dieses Experiment unter Bedingungen durchgeführt wurde, die von denen im Freiland entschieden abweichen, hatte die Studie zu erheblichem Aufsehen in den Medien geführt. Einige Staaten haben damals sogar ein Einfuhrverbot der betreffenden Maissorten erlassen. Dabei wurde aber übersehen, dass eine Freilanduntersuchung zum gleichen Thema zu ganz anderen Ergebnissen kam. In dieser Untersuchung wurde gezeigt, dass im Freiland die Schädigung der Raupen viel geringer war. Die maximale Abtötungsrate betrug selbst in den Maisfeldern nur 19 %. In diesem Bereich kommt aber der geringste Anteil der Monarchfalterraupen vor. Die Unterschiede in den Studien beruhen wahrscheinlich darauf, dass im Laborversuch die Raupen kaum eine andere Wahl hatten, als den Pollen aufzunehmen, während sie im Freiland offenbar dem Pollen in geringerem Maße ausgesetzt sind.

Abb. 7.2 Monarchfalter. (Foto F. Kempken)

So leben die Falter im Freiland nicht auf und von Maispflanzen, sondern auf einem Wolfsmilchgewächs, das normalerweise nicht direkt neben Maisfeldern wächst. Außerdem ist der Pollenflug von Mais auf wenige Tage beschränkt, und zumindest in den USA sind Pollenflug und Raupenwachstum zeitlich um einige Wochen versetzt. Schließlich sollte man auch darauf verweisen, dass der Monarchfalter in sehr großen Populationen vorkommt und durch den Bt-Mais nicht in seinem Bestand gefährdet ist. Dies wurde seitdem in zahlreichen Studien mehrfach belegt. Es gibt zurzeit keine seriösen Studien, die einen signifikanten Effekt von Bt-Toxin auf andere Insekten als die Schädlinge belegen.

Ungewollte schädliche Effekte transgener Pflanzen auf andere Organismen im jeweiligen Ökosystem sind bei Verwendung von Bt-Toxinen nicht ganz auszuschließen. Sie betreffen allerdings nur Insekten, die zum Wirtsspektrum der Toxine zählen. Diese Effekte müssen abgewogen werden gegen die Auswirkungen durch die sonst übliche Verwendung von Insektiziden. Umfangreiche Freilandstudien ergeben bislang keine Belege für eine nennenswerte Schädigung von Insekten durch Bt-Toxine.

7.2.3 Übertragung von Transgenen durch Pollen

Die Übertragung von Pollen transgener Pflanzen auf andere Nutzpflanzen oder Wildformen ist nicht auszuschließen. Im Gegenteil, man muss nach dem Stand der Wissenschaft davon ausgehen, dass eine solche Übertragung gelegentlich erfolgen wird (siehe Abschn. 7.1.1). Fraglich sind lediglich das Ausmaß dieser Übertragung und deren Auswirkungen auf die Umwelt. Wenn sich die Beständigkeit einer Pflanze im Biotop (Persistenz) erhöht, so kann dies zu einer stärkeren Ausbreitung der Pflanze, unter Umständen auch in andere Biotope (Invasivität), führen. Ob dies aber immer nachteilig ist, sei dahingestellt. Wenn beispielsweise eine vom Aussterben bedrohte Wildpflanze durch ein zufällig erworbenes Transgen im Bestand wieder zunimmt, so wäre dies sogar ausgesprochen vorteilhaft. Diese Möglichkeit ist grundsätzlich genauso wahrscheinlich oder unwahrscheinlich wie eine negative Auswirkung. Ein weiterer Aspekt ist die Eigenschaft, die von einem Transgen vermittelt wird. Wird z. B. ein Gen für eine Herbizidresistenz auf Pflanzen übertragen, die weit entfernt von Anbaugebieten wachsen, wird kein selektiver Vorteil vermittelt. Andererseits ist nicht auszuschließen, dass die Übertragung einer Insektenresistenz einer Wildpflanze einen selektiven Vorteil vermittelt.

Nicht immer wird eine Übertragung von Pollen ohne weitere Maßnahmen vermeidbar sein. Dies gilt beispielsweise für die Familie der Brassicaceen, von denen in Mitteleuropa sowohl Kulturformen als auch Wildarten existieren. Insbesondere die Übertragung von Pollen, der von transgenem Raps stammte, auf verschiedene Wildpflanzen wurde mehrfach dokumentiert.

Von Bedeutung ist auch die Art der Befruchtung der Pflanzen, denn Windbestäubung ist sicher anders einzuschätzen als Tierbestäubung. Größe, Gewicht und Form der Pollenkörner spielen ebenfalls eine wichtige Rolle. Wichtig ist auch, ob z. B. Selbstbestäubung überwiegt. So bestäuben sich Blüten bei Weinreben zum Beispiel zu 99 % selbst, d. h., die Pollenübertragung von Blüte zu Blüte ist relativ unbedeutend. Anders wäre auch ein Anbau verschiedener Weinreben (z. B. Riesling und Silvaner) dicht an dicht gar nicht möglich.

Hinsichtlich der Ausbreitung von Pollen stellt sich die Frage, inwieweit dies tatsächlich relevant ist, denn auch im konventionellen Landbau stehen oft nahe verwandte Arten auf Feldern dicht beieinander. Schon vor vielen Jahrzehnten hat man herausgefunden, dass ein Abstand von mindestens 70 m zwischen zwei Feldern ausreichend ist, um eine nennenswerte Kreuzbefruchtung zu vermeiden.

Es ergeben sich jedoch Konflikte aufgrund unterschiedlicher Anbaumethoden. Grenzen beispielsweise Felder von konventioneller und ökologischer Landwirtschaft aneinander, dann wird der Öko-Landwirt auch eine geringe Kreuzbefruchtung als unerwünscht auffassen. Auch beim Anbau von Pflanzen, die therapeutische Proteine herstellen, ist ein Pollentransfer unerwünscht. Bei entsprechend kleinteiliger Parzellierung kann sogar eine Koexistenz unmöglich werden. Daher gibt es zunehmend Überlegungen, wie man die Verbreitung von Transgenen über den Pollen verhindern kann. Eine Möglichkeit ist, die entsprechenden Transgene z. B. pollenspezifisch zu entfernen. Hierfür geeignete Methoden wurden in Kap. 3 und 4 vorgestellt. Tab. 7.2

Tab. 7.2 Möglichkeiten zur Vermeidung der Übertragung von Transgenen durch Pollen. (Verändert nach Daniell 2002)

Methode	Vorteil	Nachteil	Status
Mütterliche Vererbung (Plastidentransformation)	Verhindert Übertragung durch den Pollen; hohe Expression	Nur für Proteine, die in Plastiden wirksam sind	Bislang für Tabak, Kartoffel und Tomate gezeigt; muss weiterentwickelt werden für andere Pflanzen
Männliche Sterilität	Verhindert Übertragung; mehrere geeignete Promotoren vorhanden	Keine Fruchtbildung solcher Pflanzen; daher Kreuzbefruchtung notwendig, Gefahr der Introgression	Rapslinien sind kommerziell erhältlich
Samensterilität	Verhindert Pollenübertragung und Samenverbreitung		Nicht in Feldversuchen gezeigt
Zeitliche und gewebespezifische Kontrolle durch induzierbare Promotoren	Aktivierung des Transgens nur dann und dort, wo es tatsächlich benötigt wird, oder Exzision des Transgens vor der Blüte	Nicht anzuwenden für Eigenschaften, die in allen Geweben und zu allen Zeiten benötigt werden; geringe Mengen des Transgens bleiben evtl. erhalten	Bislang nicht in transgenen Pflanzen getestet

vergleicht einige weitere Optionen, die zurzeit diskutiert werden bzw. sich in der Erprobung befinden. Einige wichtige Überlegungen sind nachstehend genannt:

– Verwendung transgener Pflanzen, die keine natürlichen Verwandten in einem bestimmten Ökosystem haben. In Mitteleuropa gilt dies zum Beispiel für Kartoffel, Mais, Tabak oder Tomate.
– Die genetische Veränderung von Plastiden statt des Zellkerns, da Plastiden bei den meisten Pflanzen nicht über den Pollen vererbt werden (vgl. Abschn. 3.1.2).
– Allerdings ist auch diese Möglichkeit anscheinend nicht hundertprozentig, denn in einer entsprechenden Untersuchung konnte eine seltene Übertragung von Genen aus den Plastiden in den Zellkern gezeigt werden. Es ist aber sehr unwahrscheinlich, dass die übertragenen DNA-Abschnitte dann auch funktionell sind.
– Schließlich könnten ggf. auch männlich sterile Pflanzen verwendet werden, die keinen Pollen bilden können (siehe Kap. 5). Diese Möglichkeit scheidet aber in all den Fällen aus, wo die Früchte der betroffenen Pflanzen geerntet werden sollen.

Abschließend sei auf einen weiteren wichtigen Aspekt verwiesen, denn auch bei konventioneller Züchtung gelangt Pollen auf verwandte Wildpflanzen. Es ist eine, wenn auch nicht allgemein bekannte Tatsache, dass das Einbringen von Resistenzgenen in konventionelle Zuchtlinien auch eine Erhöhung der Resistenz bei verwandten Wildformen zur Folge hat. Es ist daher falsch, solche möglichen Probleme nur bei transgenen Pflanzen zu monieren (vgl. Abschn. 7.4.2). Vielmehr wäre es wünschenswert, den Einfluss derartiger Kreuzbefruchtungen sowohl bei konventionellen als auch bei transgenen Nutzpflanzen zu studieren.

7.3   Gefahren für den Menschen

Naturgemäß ist dieser Risikobereich für den Menschen als Konsumenten transgener Pflanzen, bzw. von Produkten solcher Pflanzen, von größter Bedeutung. Für den Bereich der transgenen Pflanzen lassen sich die folgenden denkbaren Risiken nennen:

– Die Übertragung von Antibiotikaresistenzen von Pflanzen auf pathogene Mikroorganismen im Darm.
– Die mögliche Toxizität der Genprodukte der verwendeten Resistenzgene.
– Allergien durch Genprodukte eingebrachter Transgene.
– Ungewollte toxische Substanzen in den transgenen Pflanzen.

Diese Punkte sind aus Sicht der potenziellen Konsumenten zweifellos von größter Bedeutung und werden im Weiteren eingehend diskutiert.

7.3.1 Übertragung von Antibiotikaresistenzen auf pathogene Mikroorganismen

Viele momentan verwendete transgene Pflanzensorten tragen tatsächlich noch Antibiotikaresistenzgene, die entweder aus dem *E. coli*-Anteil der verwendeten Vektoren stammen oder für die Selektion der transgenen Pflanzen benötigt wurden (vergl. Kap. 3). In den transgenen Pflanzen befinden sich zum einen die DNA dieser Resistenzgene und zum anderen deren Genprodukte (Proteine).

In einigen transgenen Maissorten befindet sich beispielsweise ein Ampicillin-Resistenzgen, das für die ursprüngliche Vektorkonstruktion in *E. coli* benötigt wurde. Hier befürchten manche, dass dieses Gen über die Nahrung auf die Darmflora übertragen werden könnte. Wie schon in vorherigen Abschnitten erläutert, ist dies extrem unwahrscheinlich. Außerdem tragen nach vorsichtigen Schätzungen ohnehin 1–2 % der beim Menschen vorkommenden Darmbakterien ein Ampicillinresistenzgen. Da die Zahl der Bakterien im Darm des Menschen geschätzt bei bis zu 10 Billionen (!) liegt, tragen also ca. 10–20 Mrd. Bakterien ein solches Resistenzgen. Die Wahrscheinlichkeit der Übertragung dieses Resistenzgens durch bakterielle Konjugation (Abb. 7.3) liegt im Bereich von 10^{-6} bis 10^{-4}, tritt also auf 10 000 bis 1 000 000 Keime einmal auf. Eine Aufnahme von Resistenzgenen aus der Nahrung wäre also vergleichsweise bedeutungslos, da

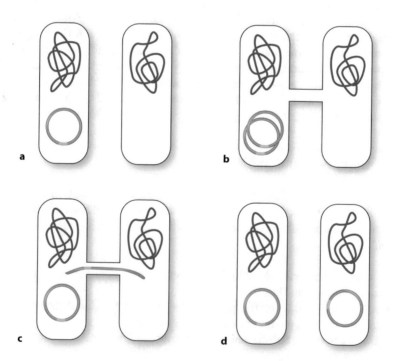

Abb. 7.3 a–d Vereinfachtes Schema der bakteriellen Konjugation, **a** Bakterien mit und ohne Plasmid; das Plasmid trägt ein Antibiotikaresistenzgen (grün); **b** Replikation des Plasmides und Ausbilden einer Konjugationsbrücke; **c** Transfer des Plasmids; **d** beide Bakterien besitzen nun ein Plasmid mit Antibiotikaresistenzgenen

die Wahrscheinlichkeit dafür um Größenordnungen unter der der bakteriellen Konjugation liegt. Das von Kritikern angeführte Szenario der antibiotikaresistenten Keime durch transgene Pflanzen ist wissenschaftlich also nicht haltbar. Im Übrigen nimmt der Mensch täglich beim Verzehr von Frischgemüse große Mengen von Bodenbakterien auf, die von Natur aus Resistenzgene enthalten (siehe Abschn. 7.1.3), und auch viele der natürlicherweise im Darm vorkommenden Keime enthalten Resistenzgene.

Über antibiotikaresistente Krankheitskeime ist in den letzten Jahren viel berichtet worden. Schuld daran sind hauptsächlich der übermäßige Gebrauch (falsche Indikation oder evtl. auch Tiermast) und die oft falsche Einnahme von Antibiotika (zu frühes Absetzen des Medikamentes durch den Patienten). Grundsätzlich gilt, dass Resistenzen durch die Einnahme von Antibiotika entstehen und nicht durch die Aufnahme von DNA.

7.3.2 Mögliche Toxizität der Genprodukte der verwendeten Resistenzgene

Für die Herstellung transgener Pflanzen werden Resistenzgene verwendet, deren Genprodukte die Selektion transgener Pflanzen erlauben. Hierbei handelt es sich naturgemäß um verschiedene Proteine, wie z. B. die Neomycin-Phosphotransferase im Falle der Kanamycinresistenz.

Proteine von Resistenzgenen, die aus Vektoranteilen von *E. coli* stammen, werden in Pflanzen nicht gebildet, weil die Promotoren von *E. coli* in der Pflanze nicht erkannt werden und inaktiv sind.

Die Neomycin-Phosphotransferase wurde sehr genau auf eine mögliche Toxizität untersucht, und es wurden insbesondere Tierversuche durchgeführt. Daher weiß man, dass dieses Protein völlig unbedenklich ist und ganz normal, wie die meisten anderen Proteine auch, verdaut wird.

Kanamycin wird ohnehin in der Humantherapie nur selten bei bestimmten Augen- und Magen-Darm-Infektionen verwendet. Die Befürchtung, dass die über transgene Pflanzen aufgenommene Neomycin-Phosphotransferase ggf. das als Medikament eingenommene Kanamycin inaktiviert, ist unbegründet. Das Enzym ist sehr substratspezifisch: Es kann lediglich die Antibiotika Kanamycin, Neomycin und Gentamycin inaktivieren. Das modernere und noch gebräuchliche Antibiotikum Amikacin wird durch das Enzym nur sehr langsam modifiziert, sodass die therapeutische Wirksamkeit nicht gefährdet ist. Zur Entfaltung seiner katalytischen Aktivität benötigt das Enzym außerdem ATP. Da ATP aber im sauren Milieu des Magens instabil ist und das Enzym bei normalen Magen-pH-Verhältnissen schnell abgebaut wird, wird eine Aktivität der Neomycin-Phosphotransferase im menschlichen Verdauungstrakt praktisch ausgeschlossen.

Die z. B. zur Erzeugung von Herbizidresistenz verwendeten EPSP-Synthasen sind auf jeden Fall für Mensch und Tier völlig unbedenklich. Mit der normalen Pflanzennahrung und daran haftenden Bakterien nehmen wir EPSP-Synthasen nämlich täglich auf (vergleiche auch Abschn. 7.3.4).

7.3.3   Allergien durch Genprodukte eingebrachter Transgene

Allergien sind Überempfindlichkeitsreaktionen des Immunsystems, die durch sehr unterschiedliche Substanzen ausgelöst werden können. Die Mechanismen, die zur Allergieauslösung beim Menschen führen, sind bislang noch nicht vollständig aufgeklärt.

Die Auslösung von Allergien beim Menschen durch den Verzehr transgener Pflanzen ist ein häufig vorgebrachter Kritikpunkt. Durch einfache Experimente kann man nur im begrenzten Maße untersuchen, ob die rekombinanten Proteine, die in transgenen Pflanzen zur Antibiotika-, Insekten- und Herbizidresistenz führen, beim Menschen Allergien auslösen. Die entsprechenden Proteine werden im Magensaft innerhalb sehr kurzer Zeit abgebaut (ca. 30 s). Im Gegensatz dazu sind bekannte, Allergie auslösende Proteine im Magensaft deutlich länger stabil. Dies allein ist aber keine sichere Methode, um Allergien auszuschließen. Daher wurde ein Entscheidungsschema entwickelt, um eine reproduzierbare Methode zur Beurteilung des allergenen Potenzials zu besitzen (Abb. 7.4).

Es ist durchaus denkbar, dass eine transgene Pflanze, in die man ein fremdes Gen eingebracht hat, durch das Genprodukt des Transgens ein allergenes Potenzial entwickelt. Ein Beispiel: Viele Menschen besitzen Allergien gegen Erdnussproteine. Die Klonierung eines Gens aus Erdnüssen in Tomaten könnte diese für entsprechende Allergiker ungenießbar machen. Da dies nie ganz auszuschließen ist, werden gentechnische Produkte vor der Vermarktung entsprechend geprüft.

Nutzpflanzen mit einem besonders hohen allergenen Potenzial sind bekannt (z. B. Nüsse). Verwendet man Gene aus solchen Pflanzen, ist eine Überprüfung besonders angeraten. Bei der Transformation einer Sojabohne mit einem Gen für ein Protein der Paranuss (2S-Albumin) zeigte sich beispielsweise vorab, dass ausgerechnet ein Allergie auslösendes Protein verwendet wurde. Dies konnte in Untersuchungen mit Seren von Allergikern nachgewiesen werden. Die entsprechende Sojasorte wurde daraufhin nicht für den landwirtschaftlichen Anbau weiterentwickelt.

Ein weiteres Beispiel dieser Art wurde 2005 bekannt: Australische Forscher hatten Erbsen hergestellt, die ein α-Amylase-Inhibitorgen aus der Bohne exprimierten. Diese Erbsen wurden dadurch resistent gegen bestimmte Schadinsekten. Von diesem α-Amylase-Inhibitorprotein war aber bekannt, dass es in der Bohne ein komplexes Muster prozessierter Peptide zeigte. Erschwerend kam hinzu, dass dieses Muster in der Erbse anders aussah. Außerdem konnten Unterschiede in der Proteinglykosylierung nachgewiesen werden. Tatsächlich löste das in Erbsen gebildete Protein schwerwiegende allergische Reaktionen in Labormäusen aus.

Diese Beispiele zeigen zum einen, dass die internen Kontrollmechanismen in Firmen und Wissenschaft recht gut funktionieren. Andererseits zeigt sich, dass immer dann Vorsicht geboten ist, wenn Proteinmodifikationen ins Spiel kommen, denn dies kann unerwartete Effekte auslösen.

Durch die gültige Kennzeichnungsverordnung transgener Produkte wird der Käufer im Übrigen über die Herkunft der Transgene informiert (siehe Kap. 6). Schließlich bleibt anzumerken, dass auch viele gewöhnliche Nahrungsmittel bei einigen Menschen zu schweren, manchmal sogar lebensbedrohlichen Allergien führen können. Von den etwa 100 000 Proteinen aus Pflanzen können nur etwa 2 % bis 5 % Allergien auslösen. Proteine aus Erdnüssen, Milch, Eiern, Sojabohnen, Fisch, Krebstieren, Muscheln und Weizen sind für 90 % aller Lebensmittelallergien verantwortlich. Auf die Möglichkeit, solche **Allergene** gentechnisch aus der Nahrung zu entfernen, wurde bereits verwiesen (Kap. 5).

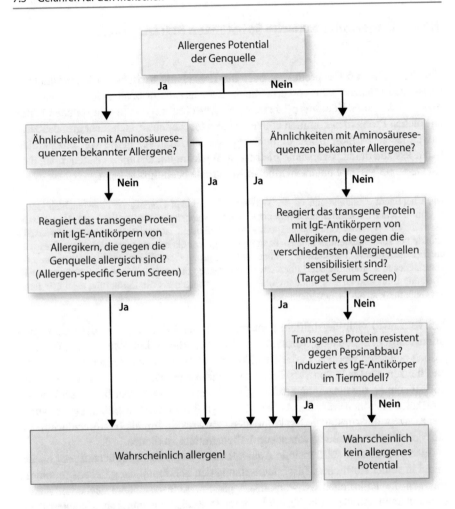

Abb. 7.4 Entscheidungsbaum der WHO-Expertenrunde Rom (2001) zur Beurteilung des allergenen Potenzials von transgenen Nahrungsmitteln. (Verändert nach: http://www.biotech-info.net/allergenicity_report.pdf)

Kritiker sprechen oft davon, dass durch die Gentechnik Substanzen in unsere Nahrung gelangen, die dort noch nie vorhanden waren. Dieser Vorwurf ist teilweise berechtigt, gilt aber auch für exotische Früchte, die sich mittlerweile großer Beliebtheit erfreuen.

Ein gutes Beispiel für die Risiken bei der Einführung von bislang ungebräuchlichen Nahrungsmitteln stellt die Kiwi dar. Diese Frucht war früher in Europa unbekannt und wurde erst in den Sechziger-Jahren ursprünglich aus Neuseeland eingeführt. Unbedenklichkeitstests wurden damals nicht durchgeführt. Es hat sich mittlerweile gezeigt, dass die Frucht ein hohes allergenes Potenzial hat. Es ist sehr unwahrscheinlich, dass ein vergleichbares transgenes Produkt überhaupt für die Kommerzialisierung zugelassen worden wäre.

7.3.4 Ungewollte toxische Substanzen in transgenen Pflanzen

Eine Toxizität von Genprodukten oder die Entstehung toxischer Nebenprodukte in transgenen Pflanzen wäre von erheblicher Relevanz, da trotz aller Vorsichtsmaßnahmen und der guten Kenntnis pflanzlicher Stoffwechselwege es in sehr seltenen Fällen zu solchen Problemen kommen könnte. Zumindest lassen sie sich nicht grundsätzlich ausschließen. In diesem Zusammenhang sprechen Kritiker gerne von unkalkulierbaren Risiken durch sogenannte **pleiotrope Wirkungen.** Darunter versteht man, dass ein Gen eine Vielzahl unterschiedlicher Merkmale beeinflussen kann.

Nach heutigem Kenntnisstand ist die Wirkung von in einen Organismus eingebrachten Genen jedoch durchaus kalkulierbar. Schließlich steht zwischen Transformation und Kommerzialisierung eine Vielzahl von Einzelexperimenten. Außerdem ist das Risiko durch unerwünschte Effekte bei konventioneller Pflanzenzüchtung eher größer als bei transgenen Pflanzen. Dies wird durch Untersuchungen an konventionellen und transgenen Gerstelinien bestätigt. Hier waren bei verschiedenen konventionellen Linien etwa 1 600 Gene unterschiedlich reguliert. Konventionelle Züchtung führt also zu viel umfangreicheren Veränderungen als die Einführung einzelner fremder Gene mit gentechnischen Methoden.

Bei vertrauten Nahrungsmitteln geht man von der Erfahrung aus, dass sie keinen offensichtlichen Schaden verursachen. Bei neuartigen Lebensmitteln muss dies jedoch bewiesen werden. In der Realität ist dies ein sehr schwieriges Unterfangen, da Pflanzen Tausende von verschiedenen Stoffen enthalten. Zwar wäre es vielleicht noch machbar, die einzelnen Stoffe auf Giftigkeit zu testen, aber bei verschiedenen Stoffkombinationen wäre der Aufwand sehr groß oder nicht machbar. Daher wurde das Konzept der substanziellen Äquivalenz entwickelt, um als Instrumentarium für die Sicherheitsbeurteilung von neuen Lebensmitteln zu dienen.

Eine vollständige substanzielle Äquivalenz liegt vor, wenn ein neuartiges Lebensmittel in seiner stofflichen Zusammensetzung den herkömmlichen Lebensmitteln im Rahmen der natürlichen Schwankungen gleicht. Eine besondere Sicherheitsuntersuchung kann entfallen. Ein Beispiel wäre z. B. Zucker aus transgenen Zuckerrüben.

Eine partielle substanzielle Äquivalenz liegt vor, wenn das neue Lebensmittel in allen wesentlichen Eigenschaften den herkömmlichen bis auf das hinzugefügte Merkmal gleicht. Beispiele wären insekten- oder herbizidresistente Pflanzen, die nur eine neue Eigenschaft aufweisen. Für die Sicherheitsbeurteilung greift man auf bewährte Verfahren zurück, wie etwa Fütterungsstudien für toxikologische Untersuchungen.

Ist ein neues Lebensmittel in wesentlichen Eigenschaften oder Inhaltsstoffen verändert oder gibt es kein vergleichbares Lebensmittel, dann liegt auch keine substanzielle Äquivalenz vor. In diesen Fällen sind unter Umständen sehr umfangreiche und/Untersuchungen nötig, die bis zu klinischen Studien reichen können. Dieser Fall gilt beispielsweise für Sojapflanzen mit erhöhtem Ölsäuregehalt, für die Zulassungsanträge bestehen. Interessanterweise fallen auch nichttransgene, dafür aber exotische Pflanzen wie beispielsweise Stevia-Blätter oder Nangai-Nüsse unter diese Kategorie.

Abschließend sei darauf verwiesen, dass, von wenigen Ausnahmen toxischer Proteine abgesehen, Proteine bei der Verdauung grundsätzlich in ihre Aminosäurebestandteile zerlegt werden und somit keine schädliche Wirkung entfalten können. Viele Pflanzen, die zur Ernährung verwendet werden, enthalten von Natur aus toxische Stoffe, die z. B. mutagene oder karzinogene Wirkung haben. Es gibt sogar Schätzungen, dass bis zu 1/3 der Krebserkrankungen auf natürliche toxische Substanzen in der pflanzlichen Nahrung zurückgehen.

In aufwendigen Versuchsreihen wurde gezeigt, dass die transgenen Sojabohnen in Bezug auf Nährstoffgehalt usw. völlig vergleichbar mit konventionellen Sojabohnen sind. Die Kritiker beziehen sich auf die Auswirkung von Round up® auf den Isoflavonoidgehalt der Sojabohnen und verlangen zusätzliche Toxizitätstests. In der Tat verändert die Verwendung von Herbiziden und Pestiziden den Isoflavonoidgehalt im konventionellen Landbau wie bei transgenen Pflanzen. Dieser verändert sich jedoch ständig in Abhängigkeit von Umweltfaktoren (Licht, Wasser, Mineralien, Pathogenbefall usw.). Im Übrigen erfolgt bei den transgenen Sojapflanzen die Round-up®-Behandlung lange bevor die Bildung der Früchte einsetzt. Bis dahin hat sich der Isoflavonoidgehalt wieder normalisiert.

Die Verwendung von immer mehr transgenen Pflanzensorten, die zum Teil auch therapeutische Proteine produzieren, könnte allerdings zu ungewollten Kontaminationen von für den Verzehr bestimmten Pflanzen führen. Hier müssen für die Zukunft entsprechende Vorschriften und Prozeduren entwickelt werden, um derartige Vorgänge sicher auszuschließen.

7.4   Risiken und Chancen im Vergleich mit herkömmlich gezüchteten Pflanzen

Es wäre abwegig anzunehmen, dass nur bei Verwendung gentechnischer Verfahren Risiken in der Pflanzenzüchtung bzw. Auswirkungen bei der landwirtschaftlichen Anwendung auftreten. Risiken und Gefahren traditioneller Anbauformen werden in der Öffentlichkeit anders bewertet, als die von gentechnischer Verfahren. Es ist zu vermuten, dass dies auf der verständlichen Annahme beruht, die traditionellen Verfahren seien „natürlich" und damit grundsätzlich ungefährlich. Außerdem spielt natürlich dabei die bisherige – sehr gute – Erfahrung mit diesen Methoden eine große Rolle. In den nachfolgenden drei Abschnitten wird anhand von Beispielen ein Vergleich der Risiken und Gefahren bei Verwendung von herkömmlichen und transgenen Pflanzen unternommen.

7.4.1   Toxizität von herkömmlichen Zuchtpflanzen

In Abschn. 7.3.4 wurde die Möglichkeit der ungewollten Toxizität transgener Pflanzen diskutiert. Dieses Risiko besteht bei konventionellen Pflanzen theoretisch sogar in höherem Maße, da ja nicht einzelne Gene, sondern vollständige Genome rekombiniert werden, auch wenn dies in der Regel innerhalb der Artgrenzen geschieht. Dadurch könnte es auch zu ungewollten Nebeneffekten kommen. Insbesondere gilt dies, wenn die Pflanzen zusätzlich mit mutagenisierenden Agenzien behandelt wurden.

Bei Hunderttausenden von Kreuzungen sind bislang allerdings nur zwei Fälle bekannt geworden, bei denen es zu einer ungewollten Toxizität kam. So wurde z. B. in den 1980er-Jahren eine Kartoffelsorte gezüchtet, die sich als ungenießbar erwies, da sie bei kaltem Wetter zu hohe Mengen des toxischen Alkaloids Solanin enthielt.

Gerade diese bislang sehr positiven Erfahrungen lassen auch das Risiko durch gentechnische Arbeiten als gering erscheinen. Wenn bei der Durchmischung Zehntausender von Genen so gut wie nie Probleme der Toxizität auftreten, ist dies bei dem gezielten Einbringen einzelner Gene noch weniger zu erwarten.

Andere eher unerwünschte Effekte traten allerdings bei der konventionellen Züchtung von Rapssorten auf: Die Reduktion der Bitterstoffe in bestimmten Rapssorten führt z. B. dazu, dass Rehe davon fressen und an den in den Rapssorten enthaltenen Inhaltsstoffen sterben. Mit den Bitterstoffen würden die Pflanzen wegen des schlechten Geschmacks gar nicht gefressen.

7.4.2 Verwendung von Pflanzenschutzmitteln

Bei der Beurteilung der Folgeschäden bei Verwendung transgener Pflanzen darf man die Schädigungen der Ökosysteme bei Verwendung der bislang üblichen Pflanzenschutzmittel nicht unberücksichtigt lassen, denn diese sind keinesfalls unerheblich.

Es gibt durchaus die Ansicht, auf Pflanzenschutzmittel ganz zu verzichten, aber dies erscheint unrealistisch, bedenkt man eine zusätzlich notwendige weltweite Steigerung der Nahrungsmittelproduktion. Im Gegenteil wird es notwendig sein, Ernteausfälle durch geeignete Maßnahmen noch weiter zu reduzieren.

Auch im ökologischen Anbau wird Pflanzenschutz betrieben. Zum Beispiel werden *Bacillus-thuringensis*-Bakterien als natürliches Insektizid eingesetzt und bis 10^{11} Sporen des Bakteriums pro Quadratmeter ausgebracht. Beim Besprühen der Nutzpflanzen sind natürlich auch benachbarte Areale betroffen, wodurch die dort lebenden Insekten geschädigt werden. Leider liegen über die Auswirkungen dieser Behandlung keine vergleichenden Studien vor. Ein Einfluss, vergleichbar mit der Auswirkung von transgenem Bt-Mais auf den Monarchfalter (siehe Abschn. 7.2.2), kann aber nicht grundsätzlich ausgeschlossen werden.

Bei der Verwendung transgener herbizid- oder insektenresistenter Pflanzen sind durchaus ökologische Vorteile deutlich geworden. Eine Studie des Zentrums für Landwirtschaft und Umwelt, Utrecht, Niederlande, zur Verwendung transgener, herbizidresistenter Pflanzen in den USA im Zeitraum von 1996 bis 2000, kam zu dem Schluss, dass die Anwendung herbizidresistenter Sojabohnen zu einem geringfügigen Rückgang im Gesamtverbrauch chemischer Herbizide führte und die Umweltbelastung durch das eingesetzte Herbizid **Glyphosat** geringer war, als bei den übrigen derzeit gebräuchlichen Herbiziden. In einer anderen Gesamtbetrachtung (Berücksichtigung von 40 Fallstudien an 27 Kulturpflanzen) kam z. B. das *National Center for Food and Agricultural Policy* (NCFAP) der USA für 2001 zum Schluss, dass transgene Pflanzen den Landwirten erhebliche Vorteile bringen und spricht von Einsparungen der Produktionskosten in Höhe von 1,2 Mrd. US$. Dabei wurde der Verbrauch von Pflanzenschutzmitteln um 21 Mio. kg reduziert. Im ISAAA-Bericht 2005 wird, basierend auf einer umfassenden Studie, für den Zeitraum von 1996 bis 2004 eine Reduktion des Einsatzes von Pflanzenschutzmitteln von ca. 14 % angegeben. Einige Beispiele für verschiedene Länder zeigt Tab. 7.3.

Allerdings gibt es mittlerweile eine zunehmende Besorgnis, dass der bisherige Umgang mit herbizidresistenten transgenen Pflanzen zu einer steigenden Zahl von Unkräutern führt, die ebenfalls resistent gegen die verwendeten Herbizide werden. Dies betrifft in den USA insbesondere die Glyphosat-Anwendung, die bei zunehmender Zahl resistenter Unkräuter langfristig sinnlos würde. Daher wurden zwischen 2006 und 2008 auf 150 Feldern mit mindestens 10 Hektar Größe Versuche durchgeführt, um zu einem besseren **Herbizid-Management** zu kommen, das der Entstehung von resistenten Unkräutern entgegenwirkt. Immerhin waren 2011 bereits 16 Glyphosat-resistente Unkräuter bekannt. Die Versuche zeigten, dass die meisten Landwirte unzureichend über die Konsequenzen ihres Handelns unterrichtet waren und wenig Wissen über den hohen Selektionsdruck von Herbizidanwendungen hatten. Klare Management-Strategien für Landwirte sind daher von großer Bedeutung, um die weitere Ausbreitung von herbizidresistenten Unkräutern zu verhindern.

Eine Studie von Perry et al. aus dem Jahr 2016 kommt zu dem Schluss, dass Anwender von Glyphosat-resistenten Sojabohnen 28 % mehr Herbizide nutzen als Nichtanwender, während Anwender von Bt-Mais 11 % weniger Insektizide nutzen. Bei Berücksichtigung des Umweltverträglichkeitsquotienten ist allerdings kein Unterschied zwischen Anwendern von konventionellen und transgenen Pflanzen feststellbar. Eine weitere Untersuchung kommt zu dem Schluss, dass der Anbau von transgenen Pflanzen für ca. 56 % der globalen Menge an Glyphosat verantwortlich ist.

Tab. 7.3 Prozentuale Reduktion des *environmental impact quotient* durch Veränderungen bei der Anwendung von Pestiziden in Verbindung mit transgenen Pflanzen. (Verändert nach Brookes und Barfoot 2004)

Land	HerbRes	HerbRes	HerbRes	HerbRes	InsRes	InsRes
	Sojabohnen	Mais	I (Baumwolle)	Raps	Mais	Mais
USA	28	3	23	32	4,4	20
Argentinien	20	kA	kA	kA	0[a]	6,4
Brasilien	4	kA	kA	kA	kA	kA
Kanada	8	4	kA	20	Dnv	kA
Südafrika	4	0,4	5	n/a	18	Dnv

[a]In Argentinien wurden bei konventionellem Mais zuvor kaum Pestizide eingesetzt; kA – kein Anbau derartiger Pflanzen; Dnv – Daten nicht verfügbar; HerbRes – Herbizidresistenz; InsRes – Insektenresistenz

Um einen einheitlichen Maßstab für die Beurteilung des Einflusses von GVO-Pflanzen auf die Umwelt zu haben, wurde der Begriff des *environmental impact quotient (EIQ)* 1992 eingeführt, der auch die verschiedenen Qualitäten von Pestiziden, wie z. B. Toxizität, Persistenz, Verbreitung usw. berücksichtigt. Der *EIQ* berücksichtigt allerdings nicht alle Umweltparameter und ist daher lediglich ein Indikator, der aber nützlich ist, um Landwirtschaft mit konventionellen und transgenen Pflanzen zu vergleichen.

7.4.3   Verbreitung von Pollen

Wenn man die Übertragung von Pollen aus transgenen Pflanzen als Problem ansieht (vergl. Abschn. 7.2.3), muss man konsequenterweise dies auch für konventionell gezüchtete Pflanzen tun. Auch hier wurden in der Vergangenheit krankheitsresistente Formen gezüchtet, deren Erbinformation natürlich auch auf Wildpflanzen übertragen wird. Es ist nämlich keineswegs so, dass lediglich Zucht auf höheren Ertrag erfolgt, denn gerade mikrobielle Infektionen können erhebliche Schäden und Ernteausfälle bewirken (siehe Abschn. 5.1.3 und 5.1.4) und machen so das Einkreuzen von Resistenzgenen erforderlich. Die Auswirkungen auf natürliche Populationen wurden nie genau untersucht, obwohl in älteren Lehrbüchern darauf hingewiesen wird, dass Verbesserungen von Nutzpflanzen Auswirkungen auf verwandte Wildformen haben. Denkt man z. B. an unsere einheimischen Getreidepflanzen, so ist klar, dass hier ständig die Übertragung von Pollen der Hochleistungslinien auf Wildgräser erfolgt. Dies hat bislang nicht zu erkennbaren Problemen geführt. Eine Studie kam daher zu dem Schluss, dass gentechnisch veränderte Gene über den Pollen genauso verbreitet werden wie Gene, die durch konventionelle Züchtung übertragen wurden. Aus diesem Grund, so die Autoren, sollte das Augenmerk also auf der möglichen Auswirkung eines übertragenen Merkmals liegen und nicht allein auf der Züchtungsmethode.

Kernaussage

Zu gentechnisch veränderten Pflanzen und Freisetzungsexperimenten findet eine Sicherheitsforschung von unabhängigen Fachleuten statt.

Die Durchführung gentechnischer Experimente unterliegt strengen Gesetzen und Kontrollen.

Transgene Pflanzen werden vor ihrer Kommerzialisierung in der Regel umfassender und genauer auf mögliche Risiken hin untersucht als konventionelle Nutzpflanzen.

Eine ungewollte Ausbreitung transgener Pflanzen ist grundsätzlich sehr unwahrscheinlich und wurde bislang nicht beobachtet.

Die Übertragung von transgenem Pollen auf andere Arten kann nicht ausgeschlossen werden. Negative Folgen für die Umwelt sind aber bislang nicht bekannt geworden. Allerdings ist der Beobachtungszeitraum naturgemäß noch sehr gering.

Transgene Pflanzen können ökologisch vorteilhaft sein. Die Verwendung transgener herbizid- und insektenresistenter Pflanzen hat zu einer Verringerung der Menge an Pflanzenschutzmitteln geführt. Allerdings wurde auch eine Zunahme herbizidresistenter Unkräuter beobachtet.

Grundsätzliche Gefahren bestehen für den Menschen beim Verzehr gentechnisch veränderter Pflanzen oder deren Produkten nicht. Das Auftreten von Allergien kann allerdings, genau wie bei konventionellen Nahrungsmitteln, nicht ausgeschlossen werden.

Nur durch einen Vergleich der tatsächlichen oder möglichen Risiken von konventioneller Pflanzenzüchtung und Agrartechnik mit denen von transgenen Pflanzen ist eine objektivere Beurteilung möglich.

Weiterführende Literatur

Ammann K (2014) Molecular differences between GM- and non-G crops overestimated? PRRI (Public Research & Regulation Initiative) Ask Force-10-2010514. http://www.prri.net/wp-content/uploads/2011/12/AF-9-Differences-GM-non-GM-crops-20100423-web.pdf

Bartsch D, Devos Y, Hails R, Kiss J, Krogh PH, Mestdagh S, Nuti M, Sessitsch A, Sweet J, Gathmann A (2011) Environmental impact of genetically modified maize expressing Cry1 protein. In: Kempken F, Jung C (Hrsg) Genetic modification of plants – agriculture, horticulture and forestry. Springer, Berlin, S 575–614

Baudo MM, Lyons R, Powers S, Pastori GM, Edwards KJ, Holdsworth MJ, Shewry PR (2006) Transgenesis has less impact on the transcriptome of wheat grain than conventional breeding. Plant Biotechnol J 4:369–380

Benbrook (2016) Trends in glyphosate herbicide use in the United States and globally. Environ Sci Eur 28:3. https://doi.org/10.1186/s12302-016-0070-0

Brookes G, Barfoot P (2004) GM crops: the global economic and environmental impact. The first nine years 1996–2004. J Agro Biotechnol Manag Econ 8,15 AgBioForum. http://www.agbioforum.org

Chandler S, Dunwell JM (2008) Gene flow, risk assessment and the environmental release of transgenic plants. Crit Rev Plant Sci 27:25–49

Colquhoun IJ, LeGall G, Elliot KA, Mellon FA, Michael AJ (2006) Shall I compare thee to a GM potato? Trends Genet 22:525–528

Clark BW, Phillips TA, Coats JR (2005) Environmental fate and effects of Bacillus thuringensis (Bt) proteins from transgenic crops: a review. J Agric Food Chem 53:4643–4653

Conner AJ, Glare TR, Nap JP (2003) The release of genetically modified crops into the environment. Part II: overview of ecological risk assessment. Plant J 33:19–46

Dale PJ, Clarke B, Fontes EMG (2002) Potential for the environmental impact of transgenic crops. Nat Biotech 20:567–574

Daniell H (2002) Molecular strategies for gene containment in transgenic crops. Nat Biotech 20:581–586

Delaney B, Goodman RE, Ladics GS (2018) Food and feed safety of genetically engineered food crops. Tox Sci 162:361–371

Eschenbach C, Rinker A, Windhorst D, Windhorst W (2008) Cause effect chains on potential GMO cropping in Schleswig Holstein. In: Brechling B, Reuter H, Verhoeven R (Hrsg) Implications of GM-crop cultivation at large spatial scales. Theorie in der Ökologie 14. Lang, Frankfurt, S 51–55

Gampala SS, Wulfkuhle B, Richey KA (2019) Detection of transgenic proteins by immunoassays. Methods Mol Biol 1864:411–417. https://doi.org/10.1007/978-1-4939-8778-8_25

Goldstein DA (2014) Tempest in a tea pot: how did the public conversation on genetically modified crops drift so far from the facts? J Med Toxicol 10:194–201

Goodman RE, Vieths S, Sampson H, Hill D, Ebisawa M, Taylor SL, van Ree R (2008) Allergenicity assessment of genetically modified crops – what makes sense? Nat Biotechnol 26:73–81

Goy PA, Duesing JH (1995) From pots to plots: genetically modified plants on trial. Biotechnol 13:454–458

https://geneticliteracyproject.org/2017/06/19/gmo-20-year-safety-endorsement-280-science-institutions-more-3000-studies/

Johnson KL, Raybould AF, Hudson MD, Poppy GM (2006) How does scientific risk assessment of GM crops fit within the wider risk analysis? Trends Plant Sci 12:1–5

Mackenzie D (1999) Red flag for a green spray. New Sci 2188:4

Marvier M, McCreedy C, Regetz J, Kareiva P (2007) A meta-analysis of effects of Bt cotton and maize on nontarget invertebrates. Science 316:1475–1477

Momma K, Hashimoto W, Ozawa S et al (1999) Quality and safety evaluation of genetically engineered rice with soybean glycinin: analysis of the grain composition and digestibility of glycinin in transgenic rice. Biosci Biotechnol Biochem 63:314–318

Nap JP, Metz PLJ, Escaler M, Conner AJ (2003) The release of genetically modified crops into the environment. Part I. Overview of current status and regulations. Plant J 33:1–18

National Research Council (U.S.) (2004) Committee on identifying and assessing unintended effects of genetically engineered foods on human health. National Acadamies Press, Washington DC. http://www.nap.edu/openbook.php?record_id=10977&page=R1

Nawaz MA, Mesnage R, Tsatsakis AM, Golokhvast KS, Yang SH, Antoniou MN, Chung G (2019) Addressing concerns over the fate of DNA derived from genetically modified food in the human body: a review. Food Chem Toxicol 124:423–430. https://doi.org/10.1016/j.fct.2018.12.030

Nicolia A, Manzo A, Veronesi F, Rosellini D (2014) An overview of the last 10 years of genetically engineered crop safety research. Crit Rev Biotechnol 34:77–88. https://doi.org/10.3109/07388551.2013.823595

Owen MD (2011) Herbicide resistance. In: Kempken F, Jung C (Hrsg) Genetic modification of plants – agriculture, horticulture and forestry. Springer, Berlin, S 159–176

Owen MD, Young BG, Shaw DR, Wilson RG, Jordan DL, Dixon PM, Weller SC (2011) Benchmark study on glyphosate-resistant crop systems in the United States. Part 2: Perspectives. Pest Manag Sci 67:747–757

Pan X (2019) Determining pollen-mediated gene flow in transgenic cotton. Methods Mol Biol 1902:309–321. https://doi.org/10.1007/978-1-4939-8952-2_25

Perry ED, Ciliberto F, Hennessy DA, Moschini G (2016) Genetically engineered crops and pesticide use in U.S. maize and soybeans. Sci Adv 2:e1600850

Pfeilstetter E, Matzk A, Schiemann J, Feldmann SD (1998) Untersuchungen zum Auskreuzverhalten von Liberty-tolerantem Winterraps auf nicht-transgenen Raps. In: Schiemann J (Hrsg) Freisetzungsbegleitende Sicherheitsforschung mit gentechnisch veränderten Pflanzen und Mikroorganismen. BEO, Braunschweig, pp l75–184

Pilcher CD, Obrycki JJ, Rice ME, Lewis LC (1997) Premaginal development, survival and field abundance of insect predators on transgenic Bacillus thuringensis com. Environ Entomol 26:446–454

Prescott VE, Campbell PM, Moore A et al (2005) Transgenic expression of bean a-amylase inhibitor in peas results in altered structure and immunogenicity. J Agric Food Chem 53:9023–9030

Ricroch A, Bergé JB, Kuntz M (2010) Is the German suspension of MON810 maize cultivation scientifically justified? Transgenic Res 19:1–12

Ricroch AE, Berge JB, Kuntz M (2011) Evaluation of genetically engineered crops using transcriptomic, proteomic, and metabolomic profiling techniques. Plant Physiol 155:1752–1761

Saxena D, Flores S, Stotzky G (1999) Insecticidal toxin in root exudates from Bt corn. Nature 402:480

Schuler TH, Poppy GM, Kerry BR, Denholm I (1999) Potential side effects of insect-resistant transgenic plants on arthropod natural enemies. Tibtech 17:210–216

Selb R, Wal JM, Lovik M, Mills C, Hoffmann-Sommergruber K, Fernandez A (2017) Assessment of endogenous allergenicity of genetically modified plants exemplified by soybean – where do we stand? Food Chem Toxicol 101:139–148

Shaw DR, Owen MD, Dixon PM, Weller SC, Young BG, Wilson RG, Jordan DL (2011) Benchmark study on glyphosate-resistant cropping systems in the United States. Part 1: introduction to 2006–2008. Pest Manag Sci 67:741–746

Shelton AM, Roush RT (1999) False reports and the ears of men. Nat Biotechnol 17:832–219

Smirnoff N (1998) Plant resistance to environmental stress. Curr Opin Biotechnol 9:214–219

Snell C, Bernheim A, Berge JB, Kuntz M, Pascal G, Paris A, Ricroch AE (2012) Assessment of the health impact of GM plant diets in long-term and multigenerational animal feeding trials: a literature review. Food Chem Toxicol 50:1134–1146

Syvanen M (1999) In search of horizontal gene transfer. Nat Biotechnol 17:833

Thaca NY, Jorgensen RB, Hauser T, Mikkelsen TR, Ästergärd H (1996) Transfer of engineered genes from crop to wild plants. Trends Plant Sci 1:356–358

Trewavas A (1999) Gene flow and GM questions. Trends Plant Sci 4:339

Wackernagel W, Blum S, Meier P, Meier P (1998) DNA-Entlassung aus transgenen Zuckerrüben während der Vegetations- und Überwinterungsphase und horizontaler Gentransfer im Boden. In: Schiemann (Hrsg) Freisetzungsbegleitende Sicherheitsforschung mit gentechnisch veränderten Pflanzen und Mikroorganismen. BEO, Braunschweig, S 111–120

Glossar

Die Definitionen der Begriffe wurden mit Blick auf diejenigen Leser abgefasst, die kein spezielles biologisches Fachwissen besitzen. Für Studenten der Biologie wird für weitergehende Details auf die entsprechende Fachliteratur verwiesen.

α-Amylase/Trypsin-Inhibitoren Substanzen, die spezifisch die Enzyme α-Amylase und Trypsin hemmen; stehen im Verdacht, berufsbedingte Allergien auszulösen

α-Purpurbakterien Bakteriengruppe, von der wahrscheinlich die durch Endosymbiose entstandenen Mitochondrien abstammen

Acetylierung Bindung von Acetylgruppen an andere Moleküle

Acrylamid gehört zur chemischen Gruppe der Amide; kann beim Backen oder Frittieren stärkehaltiger Lebensmittel entstehen und gilt als krebserregend

Adenokarzinom bösartige Formen der Drüsengeschwülste; z. B. von Schild- oder Brustdrüse, Leber oder Niere

Adhäsionsprotein Protein zur Anheftung an eine Oberfläche

Adjuvans ein Stoff, der den Effekt von Impfstoffen verbessert, indem die Immunantwort zu einem Antigen erhöht wird

Adresssequenz siehe Signalsequenz

Affinität Maß für die Stärke der Wechselwirkung von Enzym und spezifischem Substrat bzw. von einem Antikörper zu seinem spezifischen Antigen; je höher die Affinität, desto stärker ist die Wechselwirkung

Agarose-Gel Agarose ist ein Produkt aus Rotalgen (Polymer aus Agarobiose) und chemisch gesehen dem Agar-Agar sehr ähnlich, der für Nährböden in der Mikrobiologie Verwendung findet; durch Kochen in elektrisch leitenden Salzlösungen und Gießen in eine Form entsteht das Agarose-Gel, das zur größenmäßigen Auftrennung von DNA- oder RNA-Molekülen im elektrischen Feld verwendet wird

© Springer-Verlag GmbH Deutschland, ein Teil von Springer Nature 2020
F. Kempken, *Gentechnik bei Pflanzen*, https://doi.org/10.1007/978-3-662-60744-2

AGPase ADP-Glucose-Phosphorylase, ein Enzym, das für die Stärkebildung in Pflanzen notwendig ist

Aleuron periphere Schicht von Getreidesamen mit Proteinspeichervakuolen

Alkaloid basische Pflanzeninhaltsstoffe, mit meist sehr komplexer Struktur, die Stickstoff enthalten und häufig ausgeprägte pharmakologische Wirkung zeigen; z. B.: Morphin oder Atropin

Allele verschiedene Versionen einer Erbanlage an einem Genort, wie z. B. die Gene für die Blutgruppen beim Menschen, die immer auf dem gleichen Chromosom am gleichen Ort lokalisiert sind und aufgrund von Unterschieden im Aufbau der Gene die Blutgruppen A, B oder Null ausprägen

Allergen Substanzen (Allergene), die zur Auslösung von Allergien führen können; dabei kommt es bei Allergikern zur Erhöhung des Spiegels von IgE-Antikörpern

allosterisches Protein Proteine, bei denen die Bindung eines Liganden die Bindungseigenschaften an einer anderen Stelle desselben Proteins verändert. Damit gehen in der Regel Konformationsänderungen einher. Ein Beispiel ist der Repressor des Lac-Operons, dessen Ligand die Allolactose ist. Nach deren Bindung ändert sich die Konformation (Raumstruktur) des Repressors, und er kann nicht mehr an den Operator binden

alternatives Spleißen besondere Form des RNA-Spleißens, bei der aus einer Vorläufer-mRNA unterschiedlich gespleißte reife mRNAs entstehen. Durch alternatives Spleißen können aus einem Gen zahlreiche verschiedene mRNAs entstehen, die für eine entsprechend große Zahl von Proteinen kodieren. Alternatives Spleißen ist oft zell- oder gewebespezifisch reguliert. Während dieser Vorgang bei Pflanzen und Pilzen eher selten ist, kommt er bei Säugetieren sehr häufig vor

Amide chemische Verbindungen, die sich vom Ammoniak ableiten

Aminoglykosidantibiotika Antibiotika, deren Struktur auf Verbindungen von Zuckern und Aminosäuren beruht; bekannte Beispiele sind das Kanamycin und das Streptomycin

Aminosäure Aminosäuren sind die Bausteine der Proteine (Eiweiße); insgesamt werden 20 verschiedene Aminosäuren durch die DNA kodiert; einige (essenzielle) Aminosäuren können vom Menschen nicht selbst hergestellt werden, sondern müssen mit der Nahrung aufgenommen werden

Aminosäure, aromatisch Aminosäure mit einem aromatischen Ringsystem (z. B.: Tryptophan oder Phenylalanin); kann vom menschlichen Metabolismus nicht synthetisiert werden

Ampicillin Antibiotikum aus der Gruppe der ß-Lactame, das die Zellwandbildung von Bakterien verhindert und insbesondere gegen grampositive Bakterien wirksam ist; chemisch eng verwandt mit dem Penicillin

Amplifizierung Vervielfältigung, z. B. von Plasmiden, DNA-Molekülen oder Genen

Amylopektin verzweigtes Stärkemolekül mit ansonsten ähnlichem Aufbau wie Amylose

Amyloplast spezielles Zellorganell (Plastid), in dem die Stärke gespeichert wird

Amylose unverzweigte Stärke aus D-Glukose in a-1,4-glykosidischer Bindung (schraubenförmiges Molekül im Gegensatz zur ß-1,4-glykosidischen Bindung bei der Zellulose, die eine lineare Struktur bildet)

Annotation hier die Beschreibung und Charakterisierung der bei einem Sequenzierprojekt ermittelten Gene mittels Computer-Software

Anthocyan Derivate des Flavangrundgerüsts; Anthocyane sind bekannte rote und blaue Blütenfarbstoffe

Antibiotikum Substanz mit antimikrobieller Wirkung; Antibiotika werden meist von Schimmelpilzen oder Bakterien gebildet; ein Beispiel ist das Penicillin aus dem Pilz *Penicillium;* Antibiotika haben eine sehr wichtige therapeutische Bedeutung zur Bekämpfung von Infektionen

Antigen Substanz, die von einem spezifischen Antikörper des Immunsystems erkannt und gebunden wird; gleichzeitig wird die Bildung weiterer spezifischer Antikörper stimuliert

Antikörper Proteine mit spezifischer Struktur, die vom Immunsystem zur Erkennung und Bindung von Antigenen in großer Vielfalt gebildet werden

Antioxidantien Substanzen, die eine Autoxidation verhindern. In Zellen dienen sie der Inaktivierung von Sauerstoffradikalen. Bekannte Antioxidantien sind Vitamin C und E

Antisense-Expression Expression einer spezifischen RNA in einer transgenen Pflanze, deren Gen im Gegensinn (Antisense) zu einem endogenen Gen orientiert ist. Dadurch können die Antisense-RNA und die endogene RNA einander komplementär binden und ein doppelsträngiges RNA-Molekül bilden. Das doppelsträngige RNA-Molekül wird dann von zellulären Enzymen abgebaut und damit wird die Genexpression verhindert

Apikalmeristem pflanzliches Bildungsgewebe an der Sprossspitze

Äquivalenz, substanzielle Grundsatz, der besagt, dass die Beurteilung der Sicherheit gentechnisch veränderter Nahrungsmittel in der Regel durch einen Vergleich der neuen Nahrung mit der unveränderten konventionellen Nahrung möglich ist. Beispielsweise unterscheiden sich herbizidresistente, transgene Sojabohnen hinsichtlich ihrer Sicherheit für den Konsumenten nicht von gewöhnlichen Sojabohnen

Archaebakterium Gruppe von Bakterien ohne Murein-Sacculus (Zellwandbestandteil); hierzu zählen beispielsweise Halobakterien

Assemblierung Zusammenbau von komplexen Proteinen aus einzelnen Polypeptidketten, wie z. B. die Bildung von Antikörpern aus zwei leichten und zwei schweren Ketten

Atropin durch Extraktion aus der Tollkirsche gewonnenes Alkaloid, das als pupillenerweiterndes Medikament bereits im Altertum Verwendung fand und heute in der Augenheilkunde gebraucht wird

Aufzeichnungen jeder, der gentechnische Arbeiten durchführt, muss hierüber Aufzeichnungen führen, die alle sicherheitsrelevanten Angaben enthalten und zehn bis 30 Jahre aufbewahrt werden müssen

Autoradiographie Nachweisverfahren, das mit Radioisotopen oder unter Verwendung der Chemolumineszenz durchgeführt und mittels eines Röntgenfilms sichtbar gemacht wird

Auxin Phytohormon, das unter anderem die Wurzelbildung fördert und zur Regeneration von Pflanzen aus Kalli Verwendung findet

β-D-Glucuronidase Enzym, das in Mikroorganismen und manchen Tieren vorkommt, nicht aber in Pflanzen; Wirkung vergleichbar der ß-D-Galaktosidase, verwendet aber Glucuronide als Substrat; wird wie die ß-D-Galaktosidase als Reportergen verwendet

β-Galactosidasegen Enzym aus dem Bakterium *Escherichia coli,* das normalerweise Lactose (Milchzucker) in die Zucker Glucose und Galactose spaltet. Das Enzym kann aber auch das chemisch ähnliche, künstliche Substrat X-Gal spalten, wobei eine Substanz entsteht, die in Anwesenheit von Sauerstoff zu einem blauen Farbstoff oxidiert. Dieser Vorgang ist sehr einfach durchzuführen und findet daher in der Molekularbiologie Anwendung als Reportergensystem

β-Galactosidasegen-Derivat siehe ß-Galactosidasegen

β-Ketothiolase Enzym, das die Reaktion von Acetyl-CoA in Acetoacetyl-CoA katalysiert; führt in transgenen Pflanzen zur männlichen Sterilität

B-Lymphozyten bestimmte weiße Blutkörperchen, die Antikörper bilden

Bakteriophagen Viren, die Bakterien befallen, sich darin vermehren und anschließend oft die Bakterien lysieren

Barnase besondere RNase aus dem Bakterium *Bacillus amyloliquefaciens*

Barstar spezifischer Inhibitor der Barnase aus dem Bakterium *Bacillus amyloliquefaciens*

Betalain Bezeichnung für eine Gruppe von glykosidischen, rotvioletten oder gelben Pflanzenfarbstoffen

Biopharmazeutika Medikamente, die in transgenen Organismen hergestellt wurden

Biotechnologie industrielle Produktion von Waren und Dienstleistungen durch Verfahren, die biologische Organismen, Systeme oder Prozesse einsetzen

Biotin auch als **Vitamin B$_7$** oder **Vitamin H** bezeichnet; wird auch in der Molekulargenetik zur Markierung von anderen Molekülen (z. B. DNA) verwendet

biotinyliert kovalente Verbindung eines Moleküls (z. B. DNA) mit Biotin, das seinerseits eine starke Wechselwirkung mit Streptavidin aufweist; dadurch können biotinylierte Moleküle selektiv isoliert werden

Biotop Lebensraum einer Biozönose (Lebensgemeinschaft, die den belebten Teil eines Ökosystems ausmacht); umfasst die Gesamtheit aller unbelebten (abiotischen) Faktoren eines Ökosystems

Bt-Toxin Endotoxin aus dem Bakterium *Bacillus thuringensis,* das nur für bestimmte Insekten toxisch ist; man kennt eine Vielzahl verschiedener Bt-Toxine; die entsprechenden Gene werden in transgenen Pflanzen zur Ausbildung von Resistenz gegen Schadinsekten verwendet

Carboxylgruppe chemische Funktionsgruppe der Formel –COOH

Carotinoide gliedern sich in die Carotine und Xanthophylle und gehören zur Gruppe der Isoprenoide (Isoprenoide sind sekundäre Pflanzenstoffe, die aus Isoprenbausteinen [mit jeweils fünf Kohlenstoffatomen] bestehen); wichtig ist z. B. das ß-Carotin, das durch Spaltung in zwei Moleküle Vitamin A zerlegt werden kann

CAS CRISPR-assoziertes Protein; Enzym für das Genom-edieren

cDNA copyDNA, die durch reverse Transkription einer RNA entsteht

cDNA-Bank die gesamte RNA einer Zelle oder eines Organismus wird in cDNA umgeschrieben und in Vektoren kloniert

Centromer Bereich eines Chromosoms, an dem die Spindelfasern anheften; wichtig für die Verteilung der Chromosomen bei Mitose und Meiose

Chitinase Enzym, das Chitin (Zellwandbaustein der meisten Pilze) abbaut

Chloroplasten siehe Plastiden

Cholin-Oxygenase Enzym, das Sauerstoff auf Cholin (ein Phospholipid = Verbindung von Fett mit Phosphatgruppe) überträgt und es so oxidiert

Chromosom mikroskopisch sichtbarer Träger der Erbinformation; besteht aus dem Erbträger DNA, der mit Proteinen komplexiert ist

Clusterbildung Anordnung zahlreicher Vektormoleküle hintereinander im Genom in einer transgenen Pflanze

CMS siehe zytoplasmatisch männliche Sterilität

Contig ein Begriff aus der Genomsequenzierung; durch Überlappung vieler einzelner Sequenzen zusammengesetzter größerer Sequenzabschnitt eines Genoms

Cosmid Vektor zur Klonierung von bis zu 40 kb DNA in *E. coli;* ein Cosmid repliziert sich wie ein Plasmid und trägt die cohäsiven Enden (cos-Sites) des Bakteriophagen Lambda

Co-Suppression Vorgang, der zur Inaktivierung mehrfach vorhandener Gene in einer transgenen Pflanze führt. Anders als bei der Methylierung erfolgt die Co-Suppression posttranskriptionell (also nach der Transkription)

Co-Transformation Transformation von zwei oder mehreren Vektoren gleichzeitig; dabei wird nur auf die Transformation eines Vektors selektiert; in einem gewissen Prozentsatz, der von Art zu Art unterschiedlich hoch ist, werden der zweite oder weitere Vektoren zufällig mit transformiert

CRISPR *clustered regularly interspaced short palindromic repeats* sind sich wiederholende Abschnitte im Erbgut von Prokaryoten; sie sind Teil einer Art Immunsystem zur Abwehr von Bakteriophagen

Crossing-over alle Gene eines Chromosoms werden als Kopplungsgruppe bezeichnet, da sie normalerweise gemeinsam vererbt werden; durch Austausch von Teilstücken von Chromosomen zwischen gepaarten Nicht-Schwesterchromatiden kann es während der Meiose zu einer Durchbrechung der Kopplung kommen; diesen Vorgang bezeichnet man als Crossing-over (vergleiche auch Meiose)

Cross protection Schutz vor der Infektion mit hoch virulenten Viren durch Infektion mit harmlosen Viren derselben Art

Cyanobakterien photosynthetisch aktive Bakterien, die man früher als Blaualgen bezeichnete

Cyanophycin kommt in Cyanobakterien vor; es handelt sich um ein Biopolymer, das als Stickstoffspeichermolekül dient

Cytochrom-*c*-Biogenese Die Proteine für die Biosynthese von Cytochrom-*c* werden von einer Reihe von Genen kodiert, die normalerweise im Zellkern lokalisiert sind. Bei den Höheren Pflanzen sind die Gene im mitochondrialen Genom lokalisiert

Cytokinin Phytohormon, das unter anderem die Zellteilung und Sprossbildung fördert

Darmflora im Darm von Mensch und Tier vorhandene Bakterien und andere Einzeller

Desaturase Enzym, das gesättigte Fettsäuren in ungesättigte Fettsäuren umwandelt

Dichtegradienten-Zentrifugation Verfahren zur Trennung von Organellen oder Makromolekülen durch Ultrazentrifugation in Lösungen unterschiedlicher Dichte

Diglycerid Neutralfette tragen drei Fettsäuren (Triglyceride) an einem Glyzerin-grundgerüst, während Diglyceride nur zwei Fettsäuren aufweisen

DNA Desoxyribonukleinsäure („A" steht für das englische Wort *acid,* Säure); der chemische Träger der Erbinformation

DNA-Polymerase Enzym, das DNA-Moleküle aus Desoxyribonukleotidtri-phosphaten synthetisieren kann; Pro- und Eukaryoten besitzen jeweils meh-rere verschiedene DNA-Polymerasen, die unterschiedliche Aufgaben haben (DNA-Replikation, Fehlerreparatur usw.)

DNA-Protein-Komplex DNA-Moleküle mit gebundenen Proteinen

DNA-Reparatursynthese verschiedene Agenzien führen zur Beschädigung der DNA (z. B. UV-Strahlen); spezielle Reparaturenzyme und DNA-Polymerasen beheben diese Schäden und entfernen Teile der DNA. Danach kommt es zur DNA- Reparatursynthese, um die Lücken aufzufüllen

2-Desoxyglucose (2-DOG) für Pflanzen toxische Zuckerart; wird für Selektions-system verwendet

ektopisch ungerichteter Einbau fremder DNA an verschiedenen Stellen im Genom

Elektroporation Einbringen von DNA in Zellen (Transformation) durch starke Stromstöße

Enantiomer Stereoisomere chemischer Verbindungen, die identische Summen-formel und identische Verknüpfung der Atome aufweisen, sich aber in ihren räumlichen Strukturen zu einander verhalten wie Bild und Spiegelbild

Endonukleasen, sequenzspezifische siehe Restriktionsendonukleasen

endoplasmatisches Retikulum Zellorganell, das wichtig für die Sekretion von Proteinen ist

Enhancer Bereich auf einem DNA-Molekül, der die Transkription eines Gens fördert

3-Enolpyruvylshikimat-5-phosphat-Synthase abgekürzt EPSP-Synthase; ein Enzym aus Pflanzen und Bakterien, das zur Herstellung aromatischer Amino-säuren benötigt wird und dem Menschen fehlt; bedeutsam zur Herstellung transgener herbizidresistenter Pflanzen

EPSP-Synthase siehe 3-Enolpyruvylshikimat-5-phosphat-Synthase

Erbanlagen siehe Gene

EST *expressed sequence tags;* man versteht darunter teilweise sequenzierte cDNAs

Ethylen gasförmiges Phytohormon, das unter anderem die Fruchtreife fördert

Ethylenbegasung viele Früchte (z. B. Bananen) werden unreif geerntet und kurz vor der Auslieferung an den Fachhandel durch Ethylenbegasung künstlich gereift

Eubakterium zellkernlose Zellen, die im Gegensatz zu Archaebakterien über einen Murein-Sacculus verfügen. Hierzu zählen z. B. Milchsäurebakterien und der Darmbewohner *Escherichia coli*

Eukaryot Lebewesen mit Zellen mit innerer Kompartimentierung durch Membransysteme, die typischerweise einen echten Zellkern und Zellorganellen (wie z. B. Mitochondrien) enthalten. Alle Vielzeller und bestimmte Einzeller, wie z. B. Ciliaten oder Algen, sind Eukaryoten

Event Bezeichnung für eine bestimmte transgene Linie, die durch den Integrationsort und die Kopiezahl des eingebrachten Transgens gekennzeichnet ist

Exon Teil eines Mosaikgens; Exonen kodieren für Teilabschnitte eines Proteins und sind von Intronen unterbrochen

Expression Bildung eines Genproduktes; also die Transkription und Translation eines Gens

Expression, transiente zeitlich befristete Bildung eines Genproduktes in einer transgenen Pflanze

Expressionssysteme unterschiedliche transgene Organismen oder Zelltypen, die für die Bildung von Biopharmazeutika oder allgemeiner von Proteinen genutzt werden (Bakterien, Hefen, Säuger- oder Pflanzenzellen usw.)

Exzision Herauslösen, z. B. eines Transposons, aus der DNA. Bei einem solchen Exzisionsereignis werden DNA-Stränge geschnitten, das Transposon entfernt und die DNA-Stränge wieder zusammengefügt

F_{ab}-Fragment antigenbindendes Fragment eines Antikörpers

Ferritin Eisen-Protein-Verbindung; wichtige Transportform des Eisens im menschlichen Organismus

Fettsäure Kohlenwasserstoffkette mit einem Carboxylrest; Fettsäuren kommen gesättigt und ungesättigt (mit Doppelbindungen) vor

Fingerabdruck, genetischer Methode zur Identifizierung eines Individuums aufgrund seiner genetischen Merkmale mit ähnlicher Spezifität wie beim gewöhnlichen Fingerabdruck; von besonderer Bedeutung bei der Aufklärung von Straftaten und Vaterschaftsnachweisen; beruht auf der Amplifikation von hochgradig variablen Bereichen des Genoms. Als Ausgangsmaterial reicht ein einzelnes Haar, eine Hautschuppe, Blut-, Speichel- oder Spermareste

Flavanderivate (oder Flavonoide) Gruppe von Sekundärstoffen in Pflanzen mit Phenolkörper. Ihren Namen tragen sie wegen der gelben Farbe mehrerer hierher gehörender Stoffe; kommen in Pflanzen meist in glykosylierter Form vor

Freisetzungsexperimente Ausbringen von transgenen Organismen in die Umwelt unter kontrollierten Bedingungen auf einer begrenzten Fläche. Notwendige Zwischenstufe zur Kommerzialisierung von transgenen Organismen, um Erfahrungen unter natürlichen Bedingungen zu erhalten. In den meisten Ländern unterliegen Freisetzungsexperimente gesetzlichen Bestimmungen

F_V-Fragment Antikörperfragment, das nur aus den variablen Regionen besteht

Gattungshybride Kreuzung zweier Arten verschiedener Gattungen; z. B. entstand die Gattungshybride *Triticale* aus einer Kreuzung von Weizen (Gattung *Triticum*) und Roggen (Gattung *Secale*)

Gelelektrophorese Verfahren zur Auftrennung geladener Moleküle (Nukleinsäuren oder Proteine) mittels eines Gels (z. B. Agarose-Gel) im elektrischen Feld

Gen kodiert meist für ein Polypeptid (Eiweiß). Daneben gibt es noch Gene, die für bestimmte RNAs kodieren, wie z. B. für die ribosomalen RNAs (rRNA). Gene sind strukturell in einen Promotor, den für das Peptid (oder die RNA) kodierenden Bereich und einen Terminator getrennt. Im Gegensatz zu den meisten Bakterien oder Prokaryoten tragen die Gene der Eukaryoten oft zusätzliche unterbrechende DNABereiche, die man als Introcen bezeichnet. Diese Introcen werden im Verlauf der Genexpression durch den Vorgang des RNA-Spleißens wieder aus der RNA entfernt

Genaustausch Austausch eines Gens gegen ein anderes. Das Verfahren setzt eine homologe Rekombination voraus (Rekombination identischer Sequenzen) und ist deshalb bei den meisten Organismen (z. B. auch Pflanzen) ein schwierig durchzuführendes Verfahren, da dort häufig heterologe Rekombination (unspezifische Rekombination) überwiegt

Genehmigungspflicht die Freisetzung und die Kommerzialisierung (das Inverkehrbringen) gentechnisch veränderter Organismen ist in den meisten Ländern genehmigungspflichtig

Genfähren siehe Vektoren

Genom Bezeichnung der Gesamtheit der Erbinformation. Eukaryotische Zellen können mehrere Genome besitzen (Kerngenom, Mitochondriengenom und Plastidengenom), während Prokaryoten nur ein Genom aufweisen; zusätzlich können sogenannte Plasmide vorhanden sein

Genom-Edierung Verfahren zur punktgenauen und hochspezifischen Veränderung einer Nukleotidfolge in einem bestimmten Gen eines Genoms.

Genomsequenzierung Sequenzierung eines vollständigen Genoms eines Lebewesens

Genotyp Festlegung eines bestimmten Merkmals (z. B. der Blütenfarbe) durch ein oder mehrere definierte Allele eines Gens

Gentechnik Methodik zur Rekombination von Nukleinsäuren, die seit den frühen Siebziger-Jahren weite Verbreitung fand und mittlerweile Grundlage für fast alle biologisch-medizinischen Forschungsarbeiten ist. Alle modernen Erkenntnisse, z. B. über die Krebsentstehung oder das HI-Virus, beruhen auf der Anwendung gentechnischer Methoden

Gentechnikgesetz Bezeichnung für das Gesetz, das die Durchführung von gentechnischen Arbeiten in der Bundesrepublik Deutschland regelt

Gentransfer Übertragung von einzelnen oder mehreren Genen von einem Organismus zu einem anderen. Man unterscheidet vertikalen und horizontalen Gentransfer. Der vertikale Gentransfer findet innerhalb einer Art durch Vererbung von Generation zu Generation statt. Im Gegensatz dazu bezeichnet der horizontale Gentransfer die Übertragung von einer Art zu einer anderen. Horizontaler Gentransfer tritt z. B. häufig zwischen Mikroorganismen auf. Auch Pflanzen können einen horizontalen Gentransfer durch Pollenübertragung auf nahe verwandte Arten aufweisen. Ein horizontaler Gentransfer von Pflanzen auf Mikroorganismen wurde bislang dagegen nicht nachgewiesen. Er gilt aufgrund von Untersuchungen an Modellorganismen als extrem unwahrscheinlich

Geranylgeranylpyrophosphat sekundärer Pflanzenstoff aus der Gruppe der Isoprenoide (baut auf dem Grundbaustein Isopren auf), der eine Zwischenstufe bei der Synthese von z. B. Phytohormonen oder Carotinoiden darstellt

gewebespezifisch Vorgang, der nur in einem bestimmten Gewebetyp (z. B. dem Leitgewebe) abläuft

GFP *green fluorescent protein* aus der Qualle *Aequorea victoria,* das bei entsprechender Anregung durch UV-Licht grün leuchtet und damit ideal als Reportergen geeignet ist. Der besondere Vorteil liegt darin, dass zum Nachweis kein spezielles Substrat benötigt wird

Glukose Zucker (Hexose), der die Ausgangssubstanz für die Bildung von Stärke oder Zellulose darstellt und außerdem eine für Zellen einfach verwertbare Kohlenstoffquelle, die in der Glykolyse unter Energiegewinn zu Pyruvat umgewandelt wird. Manche Organismen können Glukose auch vergären (z. B. alkoholische Gärung)

Gluten Kleberprotein, das in bestimmten Getreiden vorkommt (vor allem Weizen); Menschen, die an Zöliakie leiden, können dieses Protein nicht abbauen und müssen eine strenge glutenfreie Diät einhalten. Dies ist aufgrund der weiten Verwendung von Weizenmehl in verschiedensten Nahrungsmitteln sehr problematisch

Glycinbetaine Betaine sind einfach gebaute Amine, die durch Methylierung der Aminosäure Glycin entstehen

Glykoprotein Protein, an das Zuckermoleküle gebunden sind

Glykosylierung Bindung von Zuckermolekülen an andere Moleküle, wie z. B. Proteine oder Anthocyane

Glyzerinphosphat Glyzerin, an das eine Phosphatgruppe angeheftet wurde

GMP *good manufacturing practice:* Richtlinien zur Qualitätssicherung der Produktionsabläufe in pharmazeutischen Betrieben

green fluorescent protein siehe GFP

Herbizid Substanz, die spezifisch den Wuchs von Pflanzen hemmt oder Pflanzen absterben lässt; man unterscheidet Totalherbizide (wie z. B. Glyphosat), die praktisch gegen alle Pflanzen wirken, und selektive Herbizide, die nur für bestimmte Pflanzengruppen wirksam sind (z. B. Bromoxynil, das gegen bestimmte zweikeimblättrige Pflanzen wirkt)

Herbizidresistenz durch Mutation oder gentechnische Veränderung in Pflanzen herbeigeführte Widerstandsfähigkeit gegen Herbizide

Heteroduplex doppelsträngiges DNA- oder RNA-Molekül, dessen beide Stränge unterschiedlicher Herkunft sind; schließt auch DNA-RNA-Heteroduplexe ein

Heterosiseffekt die erste Generation der Nachkommenschaft einer Kreuzung zweier Linien einer Art weist häufig eine verbesserte Vigilität auf, die bei Kulturpflanzen zu einer erhöhten Frucht- oder Samenbildung führt; daher kaufen Landwirte z. B. jedes Jahr neuen Maissamen, der aus einer solchen Kreuzung stammt. Hierfür benötigt man männlich sterile Pflanzen

heterozygot Pflanzen weisen, wie die meisten höheren Organismen, zwei (= diploid) oder mehrere (= polyploid) Kopien ihrer Chromosomensätze auf. Unterscheiden sich diese Kopien hinsichtlich der Allele eines bestimmten Gens, so nennt man sie heterozygot in Bezug auf dieses Merkmal

Hybridisierung Bezeichnung in der Molekularbiologie für ein Verfahren zum Nachweis identischer oder sehr ähnlicher Nukleinsäuren

Hygromycin-B-Phosphotransferase bakterielles Enzym, das das Antibiotikum Hygromycin B durch Phosphorylierung (anheften von Phosphatgruppen) inaktiviert

Hyoscyamin stark giftiges Alkaloid, das z. B. in der Tollkirsche vorkommt; bei der Extraktion aus der Pflanze entsteht das Atropin, welches als pupillenerweiterndes Medikament bereits im Altertum Verwendung fand

Hypermethylierung Anfügen von Methylgruppen an DNA-Moleküle durch zelluläre Enzyme bezeichnet man als Methylierung. Bei der Hypermethylierung findet eine so starke Methylierung statt, dass es zur Inaktivierung der Genexpression kommen kann

Illumina Methode des *next generation sequencing*

Immunisierung Schutzimpfung, die auf einer aktiven oder passiven Immunreaktion beruht. Bei der aktiven Impfung wird als Impfstoff ein Antigen (z. B. schwaches oder inaktives Virus) verabreicht, wodurch die Bildung von Antikörpern induziert wird. Bei der passiven Immunisierung werden Antikörper als Impfstoff eingesetzt. In der Regel ist die aktive Impfung nachhaltiger

Infiltrationsmethode Methode zur gentechnischen Veränderung von Pflanzen, bei der blühende Pflanzen in eine *Agrobacterium-Suspension* eingetaucht werden und als Folge später transgener Samen gebildet wird

Inhibitor Substanz, die eine hemmende Wirkung, z. B. auf ein Enzym hat

Integrationsort Position im Genom, an der ein Transgen integriert wurde

Interaktion Wechselwirkung zwischen Atomen oder Molekülen, die nicht auf einer kovalenten Bindung beruhen (z. B. Bildung von Wasserstoffbrücken zwischen den Basen der DNA)

Introgression Transfer von DNA von einer taxonomischen Spezies zu einer anderen taxonomischen Spezies und Ausbreitung der DNA unter den Individuen der zweiten Spezies

Intron Bereich eines Mosaikgens, der nicht für das von dem Gen gebildete Protein kodiert und vor der Translation aus der RNA durch RNA-Spleißen entfernt wird

Invasivität Ausbreitung einer Pflanzenart in neue Biotope; oft auch ungewollt, wie z. B. beim Riesenbärenklau, der aus dem Kaukasus stammt, zunächst als Gartenpflanze verwendet wurde und sich mittlerweile in Europa ausgebreitet hat

invers repetitiv umgekehrte Wiederholung von Basen in der DNA; Bsp.:CAACGGTTG CAACCGTTG; markiert die Enden bestimmter Transposonen der eukaryotischen Klasse II

isoelektrische Fokussierung Auftrennung von Proteinen in einem pH-Gradienten entsprechend der Ladungen der Aminosäuren des Proteins

Isopren Trivialname für 2-Methylbuta-1,3-dien; Grundeinheit der Terpene

Kallus undifferenzierter Gewebeklumpen, der bei der Regeneration von Pflanzen aus Protoplasten oder Gewebestücken als Zwischenform auftritt. Durch Zugabe von bestimmten Phytohormonen kann eine Differenzierung in Spross und Wurzel eingeleitet werden

Kanamycin Aminoglykosid-Antibiotikum mit geringer therapeutischer Bedeutung für den Menschen; findet in der gentechnischen Veränderung von Pflanzen als selektives Antibiotikum Verwendung

Karten, physische auch physikalische oder Restriktionskarten genannt; eine Art „Landkarte der DNA", bei der die Position einzelner Schnittstellen von Restriktionsendonukleasen markiert wird

Karyopse die Frucht der Süßgräser (Poaceae); geht aus einem oberständigen Fruchtknoten hervor; charakteristisch sind die verwachsenen Samen- und Fruchtschalen

Keimbahn bei mehrzelligen Tieren kommt es zur frühen Bildung einer Keimbahn, die der Fortpflanzung dient. Dem entgegen stehen die somatischen Zellen, die sich nicht an der Fortpflanzung beteiligen. Pflanzen besitzen keine Keimbahn

Kennzeichnungs-Verordnung EU-Verordnung zur Kennzeichnung von Produkten, die gentechnisch veränderte Organismen enthalten, daraus bestehen oder Stoffe enthalten, die mit gentechnisch veränderten Organismen hergestellt wurden

Kennzeichnungspflicht siehe Kennzeichnungs-Verordnung

Kohlenhydrat Zucker und daraus abgeleitete Verbindungen (z. B. Stärke)

Kohlenwasserstoffkette Grundkörper, z. B. von Fetten; besteht nur aus Kohlenstoff- und Wasserstoffatomen

Kommerzialisierung gemeint ist hier der Verkauf von gentechnisch verändertem Saatgut oder gentechnisch veränderten Pflanzenprodukten (Inverkehrbringen); unterliegt in den meisten Staaten gesetzlichen Bestimmungen

Kompartiment abgeschlossener Raum innerhalb einer Zelle, der durch Membransysteme begrenzt ist (nur bei Eukaryoten)

Komplementationsgruppen durch genetische Kreuzungsanalyse definierte Zahl von Genen, die bei Zellteilungen immer als Gruppe vererbt werden. Eine genetische Kopplungsgruppe entspricht weitgehend einem Chromosom

Konjugation, bakterielle Vorgang bei Bakterien, bei dem durch feine Filamente eine „Brücke" zwischen zwei Bakterien gebildet wird, durch die DNA von einer Zelle in die andere gelangen kann. Auf diese Weise werden beispielsweise Resistenzgene gegen Antibiotika leicht ausgetauscht. Im Extremfall können so multiresistente Keime entstehen, gegen die (fast) alle Antibiotika wirkungslos sind

kovalent dauerhafte chemische Verbindung zweier Atome oder Moleküle

L-Phosphinotricin Glufosinat (Totalherbizid)

Laccase kupferhaltige Enzyme bei Mikroorganismen und Pflanzen; Bezeichnung nach dem japanischen Lackbaum, aus dem zuerst ein solches Enzym isoliert wurde; Laccasen katalysieren die Oxidation phenolischer Substanzen

Laurat gesättigte, unverzweigte Fettsäure, die als Glyzerinester, z. B. im Kokosfett, vorkommt

Lektin auch als Phytoagglutinine bezeichnete, wichtige Gruppe von Glykoproteinen, die bei mehr als 800 Pflanzenarten vorkommen und zur Agglutinierung von roten Blutkörperchen führen können. Transgene Kartoffeln, die ein Lektingen ex- primieren, spielten eine wichtige Rolle bei den umstrittenen Experimenten von Pusztai

Leserahmen, offener Bereich einer DNA, bei dem zwischen einem Start-Kodon (ATG) und einem Stopp-Kodon (TGA, TAG, TAA) eine größere Anzahl von Kodonen vorhanden ist, die möglicherweise für ein Protein kodieren; wird meist als ORF (offener Leserahmen von englisch *open reading frame*) bezeichnet

Leseraster da die DNA die Information als Triplett-Kode verschlüsselt, sind je DNA-Strang drei Leseraster möglich, je nachdem, ob man mit dem ersten, zweiten oder dritten Nukleotid beginnt. Bei einem doppelsträngigen Molekül sind es sechs Leseraster

Ligase Enzym, das zwei DNA-Fragmente kovalent verbinden kann. In der Gentechnik bedeutsam zur Herstellung rekombinanter DNA. Insbesondere die Ligase des Bakteriophagen T4 wird hierfür verwendet

Luciferase Enzym, das unter Verbrauch von ATP das Substrat Luciferin spaltet, wobei Energie in Form von Licht freigesetzt wird

Malonyl-CoA Vorstufe u. a. der Fettsäuresynthese

Mannitol Alkohol des sechswertigen Zuckers Mannit; in vielen Pflanzensäften zu finden

Mannitol-Dehydrogenase Enzym, das ein Wassermolekül aus Mannitol abspaltet

Mantelsaat ein Feld gentechnisch veränderter Pflanzen wird von mehreren Reihen unveränderter Pflanzen umgeben; dadurch soll ein ungewollter Pollenflug vermindert werden

Markergen, dominant selektiv spezielles Reportergen, mit dem man selektiv nur solche Organismen anziehen kann, die ein entsprechendes Markergen tragen. Beispielsweise überleben auf einem Nährboden mit Ampicillin nur Bakterien mit einem β-Lactamase-Markergen, dessen Genprodukt das Antibiotikum inaktiviert

Maturase von einem Intron kodiertes Gen, dessen kodiertes Protein am Spleißprozess beteiligt ist

Meiose Reifeteilung, bei der aus einer diploiden Mutterzelle in zwei Teilungs-
schritten vier haploide Tochterzellen (Gameten) entstehen; hierbei werden
zunächst die Chromosomensätze verdoppelt, und die homologen Chromo-
somenpaare aus je zwei Chromatiden lagern sich zusammen. Dadurch entsteht ein Stadium, bei dem vier Chromatiden zusammenlagern. Kommt
es zu Rekombinationsvorgängen (Crossing-over) zwischen zwei Nicht-
schwester-Chromatiden, kann die Kopplung der Anlagen durchbrochen werden

Mendel'sche Vererbungsregel von dem Mönch Gregor Mendel aufgestellte
Regeln für die Vererbung von Merkmalen; bilden die Grundlage für die gezielte
Zucht von Pflanzen und Tieren

Meristem embryonales Gewebe bei Pflanzen

Meselson-Stahl-Experiment berühmtes Experiment, mit dem unter Zuhilfe-
nahme von Stickstoffisotopen und eines speziellen Zentrifugationsverfahrens
(Cäsiumchlorid-Dichtegradienten-Zentrifugation) der Nachweis der semikonservativen DNA-Replikation gelang

Metallothioneine häufig vorkommende niedermolekulare Proteine mit hohem
Metall- und Schwefelgehalt. Sie spielen eine wichtige Rolle in der zellulären
Fixierung von Spurenelementen und Eisen. Außerdem können sie die toxischen
Effekte von Cadmium und Quecksilber neutralisieren

Metallothionin-Gen Gen, das für ein Metallothionein kodiert Methylierung –
siehe Hypermethylierung

Microarray meist ein Glasträger, auf den von speziellen Pipettierrobotern eine
große Zahl unterschiedlicher DNA-Proben aufgetragen wurde, die im Idealfall
alle Gene eines Organismus repräsentieren; wird für die Transkriptomanalyse
benötigt

Mitochondrien (Einzahl = Mitochondrium) Zellorganell bei Eukaryoten mit
eigenem Genom; dient insbesondere der Bereitstellung von Energie in Form
von ATP

Molekulargenetik Lehre von den molekularen Grundlagen der Vererbung

Molekulargewichtsmarker Marker zur vergleichenden Bestimmung der Größen von Nukleinsäuren oder Proteinen. Bei der Gelelektrophorese wird ein
entsprechender Größenmarker zusammen mit Nukleinsäuren oder Proteinen unbekannter Größe verwendet. Durch Vergleich der Wanderungsstrecke
von Größenmarker und Probe im Gel kann das Molekulargewicht der Probe
ermittelt werden

Monarchfalter (Danaus plexippus) Schmetterlingsart, die im Zusammenhang
mit gentechnisch verändertem, herbizidresistentem Mais bekannt wurde.
Aufgrund eines Laborversuches wurde eine ungewollte Schädigung des
Monarchfalters durch den herbizidresistenten Mais postuliert. Dies ließ sich
aber in Freilandversuchen so nicht bestätigen

Morphin Alkaloid, das beim Menschen betäubende und suchtbildende Wirkung hat. Wichtiges Schmerzmittel gegen sehr starke und unerträgliche Schmerzen

mRNA siehe RNA

Mutation meist spontan auftretende Veränderung des Erbmaterials. Man unterscheidet verschiedene Formen wie Punktmutationen, die nur ein Nukleotid betreffen, oder Chromosomenmutationen, bei denen sogar ganze Chromosomen umgelagert werden oder ganz verloren gehen. Mutationen können durch chemische Agenzien oder Strahlungen (z. B. durch radioaktive oder UV-Strahlen) induziert werden

Mykotoxin meist von Schimmelpilzen in ihr Substrat abgegebene Giftstoffe wie z. B. das Aflatoxin, das Ochratoxin oder das Patulin

N-Acetyl-L-Ornithindeacetylase Enzym aus dem Darmbakterium *Escherichia coli,* das A-Acetyl- L-Phosphinothricin in das Glufosinat (Totalherbizid) L-Phosphinotricin umwandeln kann

N-Acetyl-L-Phosphinothricin ungiftige Vorstufe des Glufosinats (Totalherbizids) L-Phosphinotricin

NADH-Dehydrogenase einer der Enzymkomplexe in der inneren mitochondrialen Membran, die für den Elektronentransport in der Atmungskette notwendig sind

Naturstoff-Screening systematische Suche in großem Maßstab nach neuen, pharmakologisch aktiven Wirksubstanzen aus Pflanzen, Tieren oder Mikroorganismen

Neutralfett Ester aus dem Alkohol Glyzerin und drei Fettsäuren

Nukleotid Baustein der DNA oder RNA, bestehend aus Zucker, Phosphat und einer spezifischen Base (Adenin, Cytosin, Guanin, Thymin oder stattdessen Uracil bei RNA)

Ökosystem Wirkungsgefüge von abiotischen (Biotop) und biotischen (Biozönose) Faktoren

Oligonukleotide kurze Kette von bis 100 Nukleotiden oder mehr, die man mittels sogenannter Gen-Synthesizer automatisch chemisch synthetisieren kann. Aus vielen solchen Oligonukleotiden kann man ganze Gene künstlich zusammensetzen

Operator eine DNA-Region, die mit einem Repressor wechselwirken kann und dadurch die Expression nachgeordneter Gene beeinflusst

Operon eine Reihe von Genen, die gemeinsam unter Kontrolle eines Operators transkribiert werden; Operons ermöglichen die koordinierte Kontrolle einer Reihe von Genen, deren Produkte ähnliche Funktionen ausführen

Opine besondere Verbindungen aus Aminosäuren und Zuckern oder Ketosäure, die nur von Agrobakterien genutzt werden können

ORF siehe Leserahmen, offener

Organellen besondere Kompartimente mit spezifischen Funktionen in den Zellen von Eukaryoten

PCR (Polymerase-Kettenreaktion) Verfahren zur spezifischen, vielmillionenfachen Vermehrung definierter DNA-Abschnitte. Große Bedeutung in Molekulargenetik, Gentechnik und Forensik

Pektin Bestandteil der Zellwände von Pflanzen; insbesondere auch in Früchten zu finden. Chemisch gesehen handelt es sich um eine Gruppe von komplexen Polysacchariden, die u. a. aus D-Galakturonan bestehen

Pektinase Enzym zum Abbau von Pektin

Pentathriol-Tetranitrat-Reduktase bakterielles Enzym, das TNT und ähnliche Substanzen zu harmlosen Verbindungen abbauen kann; soll in transgenen Pflanzen zur Bodensanierung verwendet werden

Persistenz Beständigkeit eines Organismus in einem Ökosystem

Pflanzenschutzmittel Sammelbezeichnung für in der Landwirtschaft eingesetzte Spritzmittel, wie z. B. Herbizide (gegen Wildkräuter), Fungizide (gegen parasitische Pilze) oder Pestizide (gegen Insekten)

Pflanzenstoff, sekundärer Substanzen, die für den primären Energiestoffwechsel zwar nicht bedeutsam sind, sich aber vom Aminosäure-, Kohlenhydrat- und Fettstoffwechsel ableiten und eine extrem vielfältige Substanzgruppe darstellen. Viele besitzen eine pharmakologische Bedeutung (z. B. die Alkaloide) oder sind in der Lage, das menschliche Wohlbefinden zu fördern

Phänotyp ausgebildetes erkennbares Merkmal eines Allels (z. B. rote Blütenfarbe)

pH-Gradient bei der isoelektrischen Fokussierung werden Gele verwendet, bei denen der pH-Wert im Gel einen Gradienten bildet, d. h. kontinuierlich von einem niedrigen zu einem hohen pH-Wert übergeht

Phosphatidsäuren Diacylglyzerin-3-phosphat

Phosphorylierung Anheftung von Phosphatgruppen; ein wichtiges Prinzip zur Aktivierung oder Inaktivierung von chemischen Verbindungen und Enzymen

Phytase Enzym, das Phytat hydrolysieren kann und dabei unter anderem Phosphat freisetzt

Phytat zuckerhaltige Phosphatspeichersubstanz, die vom Menschen nicht verwertet werden kann

Phytohormone von Pflanzen gebildete Botenstoffe, die in geringer Menge wirksam sind und bei denen Bildungs- und Wirkort unterschiedlich sind. Man unterscheidet verschiedene Phytohormone mit überwiegend hemmender oder fördernder Wirkung. Jedes Phytohormon beeinflusst in der Regel eine Vielzahl verschiedener Prozesse. Die Phytohormone Auxin und Cytokinin werden in der pflanzlichen Gentechnik zur Regeneration von intakten Pflanzen aus Kalli verwendet

Phytoremediation Sanierung kontaminierter Böden mithilfe von Pflanzen

Plasmid zusätzliches, meist ringförmiges DNA-Molekül, das sich unabhängig vom Hauptgenom replizieren kann. Plasmide kommen bei Pro- und einigen Eukaryoten vor und sind wichtig für die Konstruktion von Vektoren für die Gentechnik

Plastiden Zellorganellen der Pflanzen, die in ihrer grünen Form Chloroplasten heißen und in der Lage sind, aus Licht, Wasser und Kohlendioxid Sauerstoff und Zucker zu bilden. Ohne diese Reaktion wäre tierisches Leben nicht möglich. Andere Formen der Plastiden sind z. B. die Chromoplasten, Amyloplasten oder die Leukoplasten; die Vorstufe der Plastiden nennt man Proplastiden

Pleiotropie Beeinflussung mehrerer Merkmale durch ein Gen

Polyacrylamid-Gel Gelmatrix aus Acrylamid und Bisacrylamid zur Auftrennung von Proteinen, kleinen DNA-Fragmenten (< 1 kb) oder für Sequenziergele

Polyacrylat polymere Ester der Acrylsäure sowie von Acrylsäurederivaten mit Alkoholen (Kunststoffe); werden z. B. in Lacken als Dispergiermittel eingesetzt

Polyamide Polymere, deren monomere Bausteine Amide sind (z. B. Perlon, Nylon)

Polycarboxylat lineare Polymere mit sehr vielen Carboxygruppen; werden z. B. in Waschmittel eingesetzt

Polyester Polymere, die durch Polykondensation von Dikarbonsäuren mit mehrwertigen Alkoholen hergestellt werden (z. B. Polyhydroxybuttersäure)

Polygalacturonase siehe Pektinase **Polyhydroxybuttersäure** – siehe Polyester

Polymorphismus siehe Restriktionsfragment-Längenpolymorphismus

Polypeptid siehe Protein

Polysaccharid Kette von zahlreichen Zuckermolekülen; z. B. bei der Stärke oder der Zellulose

Primärstruktur Abfolge der Nukleotide in der RNA bzw. DNA oder der Aminosäuren in einem Protein

Primäre Transformante durch gentechnische Veränderung erhaltene transgene Pflanze mit einem definierten Integrationsort und einer bestimmten Kopienzahl

Primer kurzes DNA- oder RNA-Molekül (Oligonukleotid), das als Startpunkt für eine DNA-Polymerase funktioniert

Primer Extension Verfahren zur Bestimmung des Transkriptionsstartes; basiert auf der Verlängerung eines an die RNA gebundenen Primers mithilfe einer Reversen Transkriptase

Projektleiter Person, die dem Gesetzgeber gegenüber für die ordnungsgemäße Durchführung der gentechnischen Arbeiten verantwortlich ist; der Projektleiter muss über spezielle Sachkenntnis verfügen

Promotor Bereich eines Gens, über den die Aktivität des Genes reguliert wird. Promotoren unterscheiden sich bei unterschiedlichen Organismengruppen

Protein Kette von Aminosäuren mit spezifischer Sequenz und Struktur; wird auch als Eiweiß oder Polypeptid bezeichnet. Man unterscheidet unter anderem Strukturproteine (z. B. Keratin), Enzyme und regulatorische Proteine

Proteom Analyse der Gesamtheit der gebildeten Proteine einer Zelle, eines Gewebes oder eines Organismus unter verschiedenen physiologischen Bedingungen oder von verschiedenen Entwicklungsstadien

Protoplasten zellwandlose Zelle von Pflanzen, Pilzen oder Bakterien, die durch Behandlung mit speziellen Enzymen entstehen

Protoplastenfusion Fusion von zwei oder mehreren Protoplasten. Im Labor wird der Vorgang meist durch Zugabe von Polyethylenglykol induziert

PTGS Abkürzung für *posttranscriptional gene silencing,* ein Prozess, der – vereinfacht ausgedrückt – zur Inaktivierung von Genen durch Abbau des Transkriptes führt

Quartärstruktur Zusammenlagerung mehrerer Proteinuntereinheiten zu einem komplexen Multimer. Hierbei können sich gleiche oder verschiedene Untereinheiten zu einem funktionellen Komplex zusammenlagern

Quecksilber-Reduktase-Gen kodiert für eine Quecksilber-Reduktase, die Quecksilbersalze in metallisches Quecksilber überführt

Quelling ursprüngliche Bezeichnung für das *posttranscriptional gene silencing* beim Schimmelpilz *Neurospora crassa*

reaktive Sauerstoffverbindung wird auch als freies Radikal bezeichnet; Verbindung mit ungepaarten Elektronen

Regeneration Bildung von intakten Pflanzen aus Protoplasten, Kalli oder Gewebestücken in der Pflanzenzüchtung

Rekombination Neukombination von Erbanlagen. Dieser Prozess erfolgt normalerweise bei der Meiose. Bei Transformationsexperimenten wird DNA in Zellen eingebracht und integriert häufig in die Kern-DNA. Dies erfolgt entweder an Bereichen mit gleicher Sequenz (homologe R.) oder zufällig (heterologe oder illegitime R.)

repetitiv sich wiederholend (z. B. mehrfach hintereinander liegende Kopien eines Gens)

Replikation Vorgang der Vervielfältigung der DNA, in der Regel im Rahmen von Zellteilungen (Ausnahme z. B. Replikation der DNA von Viren); erfolgt als sogenannte semikonservative Replikation, an der zahlreiche Enzyme beteiligt sind

Reportergen Gen, das für ein einfach nachweisbares Protein kodiert (z. B. GFP)

Repressorgen Gen, das für ein Repressorprotein kodiert, wie es z. B. bei der Regulation des bakteriellen Lac-Operons benötigt wird

Resistenz Widerstandsfähigkeit gegen eine toxische Verbindung (z. B. Herbizid-resistenz). Üblicherweise wird auch die Abwehr von Insekten durch von Pflanzen gebildete Gifte als Resistenz bezeichnet

Resistenzgen Gen, das für ein Protein kodiert, welches Resistenz gegen eine bestimmte Substanz (z. B. Herbizid oder Antibiotikum) verleiht

Restorergene Kerngene, die zur Fertilität zytoplasmatisch männlich steriler Pflanzen führen

Restriktionsendonukleasen Enzyme, die DNA-Fragmente sequenzspezifisch hydrolysieren (spalten)

Restriktionsfragment-Längenpolymorphismus Unterschied zwischen den Mustern, die nach Verdau der DNA verschiedener Arten, Sorten oder Allele mit Restriktionsenzymen auftreten

Restriktionsenzyme siehe Restriktionsendonukleasen

Retrovirus Virus, das seine Erbinformation in Form von RNA trägt und über ein spezielles Enzym zur Replikation verfügt. Hierbei handelt es sich um eine Reverse Transkriptase, die RNA in DNA umschreibt. Retroviren sind z. T. gefährliche Krankheitserreger bei Wirbeltieren (z. B. das HIV-Virus)

Reverse Transkriptase eine RNA-abhängige DNA-Polymerase, die ausgehend von RNA eine cDNA polymerisiert; das Enzym kommt bei Retroviren vor

Reverse Transkription Bezeichnung für den Vorgang der cDNA-Bildung

Rezeptor Protein, Zelle oder Zellorganell, das/die spezifisch einen bestimmten Reiz wahrnimmt und über eine Signalkette weiterleitet; z. B. nimmt das Rhodopsin in den Zellen der Netzhaut Licht in Form von Photonen wahr und leitet diese Information über die Nervenbahnen weiter

Ribosom Protein-RNA-Komplex, der eine wichtige Rolle bei der Synthese von Proteinen spielt (Translation)

Ribozym RNA-Molekül mit katalytischer Eigenschaft

RNA Nukleinsäure, die im Gegensatz zur DNA Uracil statt Thymin und an Stelle der Desoxyribose eine Ribose trägt; man unterscheidet mRNA, rRNA und Trna

RNAi ursprünglich Name für das gezielte *posttranscriptional gene silencing* (PTGS) bei Tieren (RNA-Interferenz); mittlerweile allgemein üblicher Begriff für PTGS unabhängig vom Zielorganismus

RNA-Polymerase Enzym, das ein RNA-Molekül synthetisiert. Als Vorlage (Template) dient meist ein DNA-Molekül (DNA-abhängige RNA-Polymerase). Es gibt aber auch RNA-Polymerasen, die RNA-Moleküle als Template verwenden können (RNA-abhängige RNA-Polymerase)

RNase Enzym, das RNA-Moleküle abbauen kann; man unterscheidet verschiedene Unterarten, wie z. B. die RNase A oder RNase H

RNase A spezielle RNase, die einzelsträngige, nicht aber doppelsträngige RNA abbaut

RNase H RNase, die die RNA in einem DNA-RNA-Hybrid abbaut; wird bei der retroviralen reversen Transkription benötigt

RNA-Spleißen Bezeichnung für den Vorgang, bei dem Intronen aus einer RNA entfernt (gespleißt) werden; siehe auch alternatives Spleißen

Rohstoffe, nachwachsende Produktion von Rohstoffen, wie z. B. Öl oder Kunststoffen, mittels Kulturpflanzen

rRNA RNA-Komponente der Ribosomen

Saccharose Zucker aus Glukose und Fruktose; wird aus Zuckerrohr und Zuckerrübe industriell gewonnen

Schwefelbrücken Sulfidbrücken zwischen Cysteinresten in einem Protein, die wichtig zur Bildung der räumlichen Struktur eines Proteins sind

Scopolamin Alkaloid, das dem Hyoscyamin nahesteht und als Beruhigungsmittel und einleitendes Narkotikum Verwendung findet

Sekundärstruktur strukturelle Muster eines Proteins oder einer Nukleinsäure durch Wechselwirkungen der Aminosäuren bzw. Basenpaarungen. Bei den Peptiden unterscheidet man als wichtige Komponenten der Sekundärstruktur α-helikale- Bereiche und ß-Faltblatt-Bereiche

selbstfertil hier eine Pflanze, die sich selbst befruchten kann

Selektion hier die Unterscheidung von transformierten und nicht transformierten Organismen mittels Markergenen (Verb: selektieren)

Sequenzanalyse Analyse der festgestellten Abfolge der Nukleotide eines Gens oder eines ganzen Genoms mithilfe von Computern. Ziel ist die Identifizierung von Genen und deren möglicher Funktion

Sequenzierung Feststellung der Abfolge der Nukleotide eines Gens oder eines ganzen Genoms

Sicherheitsforschung wissenschaftliche Forschungsarbeiten, um eventuelle Gefahren durch gentechnisch veränderte Organismen zu erkennen und zu bewerten

Signalsequenz Peptidsequenz, die sich bei der Bildung eines Proteins meist an dessen Anfang oder Ende befindet und wichtig für die zelluläre Lokalisation eines Proteins ist. Die Signalsequenz bestimmt, in welches Kompartiment ein Protein transportiert wird. Während des Transportprozesses in das Kompartiment wird die Signalsequenz enzymatisch abgespalten

Shine-Dalgarno-Sequenz Ribosomenbindestelle der Bakterien

Silencer Bereich auf der DNA, der die Transkription eines Gens hemmt

Skutellum aus einem Keimblatt umgewandeltes, schildförmiges Saugorgan der Graskeimlinge

somatisch bezeichnet Zellen, die nicht der sexuellen Fortpflanzung dienen; letztere nennt man generative Zellen

somatischer Bastard Produkt aus einer Kreuzung zweier verschiedener Arten oder Gattungen; z. B. *Triticale* (Kreuzung aus Weizen und Roggen); derartige Kreuzungen setzen häufig biotechnologische Verfahren, wie z. B. die Protoplastenfusion, voraus. Gentechnische Methoden sind nicht unbedingt notwendig

Sonde Sonden-DNA; radioaktiv oder chemisch markierte DNA für die Verwendung in Hybridisierungsexperimenten

Spleißosom Protein-RNA-Komplex, der für die Spleißreaktionen notwendig ist

Stärke Polysaccharid aus 1,4- α glykosidischen Glukoseresten, die verzweigt (Amylopektin) oder unverzweigt (Amylose) angeordnet sein können. In Pflanzen eine wichtige Speicherform der Glukose

Stärkesynthetase Enzym, das bei der Stärkebildung in Pflanzen benötigt wird

Streptavidin ein Protein aus *Streptomyces avidinii;* geht sehr starke Bindungen mit Biotin ein

Strukturlipid Fett, das Anteil am Aufbau von Zellmembranen hat

Tapetum spezielle Zellen in den Antheren (Staubblättern), die der Ernährung des jungen Pollens dienen

Taq-Polymerase hitzestabile DNA-Polymerase aus dem Bakterium *Thermophilus aquaticus,* die bei der PCR verwendet wird

Taxol Alkaloid, das ursprünglich aus der Eibe gewonnen wurde und zur Krebstherapie eingesetzt wird

281

Terminator Bereich am Ende eines Gens, der für die RNA-Polymerase das Signal zur Beendigung der Transkription gibt

Tertiärstruktur beschreibt alle Aspekte der dreidimensionalen Faltung eines Proteins oder einer Nukleinsäure (z. B. tRNA)

Tetraterpen Terpen mit 40 Kohlenstoffatomen; natürliche Tetraterpene sind die etwa 150 bekannten Carotinoide

TGS Abkürzung für *transcriptional gene silencing;* ein Vorgang, bei dem Gene inaktiviert werden und dadurch die Transkription unterbleibt oder reduziert wird. Dies kann zum Beispiel durch Methylierung des Promotors erfolgen

Thermozykler prozessorgesteuertes Gerät, mit dessen Hilfe die PCR-Reaktion durchgeführt wird

Thioesterase Enzym, das Thioester-Bindungen spaltet

Thionin basischer Farbstoff (3,7-Diaminophenazathioniumchlorid)

TILLING *targeted induced local lesions in genomes:* molekulargenetische Methode zur gezielten Identifizierung von Punktmutationen in Genen

totipotent Zellen, die die Fähigkeit haben, sich zu vollständigen Pflanzen zu regenerieren

Transformation Einbringen von „nackter" DNA in Bakterien, eukaryotische Einzeller, Pilze und Pflanzen; bei tierischen Zellen bedeutet dieser Begriff dagegen die Umwandlung in eine Krebszelle

Transformation, biolistische Transformation mittels eines Schussapparates

Transformationsrate Effizienz, mit der eine Transformation durchgeführt wurde; d. h. das Verhältnis der transformierten Zellen zur Gesamtzahl der verwendeten Zellen

Transgen fremdes Gen, das in einen Organismus künstlich eingebracht (transformiert) wird

transgene Organismen Organismen, die fremde Gene enthalten, die durch Transformation eingeführt wurden; derartige Organismen nennt man genetisch modifiziert (GM), genetisch veränderter Organismus (GVO) oder genetisch modifizierter Organismus (GMO)

Transkription Bildung einer mRNA komplementär zu der DNA eines Gens

Transkriptionsfaktor Protein, das die Transkription eines Gens fördert oder hemmt; man unterscheidet allgemeine und spezielle Transkriptionsfaktoren. Allgemeine Transkriptionsfaktoren sind generell für praktisch jeden Transkriptionsvorgang notwendig, während spezielle Transkriptionsfaktoren z. B. die zell- und gewebespezifische Transkription steuern

Transkriptionsstartpunkt Stelle auf der DNA, an der die Transkription beginnt; wird über den Promotor definiert

Transkriptionsende Stelle auf der DNA, an der die Transkription endet; wird über den Terminator definiert

Transkriptom Analyse der Gesamtheit aller Transkripte einer Zelle, eines Gewebes oder eines Organismus; kann mittels vollständiger RNA-Sequenzierung untersucht werden

Translation Umsetzung der mRNA-Sequenz in eine Abfolge von Aminosäuren an den Ribosomen mithilfe von tRNAs (= Proteinbiosynthese)

Transposon mobiles genetisches Element, das seine Lage im Genom aktiv ändern kann

Transposon-Mutagenese Verfahren zur Herstellung von Mutanten mittels Transposonen

Triplett Abfolge von drei Nukleotiden auf der DNA, die ein Kodon bilden, das für eine Aminosäure oder ein Stopp-Kodon kodiert

tRNA spezielle Form der RNA, die für die Translation benötigt wird; tRNAs besitzen ein sogenanntes Antikodon, mit dem sie an ein definiertes Kodon der mRNA binden können; jede tRNA ist mit einer spezifischen Aminosäure „beladen"; die Aminosäuren der an die mRNA gebundenen tRNAs werden zu einem Polypeptid verbunden; der ganze Prozess findet an den Ribosomen statt

Tropicamid Alkaloid mit pharmazeutischer Bedeutung

Tumor Geschwulst, bei Pflanzen spricht man auch von Gallen

Tumor induzierend löst Bildung einer Geschwulst (Galle) aus (hier im Zusammenhang mit *Agrobacterium tumefaciens* gebrauchter Begriff)

Varianz, somaklonale Auftreten von Mutationen bei der Regeneration von Pflanzen aus Blattstücken oder Protoplasten

Vektoren modifizierte Plasmide, die der Übertragung fremder DNA in bestimmte Organismen dienen

Vektorsystem, binäres Bezeichnung für bestimmte Vektoren zur Transformation von Pflanzen mit *Agrobacterium tumefaciens*

Vererbung, zytoplasmatisch, mütterlich Vererbung von Merkmalen, die in Mitochondrien oder Plastiden kodiert werden; da diese meist nur über den mütterlichen Elter übertragen werden, spricht man von mütterlicher Vererbung

Viren biologische Strukturen, die sich nur mithilfe von Wirtszellen vermehren können; bestehen meist aus Nukleinsäure und Proteinhülle, die manchmal zusätzlich von einer Membran umgeben ist; zahlreiche gefährliche Krankheitserreger

Viroide ringförmige, einzelsträngige RNA-Moleküle ohne Proteinhülle, die zum Teil schwere Erkrankungen bei Pflanzen auslösen können

Virulenz Bezeichnung für die Aggressivität eines Erregers (hohe oder niedrige V.)

YAC *yeast artificial chromosome,* Vektor für die Klonierung großer DNA-Fragmente (>100 kb) in der Hefe *Saccharomyces cerevisiae;* der Vektor trägt ein Centromer und an den Enden Telomere und verhält sich daher in der Hefe wie ein zusätzliches Chromosom

zellspezifisch Vorgang, der nur in einem bestimmten Zelltyp (z. B. den Epidermiszellen) abläuft

Zellulase Zellulose abbauendes Enzym

Zellulose Zellwandsubstanz der meisten Pflanzen und von ‚Pilzen' aus der Gruppe der Oomyceten; es handelt sich um D-Glukose in ß-1,4-glykosidischer Bindung mit linearer Struktur

Zentrale Kommission für die Biologische Sicherheit abgekürzt ZKBS; Kommission, die die Sachkunde der Genehmigungsbehörde in Fragen der Gentechnik sicherstellen soll und insbesondere sicherheitsrelevante Fragen prüft

Zinkfinger eine Abfolge von Aminosäuren, die zwei benachbarte Histidin- und zwei in der Nähe befindliche Cysteinreste trennen; die beiden Aminosäurenpaare komplexieren ein Zinkion; die Bindung des Zinkfingers an die DNA erfolgt sequenzspezifisch

Zinkfinger-Nuklease synthetisches Enzym für das Genom-edieren basierend auf einer Folge von Zinkfingern und einer Nuklease

Zöliakie Erkrankung der Darmschleimhaut aufgrund der Unverträglichkeit von Guten; erfordert strenge glutenfreie Diät

Zuchtwahl Bezeichnung für gezielte Veränderungen an Pflanzen und Tieren durch Züchtung

Zytoplasma Grundsubstanz der Zellen, die die Organellen enthält

zytoplasmatisch männliche Sterilität Unfähigkeit von Pflanzen, fertilen Pollen zu bilden; beruht auf Veränderungen in den Mitochondrien und wird mütterlich vererbt e Sterilität

Stichwortverzeichnis

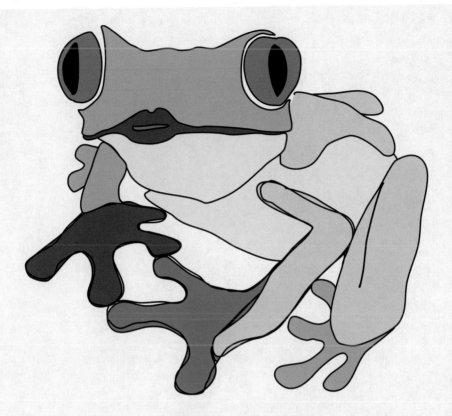

Printed in the United States
By Bookmasters